Franz Metz / Elmar Rinck
Transition Coaching

Franz Metz
Elmar Rinck

Transition Coaching

Führungswechsel meistern
Risiken erkennen
Businesserfolg sichern

Bibliografische Information der Deutschen Nationalbibliothek
Die Deutsche Nationalbibliothek verzeichnet diese Publikation in der Deutschen Nationalbiblio-
grafie; detaillierte bibliografische Daten sind im Internet über http://dnb.d-nb.de abrufbar.

© 2010 Carl Hanser Verlag München
www.hanser.de
Lektorat: Lisa Hoffmann-Bäuml
Redaktion: Rudolf Jan Gajdacz, München
Herstellung: Ursula Barche
Grafiken: textum GmbH, München
Umschlaggestaltung: Keitel & Knoch, Kommunikationsdesign München,
unter Verwendung eines Bildmotivs von © tiero-Fotolia
Satz: Verlags- und Presseservice, Erding
Druck und Bindung: Kösel, Altusried-Krugzell
Printed in Germany

ISBN 978-3-446-42186-8

Vorwort

Nach 20 Jahren einer sich entwickelnden und langsam ausdifferenzierenden Praxis ist „Coaching" als Arbeitsform in Unternehmen und anderen Organisationen offensichtlich „erwachsen geworden", hat das Pionierstadium des Außergewöhnlichen schon seit Langem hinter sich gelassen. Diese Normalisierung in ein Stadium unaufgeregter Kompetenz ist nicht zuletzt Menschen zu verdanken, die sich – wie die Autoren – mit der Solidität und dem klaren Blick erfahrener Handwerksmeister darangemacht haben, die Beratungsaktivität „Coaching" nun auf die Füße betrieblicher Realität zu stellen und mit den praktischen Erfordernissen des managerialen Alltags zu hinterlegen. Das tut dem Konzept durchaus gut, hebt es das Beraten und Beratenwerden doch heraus aus dem Dunstkreis nur personenzentrierter Psychologisierung.

Angeregt zu ihrem innovativen Entwicklungsschritt wurden die Autoren auch durch jenen besonderen Effekt, dass die Turbulenz des Marktes – via Unternehmen und Rolle – irgendwann zwangsläufig bei den Personen ankommen musste: Wenn mit den wechselnden Situationen auf Märkten und in Unternehmen die personellen (Um-)Besetzungsentscheidungen im Hause häufiger werden, wenn deswegen die Verweildauer von Menschen in Führungsfunktionen abnimmt, wenn also im Team und in der Abteilung rascher denn je die beziehungsweise der „Neue" als Chef oder Chefin auftaucht, dann wird rasches Wirksamwerden „on the job" zum kritischen Faktor der Leistungserstellung von Führungskräften. Bei diesem Mechanismus setzen die Autoren an und zeigen sich damit als erfahrene Praktiker der Organisations- und Personalentwicklung. Sie wissen nun mal, wovon sie reden.

Konsequent nehmen sie neben dem beraterischen Blick auf die Person nun auch stärker die Organisation, also neben „dem Verhalten" auch „die Verhältnisse" in den Blick. Es entstanden unter ihren Händen wirkungsvolle und erweiterte konzeptionelle Zugänge zur sonst eher nur personenzentrierten Beratungsarbeit. Die methodischen Schritte der Risikoanalyse, des Businessplans und der Teamertüchtigung erweitern den Blick, die beraterische Perspektive wird komplexer. Solche Art von unhinterfragbarer organisatorischer Verankerung kann dem Arbeitsfeld „Coaching" nur guttun, ist hier doch die Chance eröffnet, die Effekte solider Beratungsarbeit endlich auch in klassischen Managementkategorien zu verdeutlichen und damit das immer noch anrüchige „Psychologische" zu ergänzen.

Ohne Weiteres ist so was sicher nicht von jedem „Coach" zu bewältigen, das verlangt neben der Erläuterung der Zusammenhänge und der konzeptiven Ausarbeitung in einem solchen Lehrtext sicher auch noch beraterisches Training, viel organisatorische Erfahrung, auch handwerkliche Übung. Insoweit markiert dieses Buch erst einen Anfang anstehender beraterischer Kompetenz- und Perspektivenerweiterung. Doch das organisatorische Einsatzfeld „neue manageriale Funktion" ist mit diesem Buch bestechend ausgeleuchtet, der Sinnhaftigkeit des hier beschriebenen Vorgehens kann sich wohl niemand entziehen. Nach diesem Buch darf niemand mehr sagen, dass wirksame Besetzungsentscheidungen letztlich eben doch „Glückssache" seien.

Darmstadt, im Frühjahr 2010   Dr. Wolfgang Looss

Inhalt

5   Mitstreiter gewinnen: Einbindung von Vorgesetzten und wichtigen Leistungspartnern 107

6   Mannschaft formieren: Einbeziehung und Ertüchtigung des Teams 125

1

Einführung: Die Tücken des Führungswechsels

1.1 Merkmale des Führungswechsels

Im Zuge der Globalisierung sind Unternehmen einem zunehmenden Wettbewerb ausgesetzt. Sie müssen sehr flexibel agieren und sich den ständig verändernden Marktbedingungen anpassen. Immer kürzere Produktlebenszyklen gehen einher mit immer schnelleren Innovationen und Neuentwicklungen. Um mit dieser Entwicklung Schritt halten zu können, müssen Unternehmen ihre Produkte und Entwicklungen in immer kürzeren Zyklen den steigenden Kundenwünschen anpassen. Aufgrund des immensen Kostendrucks sind sie gezwungen, sich laufend umzuorganisieren, ihre Strukturen zu straffen und Hierarchieebenen zu glätten, um ihre Stellung auf dem Markt zu behaupten.

Der Effizienzdruck auf die Unternehmen steigt enorm. Die daraus resultierende Flexibilisierung der Organisationsstrukturen führte in den letzten Jahren dazu, dass

❑ die Zahl der Führungswechsler enorm angestiegen ist und
❑ Führungswechsel in immer kürzeren Intervallen erfolgen.

Führungswechsel sind wichtige und kostspielige Übergänge mit hohem Scheiterpotenzial – sowohl für den Wechsler als auch für das Unternehmen. Eine aktuelle Studie von Michael Seipel und Jörg Hemmelskamp (2009, siehe Anhang) belegt diesen Umstand erstmals mit konkreten Zahlen: Rund 75 Prozent aller Führungswechsler wechseln in den „unternehmerischen Ausnahmezustand" (Sanierung, strategische Neuausrichtung, Gründung), fast die Hälfte der befragten Führungskräfte weiß beim Führungswechsel nicht genau, was von ihnen erwartet wird. Eine grausame und schwierige Situation für Wechsler, insbesondere wenn sie neu auf den Chefsessel kommen und noch voller Begeisterung über ihre Beförderung sind – ohne auch nur im Geringsten zu ahnen, was sie erwartet.

Bei genauerer Betrachtung der Situation von Managern in den letzten Jahren fallen insbesondere zwei Entwicklungen ins Auge:

❑ Der Druck und die Anforderungen an die Manager sind aufgrund des schwierigen wirtschaftlichen Umfelds, des großen Veränderungsdrucks und der Verschlankung der Organisationen deutlich gestiegen.

❑ Die Transparenz und Messbarkeit von Managementleistung wird in vielen Unternehmen immer besser. Zielvereinbarungen, Key Performance Indicators, Managementaudits und 360-Grad-Feedbacks schaffen „gläserne" Manager.

Gleichzeitig fehlt in vielen Unternehmen eine adäquate Unterstützung, um die Führungswechsler und insbesondere die Jungmanager, die neu in diesen „Hexenkessel" kommen, gut auf diese Situation vorzubereiten und in der schwierigen Anfangsphase zu unterstützen.

Aufgrund dieser Entwicklung stellen Führungswechsel immer schwierigere und höhere Anforderungen an Manager und Unternehmen. Die wichtigsten Aspekte wollen wir aus diesen beiden Perspektiven skizzieren.

1.1.1   Führungswechsel aus Sicht des Wechslers

Der Wechsel in eine neue Führungsfunktion stellt für alle Manager eine besondere Umbruchsituation dar, erst recht für Erstwechsler, die darin noch keine Erfahrung haben. Von Managern wird erwartet, dass sie sich in kürzester Zeit in ihr neues Geschäft einarbeiten und ihr Business durchdringen. Gleichwohl wird ihnen dafür immer weniger Zeit zugebilligt, im Gegenteil, unterschwellig erwarten ihre Vorgesetzten und die Mitarbeiter, dass sie vom ersten Tag an „funktionieren". Aber auch andere Faktoren machen Führungswechslern das Leben schwer, wie folgende Beispiele zeigen:

❑ Gerade in der Anfangszeit sind sie einem enormen Stress ausgesetzt. Sie müssen sich einerseits einen Überblick über ihr neues Geschäft verschaffen, gleichzeitig aber bereits ihr Team formen, ihren Vorgesetzten und wichtige Mitstreiter einbinden und Veränderungsmaßnahmen konzipieren. Mitunter müssen sie in dieser frühen Phase schon Projekte übernehmen und leiten. Dabei tragen sie ein hohes Risiko des Scheiterns, denn wenn der Führungswechsel floppt, droht ein Karriereknick.

❑ Sie stehen unter einem gewaltigen Erfolgs- und Erwartungsdruck. Zum einen wollen sie ihren Vorgesetzten darin bestätigen, dass seine Entscheidung für die Neubesetzung dieser Stelle richtig war. Gleichzeitig aber müssen sie sich in ihrem neuen Geschäft erst einmal orientieren und mit vielen Unklarheiten und Unsicherheiten klarkommen: Wie sind die Gepflogenheiten? Wie verlaufen die Kommunikationskanäle? Welche formellen und informellen Kontakte sind wichtig? Wie lauten die „ungeschriebenen Gesetze" in und außerhalb der neuen Organisationseinheit? Und vieles mehr.

❑ Sie müssen in einer völlig neuen Umgebung zurechtkommen. Sie finden ein neues Umfeld vor und unter Umständen ein ganz anderes Geschäft, als sie bis dahin ausgeübt haben. Sie sehen sich neuen Anforderungen und Erwartungen gegenüber, haben einen neuen Vorgesetzten und ein neues Team, auch kennen sie ihre wichtigen Leistungspartner noch nicht. Sie müssen all dies Neue zuerst einmal einordnen und sondieren, um sich einen Überblick zu verschaffen, gleichzeitig aber auch schon das Tagesgeschäft erledigen.

❑ In dieser Situation haben sie einen sehr hohen Lern- und Anpassungsbedarf. Sie müssen nicht nur neue und in der Regel höhere Anforderungen als bisher erfüllen, sondern häufig auch feststellen, dass in ihrer früheren Funktion bewährte Kompetenzen sowie Rollen- und Führungsmuster nur bedingt oder gar nicht greifen. Auf der Businessebene müssen sie ihr Know-how den gestiegenen Anforderungen anpassen, auf der Organisationsebene finden sie neue Strukturen und Abläufe, zudem müssen sie ihre persönlichen Wertvorstellungen mit dem Wertesystem der neuen Abteilung abstimmen.

Bei all der Gemengelage an Erfolgs- und Zeitdruck, Stress und Unwägbarkeiten sind sie in der Regel sich selbst überlassen. Kaum ein Unternehmen hält Begleit- oder Unterstützungsangebote für Manager in einer neuen Funktion bereit.

1.1.2 Führungswechsel aus Sicht des Unternehmens

Aber auch für Unternehmen bergen Führungswechsel erhebliche Risiken, nicht nur materieller Art, sondern auch Rückschläge, Verzögerungen, Irritationen im und außerhalb des Unternehmens bis hin zu Imageschäden. Zu den wichtigsten Risiken gehören:

❑ Gescheiterte Führungswechsel können das Unternehmen teuer zu stehen kommen. Wir haben Unternehmen erlebt, die solche Flops Unsummen an Geld gekostet haben.

❑ In der betroffenen Organisationseinheit führt ein gescheiterter Führungswechsel immer zu Rückschlägen. Es werden in der Regel die vom Gescheiterten initiierten und bereits angestoßenen Veränderungsmaßnahmen auf der Business- und Organisationsebene gestoppt, die von ihm getroffenen Entscheidungen größtenteils rückgängig gemacht, ebenso seine Personalentscheidungen.

❑ Aufgrund dieser Maßnahmen leidet die Schlagkraft der betroffenen Organisationseinheit, sie wird zurückgeworfen – mitunter auf den Status vor der Fehlbesetzung. Anstehende Entscheidungen und Projekte werden bis zur Neubesetzung der Stelle aufgeschoben, es bleibt vorerst alles beim Alten. Natürlich schlagen die damit verbundenen Kosten und Nachteile auch auf das ganze Unternehmen durch.

❑ Für die betroffenen Mitarbeiter wirken sich derartige Flops demotivierend aus. Sie sind „genervt", weil ihre Bemühungen, sich auf die neue Situation einzustellen, umsonst waren. Sie werden nun wieder mit einem „Neuen" konfrontiert, bei dem sie nicht wissen, was sie erwartet. Läuft der nächste Führungswechsel wieder unrund, können die Motivation und das Engagement der Mitarbeiter Schaden nehmen – bis hin zur Frustration und zum „Dienst nach Vorschrift".

❑ Auch den internen und externen Kunden und Lieferanten entgehen solche „Pannen" nicht. Schnell spricht sich herum, dass es in der betreffenden Organisationseinheit offenbar „drunter und drüber" geht. Nicht nur ihr Ansehen ist gefährdet, auch die Beziehungen zu den externen Kunden und Lieferanten können sich verschlechtern.

❑ Imageverlust droht aber vor allem den Entscheidern, die diese Fehlbesetzung zu verantworten haben. Beginnend bei der Geschäftsleitung über die Kollegen bis hin zu den Mitarbeitern leidet ihr Ansehen. Aber auch im externen Umfeld haben sie sich nicht „mit Ruhm bekleckert".

Für die Begleitung und Unterstützung von Managern in einer neuen Funktion sind zwar ansatzweise Konzepte vorhanden, doch das klassische Coaching konzentriert sich hauptsächlich auf die persönliche Perspektive. Umfassende Konzepte, die die Interessen des Unternehmens *und* des Führungswechslers berücksichtigen und das Risiko mindern, sind indessen Mangelware. Bevor wir hinterfragen, was ein umfassendes Konzept benötigt, um Managern einen erfolgreichen Wechsel zu gewährleisten, richten wir den Blick zunächst auf die Gefahren beim Führungswechsel: Wo liegen die „Tretminen"?

1.2 Tücken des Führungswechsels

Von Führungswechslern wird erwartet, dass sie in ihrer neuen Funktion schnell ihre Leistung steigern und ihren Vernetzungsgrad erhöhen, um schneller im neuen Geschäft anzuwachsen und ihren Führungsanspruch gegenüber den Mitarbeitern zu festigen. Doch auf dem Weg dahin müssen sie sich vor allem in den ersten Monaten vor vielen Tücken in Acht nehmen, die ihnen das Leben schwer machen können, sowohl auf der Businessebene als auch im organisatorischen und persönlichen Bereich. Im Laufe unserer Beratungen und Begleitung von Führungswechslern haben sich typische „Tretminen" herauskristallisiert, die Führungswechslern das Leben schwer machen. Wo diese liegen, zeigen die folgenden Beispiele.

1.2.1 Tretminen auf der Businessebene

Auf der Businessebene muss der Führungswechsler unter Beweis stellen, dass er der richtige Mann auf dieser Position und den Anforderungen gewachsen ist. Die größten Gefahren lauern, wenn er zum Beispiel

❑ ... sein neues Geschäft nicht überblickt: Er ist sich über die eigentlichen Aufgaben, Rahmenbedingungen und Erfolgsfaktoren nicht im Klaren.

❑ ... die Businesssituation falsch einschätzt: Er erkennt nicht, in welcher Phase sich sein neues Geschäft befindet, zum Beispiel in der Erfolgsphase oder bereits in der strategischen Neuausrichtung.

- ❑ ... das neue Geschäft nicht durchdringt: Er erkennt den Unterschied zwischen seiner neuen Geschäftslage und der bisher erlebten nicht.
- ❑ ... nicht den Blick auf das Wesentliche richtet: Er ist nicht in der Lage, die zentrale Schwachstelle zu identifizieren, die ihm das Leben schwer macht.
- ❑ ... keinen strategischen Ansatz findet: Er hat keine klaren Vorstellungen darüber, wie er seinen Bereich führen und entwickeln will und welche Schwierigkeiten auftreten könnten.
- ❑ ... sein Führungshandeln nicht der neuen Geschäftslage anpasst: Er verliert sich zum Beispiel detailverliebt im „Klein-Klein" und hat keinen Blick für das Ganze.
- ❑ ... falsche Schwerpunkte setzt: Er widmet sich zu sehr den Fachaufgaben und vernachlässigt die an ihn gestellten strategischen Aufgaben.
- ❑ ... dem Stress und Zeitdruck nicht gewachsen ist: Seine Mailbox und sein Schreibtisch quellen über, er kommt mit seiner Arbeit nicht nach, die Situation überfordert ihn zunehmend.

1.2.2   Tretminen auf der Organisationsebene

Neben seiner Businesskompetenz muss der Führungswechsler auch unter Beweis stellen, dass er die Führungsherausforderungen meistert und sich auf die Anforderungen der Organisation einstimmt. Das Scheiterpotenzial ist enorm, wenn er zum Beispiel

- ❑ ... das neue Managementlevel nicht erkennt und im falschen Managementmodus arbeitet: Er passt sich nicht an die neuen Anforderungen an und vertraut auf seine bislang bewährten Erfolgskriterien.
- ❑ ... die ungeschriebenen Gesetze seiner neuen Organisationseinheit nicht erkennt oder sich über sie hinwegsetzt: Er geht zum Beispiel zu forsch an die Dinge heran und stößt die beteiligten Akteure „vor den Kopf", weil diese Vorgehensweise nicht mit der Unternehmenskultur vereinbar ist.
- ❑ ... seinen Vorgesetzten als wichtigsten Ansprechpartner nicht oder zu wenig einbezieht: Er versäumt es, die Engpässe und Ressourcen abzuklären sowie den Führungs- und Kommunikationsstil anzupassen.
- ❑ ... sich hauptsächlich auf seinen neuen Arbeitsbereich konzentriert und die persönliche Beziehungspflege und den Aufbau von Netzwerken vernachlässigt: Er versäumt es, tragfähige Beziehungen zu Schlüsselpersonen aufzubauen.
- ❑ ... die Kommunikationskanäle nicht erkennt: Er kommt nur teilweise oder gar nicht an die Informationen, die er benötigt, und schafft es nicht, informelle Kontakte aufzubauen.
- ❑ ... nicht fähig ist, sein neues Team „mitzunehmen": Er baut keine tragfähigen und vertrauensvollen Beziehungen zu seinen Mitarbeitern auf und schafft es nicht, das Optimum aus ihnen herauszuholen.
- ❑ ... ein schwaches Team vorfindet, das weder von der Einstellung noch von den Kompetenzen noch von den Ressourcen in der Lage ist, die von der Organisation gestellten Anforderungen zu erfüllen.

1.2.3 Tretminen auf der persönlichen Ebene

Des Weiteren ist für einen erfolgreichen Führungswechsel mit entscheidend, dass die persönlichen Eigenschaften und Vorstellungen des Managers nicht der neuen Rolle und den an ihn gerichteten Erwartungen zuwiderlaufen. Probleme sind vorprogrammiert, wenn der Führungswechsler zum Beispiel

❑ ... als Person nicht zu der neuen Funktion passt: Seine Schwächen korrelieren mit den Risiken seiner neuen Stelle, deshalb bekommt er die Probleme nicht in den Griff (Fehlpassung).

❑ ... die neuen Vorgaben nicht mit seinen in Übereinstimmung bringen kann oder diese seinen gar zuwiderlaufen: Er kann sich nicht oder nur schwer auf die Erfolgsprinzipien, Machtstrukturen, Unternehmenskultur, Regeln, Werte und Maßstäbe seines neuen Tätigkeitsbereiches einstellen.

❑ ... die Risiken des Führungswechsels zu spät erkennt: Er versäumt es, seine persönlichen Stärken und Schwächen mit den Chancen und Risiken der neuen Funktion abzugleichen.

❑ ... Konflikten aus dem Weg geht: Er ist im Umgang mit Krisensituationen überfordert und verdrängt Konflikte, anstatt sie zu beenden.

❑ ... seinen Führungsstil nicht der neuen Funktion angleicht: Er ist nicht in der Lage, sein Rollenverständnis an die Rollenanforderungen der neuen Stelle anzupassen.

❑ ... seine Wertvorstellungen nicht mit den Anforderungen in seiner neuen Funktion in Übereinstimmung bringt: Er bevorzugt zum Beispiel einen kollegialen, sehr persönlichen Führungsstil, soll aber in der Sanierungssituation „hart durchgreifen".

❑ ... Spannungsfelder nicht rechtzeitig identifizieren beziehungsweise auflösen kann: Er erkennt die Ursachen für Diskrepanzen in seiner neuen Funktion nicht, und falls es ihm doch gelingt, fehlen ihm Lösungsstrategien zu deren Klärung.

Die Beispiele ließen sich beliebig fortführen. Sie machen aber deutlich, wie viele Gefahren den Führungswechsel zum Scheitern bringen können. Die Frage ist nun, wie es möglich ist, einen Manager gegen solche Gefahren zu wappnen.

1.3 Wie findet sich eine Lösung?

1.3.1 Anforderungen an einen umfassenden Coachingansatz

Die bisherigen klassischen Coachingansätze bieten keine zufriedenstellenden Lösungsansätze für Manager in Wechselsituationen. Wir fragten uns also, welche Kriterien ein umfassendes Coachingkonzept für Führungswechsler erfüllen muss, das

- ❑ ein schnelles Anwachsen des Managers in seinem neuen Tätigkeitsbereich gewährleistet,
- ❑ die Interessen des Führungswechslers *und* des Unternehmens berücksichtigt,
- ❑ die Rahmenbedingungen stärker in die Betrachtung einbezieht,
- ❑ den Wechsel transparent macht,
- ❑ den Blick auf das Wesentliche richtet,
- ❑ die Businessperspektive einnimmt,
- ❑ dem Führungswechsler ein strukturiertes und praktikables Instrumentarium und Lösungsansätze an die Hand gibt und
- ❑ nachweislich Resultate für das Unternehmen erzielt?

1.3.2 Das Ergebnis

Es reizte uns, ein Coachingkonzept zu entwickeln, das alle diese Kriterien berücksichtigt. Es entstand das Transition Coaching, das wir in diesem Buch vorstellen. Es beschreibt die Mechanismen für eine schnelle Anlaufkurve und bezieht den Aspekt der Nachhaltigkeit mit ein.

Unser Coachingprodukt erhielt im März 2008 vom Berufsverband für Trainer, Berater und Coaches e. V. (BDVT) den internationalen Deutschen Trainingspreis in Gold. Im Oktober 2008 wurde es beim Deutschen Coachingkongress des Deutschen Bundesverbandes Coaching e. V. (DBVC) in Potsdam in der Finalrunde ausgezeichnet.

Der besondere Dank der Autoren geht an alle, die uns bei der Erstellung dieses Buches unterstützt haben. Wir danken Frau Lisa Hoffmann-Bäuml vom Hanser Verlag, die es uns ermöglichte, dieses Buch herauszugeben und uns ihre Erfahrung mit der Produktion von Büchern zur Verfügung stellte. Ihre Rückmeldungen an uns waren fair und qualitativ hochwertig. Mit ihrer fachlichen Kompetenz motivierte sie uns, dieses Projekt zum Gelingen zu bringen.

Wir danken auch unseren „Testlesern", die aus ihrer Sicht als Führungskräfte, Personalentwickler und Spezialisten die Inhalte des Buches kritisch beurteilten. Es sind Dr. Dorothea Benz, Dr. Margarete Edelmann, Mareike Kohlbecker-Kempf, Thorsten Braun, Gudrun Kreisl, Paul Fender und Anja Bühl. Ein besonderer Dank geht an Dr. Jürgen Weisheit für seine fachliche Begleitung bei der Erstellung des Buches. Seine Anregungen und Ideen waren unverzichtbar.

Wir danken der Daimler AG für die gute Kooperation und die Erlaubnis, in dieses Buch ein Praxisbeispiel für die Umsetzung unseres Coachingkonzeptes aus dem Unternehmen aufzunehmen.

Unser Dank geht auch an Rudolf Jan Gajdacz. Seine journalistische Erfahrung und seine guten Ideen zur inhaltlichen Konzeption und Gestaltung waren eine große Hilfe.

Wir wünschen unseren Lesern, dass sie diesem Buch wertvolle und umsetzbare Anregungen entnehmen können, außerdem viel Erfolg bei ihrem Wechsel in ihre neue Führungsposition. Und vor allem – viel Spaß beim Lesen.

Transition Coaching: Die zentralen Elemente des Anwachsens

DAS KONZEPT des Transition Coachings kombiniert in idealer Weise die Merkmale des klassischen Coachings mit Business-Consulting-Ansätzen. Wodurch unterscheidet es sich von anderen Coachingkonzepten? Was sind seine Erfolgskriterien? Dieses Kapitel beschreibt

- ❏ die Zielsetzung des Transition Coachings und seine grundlegenden Prinzipien und Elemente,
- ❏ die Betrachtungsweisen dieses Coachingansatzes,
- ❏ sein Arbeitsprinzip und die dafür erforderlichen Kerninstrumente sowie
- ❏ die Rahmenbedingungen für die Verankerung des Konzeptes im Unternehmen.

Das Konzept des *Transition Coachings* ist das Ergebnis unserer jahrelangen Arbeit mit Managern, die eine neue Führungsaufgabe übernommen haben, und unserer daraus resultierenden Beobachtungen und Erfahrungen. Im Laufe der Jahre haben wir sehr viele Führungswechsler erlebt und betreut. Dabei fiel uns auf, dass manche Manager sehr schnell und scheinbar mühelos in ihre neue Aufgabe hineinwachsen, andere wiederum langsamer oder – im Worst Case – überhaupt nicht, weil sie an dieser Herausforderung scheitern.

Uns interessierte, welche Gründe dafür verantwortlich sind. Dabei kristallisierte sich als entscheidendes Kriterium für einen erfolgreichen oder schwierigen Führungswechsel das Tempo der Businessdurchdringung heraus. Wir wurden neugierig und suchten nach weiteren Schlüsselfaktoren, die dabei von zentraler Bedeutung sind. Dabei stellten wir fest, dass vor allem drei Ursachen für das Scheitern von Führungswechslern verantwortlich sind:

❏ Ein negatives Zusammenspiel der Chancen und Risiken der neuen Funktion mit den Stärken und Schwächen des Managers.

❏ Scheitern resultiert niemals allein aus der Person, sondern immer aus der Kombination von Aufgabe (neue Funktion), Situation und Person (Führungswechsler). Manager, die in der Vergangenheit in anderen Funktionen und unter anderen Rahmenbedingungen beachtliche Erfolge nachweisen konnten – und deshalb auch befördert wurden –, tun sich in ihrer neuen Position plötzlich schwer oder scheitern sogar.

❏ Führungswechsler schätzen die Risiken der neuen Stelle falsch ein. Sie haben nicht genug Erfahrung, Fertigkeiten, Flexibilität und Zeit, um auf die neuen Anforderungen angemessen reagieren zu können.

Umgekehrt wollten wir wissen, welche Eigenschaften erfolgreiche Führungswechsler aufweisen. Unsere Analysen ergaben:

❏ Sie erkennen schnell die Chancen und Risiken ihrer Aufgabe (Funktion) und sind in der Lage, ihre persönlichen Stärken und Schwächen richtig einzusetzen.

❏ Sie orientieren sich mehr an Businessthemen als an persönlichen Themen.

❏ Sie beziehen ihre Vorgesetzten und Mitarbeiter aktiv in die Einarbeitung in ihre neue Führungsaufgabe mit ein.

Es reizte uns, ein Coachingkonzept zu entwickeln, mit dem sich diese Erfolgskriterien auf Führungswechsler übertragen lassen. Aus diesem Anspruch heraus entstand ein Konzept, das in idealer Weise die Elemente des klassischen Coachings mit Merkmalen des Business Consultings kombiniert: das Transition Coaching (vgl. Bild 2-1).

Dieses Konzept schließt die Weiterentwicklung von Bewährtem und die Neuentwicklung noch fehlender theoretischer und praktischer Bausteine für einen erfolgreichen Führungswechsel ein. Wir haben nach Maßgabe der Erkenntnisse und Beobachtungen aus unserer jahrelangen Arbeit mit Führungswechslern die theoretischen Grundlagen und Denkmodelle sowie die Anwendungen des klassischen Coachings verfeinert. Im

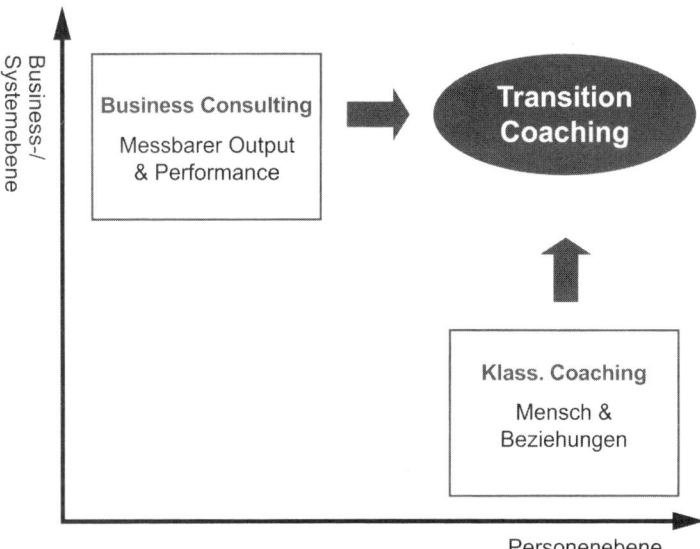

Bild 2-1: Transition Coaching als ideale Kombination von klassischem Coaching und Business Consulting

Zuge dessen haben wir neue Betrachtungsweisen berücksichtigt und Instrumente entwickelt, um Führungswechslern ein schnelles Anwachsen in ihrer neuen Funktion zu erleichtern. Im Unterschied zu klassischen Coachingansätzen weist Transition Coaching vor allem vier zentrale Elemente des Anwachsens auf:

❑ *Zielsetzung:* Im Unterschied zu den meisten klassischen Coachingansätzen orientiert sich Transition Coaching vorrangig am Nutzen des Unternehmens, nicht am Wohlergehen der Person. Dieser Nutzen tritt dann ein, wenn der Führungswechsler seinen neuen Aufgabenbereich nicht nur schnellstmöglich, sondern auch nachhaltig durchdringt.

❑ *Betrachtungsweisen:* Entsprechend richtet sich das Hauptaugenmerk nicht mehr überwiegend auf die Person des Führungswechslers, Transition Coaching bezieht die *Businessperspektive* mit ein. Es verlagert seinen Schwerpunkt sozusagen von der Personenebene auf die Business- beziehungsweise die Systemebene (vgl. Bild 2-1). Als neues zentrales Merkmal kommt das *Denken in Engpasskategorien* hinzu. Es ist Voraussetzung für eine systematische und gezielte Identifizierung der relevanten Defizite beim Führungswechsler.

❑ *Arbeitsprinzip:* Zur Lösung der erkannten Schwachstellen werden in einer vorgegebenen Reihenfolge systematisch fünf Kerninstrumente abgearbeitet, die nachweislich entscheidend für erfolgreichen Führungswechsel sind. Wir haben sie für dieses Konzept weiterentwickelt und verfeinert.

❑ *Rahmenbedingungen:* Transition Coaching bezieht bewusst die Rahmenbedingungen für den Führungswechsel in seine Betrachtung mit ein. Der Blick richtet sich nicht allein darauf, was der Führungswechsler für einen erfolgreichen Einstieg in seine neue Führungsrolle tun muss, sondern auch auf die Rahmenbedingungen, die ihm das Unternehmen dafür zur Verfügung stellt.

Im Folgenden werden diese vier zentralen Elemente des Transition Coachings sowie ihr Nutzen und Vorteil für Führungswechsler erläutert.

2.1 Zielsetzung: Schnelles und nachhaltiges Anwachsen des Führungswechslers

2.1.1 Prinzipien und Elemente des Anwachsens

Ziel des Transition Coachings ist es, neuen Führungskräften oder Managern bei einem Führungswechsel ein schnelles Anwachsen in ihrem neuen Aufgabenbereich zu garantieren. Für das Unternehmen bedeutet diese Anwachsgarantie, dass sich die Neubesetzung schneller auszahlt. Sie lässt sich nur einhalten, wenn zwei Kriterien erfüllt sind:

❑ *Geschwindigkeit:* Der Führungswechsler erreicht das erforderliche Leistungsniveau schneller als ohne Coaching, das heißt, die Anlaufkurve im neuen Job wird beschleunigt,

❑ *Intensität* beziehungsweise *Nachhaltigkeit:* Das erreichte Leistungsniveau bleibt auf einem höheren Level, das heißt, die Anwachskurve verharrt über der eines Jobwechslers ohne Coachbegleitung.

Wie jedoch lassen sich eine steile Anlaufkurve und eine hohe Anwachskurve erzielen? Welche Interaktionen finden statt, um die gewünschte Intensität beziehungsweise Nachhaltigkeit schnellstmöglich erreichen zu können?

2.1.2 Schnelle Anlaufkurve und Anwachskurve als Indikatoren

Die *Anlaufkurve* zeigt, wie schnell der Führungswechsler in seine neue Performance kommt beziehungsweise sein neues Aufgabengebiet durchdringt. Das Prinzip der Anlaufkurve haben wir vor Jahren beim Coaching von Projektleitern für Neuproduktanläufe in der Automobilindustrie kennengelernt. Die Projektleiter waren für den schnellen und reibungslosen Anlauf einer neuen Produktreihe (zum Beispiel Pkws, Lkws) verantwortlich. In der Regel wurden Nachwuchskräfte für das Executive Management mit diesen Aufgaben betraut. Sie sollten sich bewähren und zeigen, dass sie in der Lage sind, komplexe, zeitkritische und hochpolitische Projekte erfolgreich zu managen. Bereits in den 1990er-Jahren hatte man damit begonnen, solche für das Unternehmen strategisch bedeutsame Übergänge systematisch zu begleiten, um typische Anfängerfehler zu vermeiden und die persönlichen Schwächen der Projektmanager zu kompensieren.

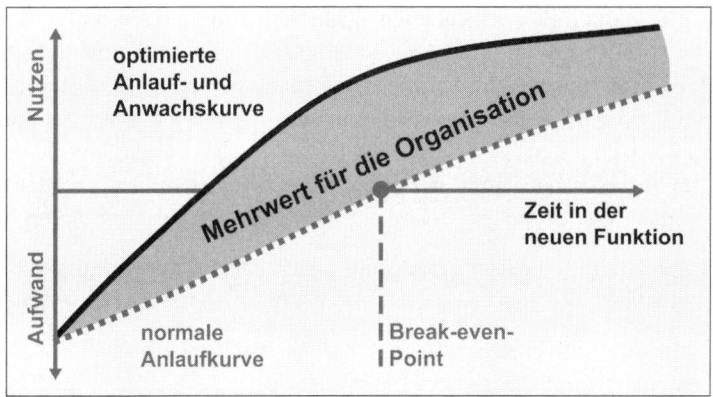

Bild 2-2: Die Anlauf- und Anwachskurve beim Transition Coaching: Der betriebliche Nutzen ist unmittelbar, nachweisbar und evaluierbar (in Anlehnung an Watkins 2007)

Indikator Anlaufkurve

Damals wurde uns auch bewusst,

❑ wie wichtig der begleitete Übergang von Managern in solch schwierigen Phasen ist und
❑ dass die Begleitung immer eine Optimierung der Anlaufkurve zur Folge hat, die sich für das Unternehmen und den Manager auszahlt.

Deshalb haben wir in Anlehnung an das Modell von Michael Watkins (2007) die Anlaufkurve mit in unser Konzept aufgenommen und weiterentwickelt (vgl. Bild 2-2).

Das entscheidende Erfolgskriterium des Transition Coachings für Führungswechsler ist, dass ihre Anlaufkurve nachweislich steiler ausfällt (vgl. Bild 2-2), weil es sie befähigt, typische „Anfängerfehler" und Flops zu vermeiden. Der Kurvenverlauf zeigt, dass sie im Vergleich zur Anlaufkurve von Führungswechslern ohne Coachbegleitung viel früher den *Break-even-Point* erreichen, wodurch sich diese Neubesetzungen für das Unternehmen schneller auszahlen. Wir sind mittlerweile in der Lage, den betrieblichen Nutzen dieses Ansatzes für das Unternehmen unmittelbar, nachweisbar und evaluierbar zu belegen.

Indikator Anwachskurve

Das Modell von Watkins greift jedoch nicht weit genug, weil es den Führungswechsel lediglich aus einer Perspektive betrachtet: aus dem Blickwinkel der Person beziehungsweise der Geschwindigkeit, in der das erforderliche Leistungsniveau erreicht wird.

Transition Coaching hingegen bezieht neben den Mechanismen für eine schnelle Anlaufkurve auch den Aspekt der *Intensität* beziehungsweise *Nachhaltigkeit* in seine Betrachtungsweise mit ein. Es berücksichtigt, dass Führungswechsel immer auch mit dem Geschäft verwurzelt ist: Es genügt nicht, nur auf die persönlichen Themen des Führungswechslers und die Interessen des Unternehmens zu schauen. Es geht nicht mehr allein darum, was der Führungswechsler tun muss, um sich möglichst schnell in seinem neuen Geschäft zurechtzufinden. Auch die Rahmenbedingungen, unter denen der Wechsel stattfindet, müssen mitberücksichtigt werden. Jürgen Weisheit vergleicht dies mit einem gesunden Baum, der auf einen schlechten Boden verpflanzt wurde: Es ist nur eine Frage der Zeit, bis er eingeht (Anhang, Interview mit Jürgen Weisheit).

Deshalb haben wir die eindimensionale Betrachtungsweise von Watkins verlassen und unser Konzept dahin gehend erweitert, dass sich das Augenmerk richtet auf

❏ die Person des Jobwechslers mit ihren Stärken und Schwächen,
❏ das Unternehmen mit seinen Erfordernissen und
❏ die Rahmenbedingungen, die der Führungswechsler vorfindet.

Diese ganzheitliche Betrachtungsweise ermöglicht es, die intensitätsorientierte Anlaufkurve um den Aspekt der Nachhaltigkeit zu erweitern und als *Anwachskurve* fortzuführen. Diese setzt sich nach Erreichen des Break-even-Points fort und verharrt über der „Normalkurve" des Managers ohne Coaching (vgl. Bild 2-2). Damit bleibt das Leistungsniveau des gecoachten Führungswechslers langfristig auf einem höheren Level als das seines Kollegen ohne entsprechende Unterstützung.

2.2　Betrachtungsweisen: Denken in Engpasskategorien und Businessperspektive

Im Vergleich zu den bisherigen, meist personenbezogenen Coachingansätzen basiert Transition Coaching auf zwei neuen Betrachtungsweisen des Führungswechsels: Es rückt

❏ das Denken in Engpasskategorien und
❏ die Berücksichtigung der Businessthemen

in den Vordergrund und orientiert sich damit stärker auf den Nutzen des Unternehmens. Denn letztlich wird der Erfolg einer neuen Führungskraft immer daran gemessen, ob sie in ihre neue Funktion schnell hineinwächst, die erwarteten Leistungen bringt und somit eine steile Anlauf- und eine hohe Anwachskurve aufweist. Langsame Führungswechsel können das Unternehmen teuer zu stehen kommen und haben für die betreffende Führungskraft häufig einen Karriereknick zur Folge. Diese beiden Betrachtungsweisen – Denken in Engpasskategorien und Berücksichtigung der Businessthemen – wollen wir im Folgenden näher erläutern.

2.2.1 Merkmale des Engpassmodells

Das *Engpassmodell* ist die theoretische Grundlage für das Denken in Engpasskategorien. Es geht auf den deutschen Physiker Justus von Liebig zurück, der sich im 19. Jahrhundert mit Fragen des Pflanzenwachstums beschäftigte. Zu seiner Zeit reichten die Erträge der Landwirtschaft nicht aus, die wachsende Bevölkerung zu ernähren. Dabei entdeckte von Liebig das *Minimumgesetz*. Er fand heraus, dass eine Pflanze verschiedene Faktoren benötigt, um wachsen zu können, vor allem Wasser, Licht, Stickstoff und Kalk.

Demnach muss im Rahmen der Wachstumszyklen immer zum richtigen Zeitpunkt das jeweilige Element in ausreichender Menge vorhanden sein. Steht ein Faktor – zum Beispiel Stickstoff – nicht in ausreichendem Maße zur Verfügung, stoppt das Wachstum der Pflanze. Dabei spielt es keine Rolle, ob die anderen Elemente ausreichend vorhanden sind. Es hilft nichts, die Pflanze zum Beispiel zusätzlich zu gießen: Ohne zusätzlichen Stickstoff wird sie nicht weiterwachsen. Erst wenn man den größten Engpass, der zum Minimumfaktor des gesamten Systems Pflanze geworden ist, auffüllt – in unserem Beispiel also die Erde mit Stickstoff düngt –, wird das Wachstum weitergehen.

Ist dies geschehen, kann in der Folge ein anderer Faktor – zum Beispiel Kalk – zum neuen Minimumfaktor und damit zum Entwicklungsengpass werden. Dann ist entsprechend zu verfahren, um das Wachstum der Pflanze zu sichern. Von Liebig erläuterte seine Beobachtungen am Beispiel eines Fasses mit mehreren Löchern. Der Wasserstand stellt sich mittelfristig immer am tiefsten Loch ein, am limitierenden Engpass, egal, wie viel Wasser nachgeschüttet wird. Das Minimumgesetz und das zugrunde liegende Fassmodell haben wir für das Konzept des Transition Coachings und damit auf die Betrachtung von Wechselsituationen übertragen (vgl. Bild 2-3).

Das ins Fass zufließende Wasser entspricht dem Input an Energie und Anstrengung des Führungswechslers, die er einsetzt, um in seinem neuen Aufgabengebiet einen bestimmten Output zu erzielen, sodass der Wasserstand im Fass steigt. Output kann sehr unterschiedlich sein: zum Beispiel wirtschaftlicher Erfolg in Form von höheren Erträgen, niedrigeren Kosten, mehr erstellten Leistungen usw. Output kann aber auch eine bessere Anpassung an sich veränderte Rahmenbedingungen, höhere Flexibilität oder mehr Innovation sein. Der Ausfluss aus dem untersten Loch im Fass entspricht den Anstrengungen des Führungswechslers, die sich im neuen System als wirkungslos erweisen oder verpuffen. Es ist vergeudete Energie, die er – unwissend – verschwendet, weil er die Wirkmechanismen des Systems nicht kennt oder sich auf die falschen Themen konzentriert. So erleben wir oft in unserer praktischen Arbeit, dass Führungswechsler sich auf sogenannte Lieblingsthemen konzentrieren, die aber nach diesem Modell keinen Minimumfaktor darstellen.

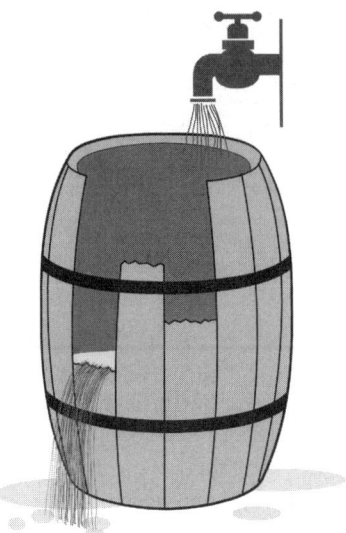

Bild 2-3: Das Fassmodell

Mit von Liebigs Worten konzentriert sich Transition Coaching darauf,

❑ den wesentlichen, aktuellen Engpass des Führungswechsels zu identifizieren,
❑ die Ursachen für diesen Engpass herauszufinden und
❑ alle Kräfte auf die Lösung dieses Engpasse zu richten, ohne die anderen Engpässe aus den Augen zu verlieren.

Dieses Prozedere wird fortgesetzt, bis alle signifikanten Minimumfaktoren für eine erfolgreiche Übernahme der neuen Führungsaufgaben beseitigt sind. Ein zentrales Merkmal des Transition Coachings also ist, dass es den Blick auf das Wesentliche richtet. Auf diese Weise befähigt es den Führungswechsler, die entscheidende Schwachstelle, die ihm bei der Wahrnehmung seiner neuen Aufgaben am meisten das Leben schwer macht, zu identifizieren. Hierbei hilft eine detailliertere Betrachtung typischer Engpässe sowie ihrer Ursachen und der Rahmenbedingungen.

2.2.2   Engpasskategorien beim Führungswechsel

Bei unserer Arbeit mit Führungswechslern hat sich herauskristallisiert, dass vor allem drei *Engpasskategorien* den Einstieg in ihre neue Führungsaufgabe erschweren. Es handelt sich dabei um Engpässe, die

❑ aus der Businesssituation resultieren (Businessthemen),
❑ führungs- beziehungsweise organisationsbedingt sind (Führungs-/Organisationsthemen),
❑ in der Person des Managers begründet sind (persönliche Themen).

Die Lösung dieser Engpässe erfordert eine differenzierte und schrittweise Vorgehensweise, die in der Reihenfolge der Abarbeitung folgende Perspektiven berücksichtigt:

❑ *Businessperspektive:* Wie mache ich mein Geschäft erfolgreich? Passt die Ausrichtung noch, sind die Prozesse schlank?

❑ *Führungs-/Organisationsperspektive:* Wie wirkungsvoll ist die Führung meines Teams? Wie gut bin ich in der Organisation vernetzt? Wer sind die Schlüsselpersonen?

❑ *Persönliche Perspektive:* Wie kann ich mich persönlich entlasten? Wie mache ich mich effizient? Wo passen meine Wertvorstellungen nicht zu denen der Organisation? Womit kann ich mich nicht identifizieren?

Es geht im Grunde genommen darum, dem Führungswechsler zu helfen, sich auf die relevanten Themen zu konzentrieren – und zwar so, dass immer der aktuelle Minimumfaktor als Nächstes bearbeitet wird. Von wenigen Ausnahmen abgesehen stellen die *Business-* und/oder *Führungs-* beziehungsweise *Organisationsthemen* eine starke Limitierung dar. Sobald diese bearbeitet sind, rücken die anderen Themen in den Blickpunkt der Betrachtung. Das Grundprinzip dieser Vorgehensweise veranschaulicht Bild 2-4, bei dem das Fass „aufgerollt" wird.

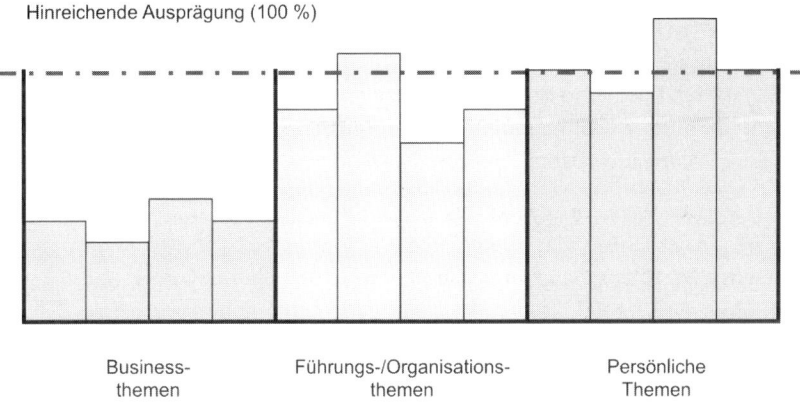

Bild 2-4: Das Fassmodell mit Engpasskategorien

Die Säulen spiegeln die beschädigten Dauben des Fasses aus Bild 2-3 wider. Sie bilden von links nach rechts die Business-, Führungs-/Organisationsthemen und persönlichen Themen des Führungswechslers ab. Die gestrichelte horizontale Linie oben gibt an, wie stark die einzelnen Themen ausgeprägt sein müssen, damit die Voraussetzungen hinreichend erfüllt sind, um in der neuen Aufgabe erfolgreich sein zu können. Man sieht, dass bei den Businessthemen der deutlichste Nachholbedarf und damit der größte Engpass besteht, um die Anlaufkurve steiler und nachhaltiger zu machen, während andere Themen im Führungsbereich und bei den persönlichen Themen die hinreichenden Anforderungen übertreffen. Der *zentrale Engpass* liegt eindeutig bei den

Businessthemen. Dies kann zum Beispiel daran liegen, dass dieser Manager sich schwertut, sich ein umfassendes Bild über seinen neuen Verantwortungsbereich zu machen, das Geschäftsmodell nicht versteht oder den Output nicht beeinflussen kann,.

Ein Führungswechsler mit einer solchen Engpasskonstellation ist in der Regel damit überfordert, die an ihn gestellten Anforderungen allein zu erfassen und zu bewältigen. Vordringlichste Aufgabe wäre also in diesem Fall, die Businessthemen genau „unter die Lupe" zu nehmen und nach Identifizierung der Schwachstellen entsprechende Lösungsstrategien zu deren Behebung zu entwickeln. Der in Kapitel 4 beschriebene Businessplan ist dafür ideal geeignet. Ist dies erfolgt, stellt sich die Ausgangslage für den Führungswechsler schon weitaus vorteilhafter dar (vgl. Bild 2-5).

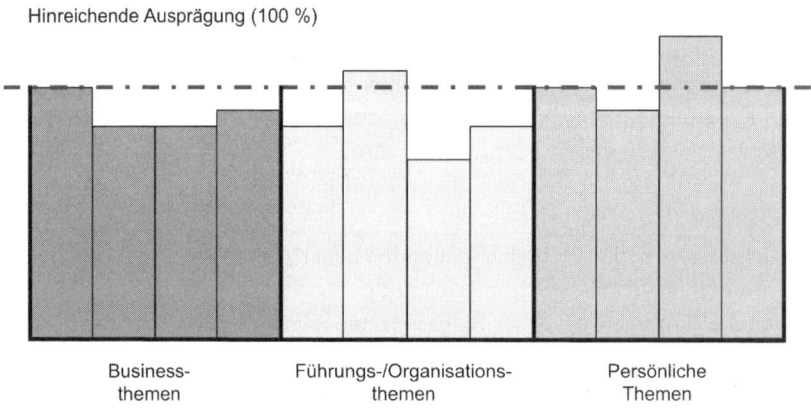

Bild 2-5: Das Fassmodell mit Engpasskategorien nach erfolgter Bearbeitung der Businessthemen

Es ist ihm gelungen, durch eine systematische Bearbeitung der Businessthemen seine Defizite in diesem Bereich abzubauen: Im Vergleich zu Bild 2-4 sind die einzelnen Säulen der Businessthemen in Bild 2-5 deutlich angestiegen. Damit hat sich der *zentrale Engpass* zu den Führungsthemen verlagert (vgl. mittlerer Bereich der Grafik). Der Manager muss jetzt also etwas unternehmen, um seine Defizite in diesem Bereich aufzuarbeiten.

Zu den häufigsten Ursachen, die dem Führungswechsler im Führungs-/Organisationsbereich das Leben schwer machen, sind ein nicht passendes Führungsverhalten und eine zu geringe Vernetzung in der Organisation. Eine ausführliche Darstellung dieser Themen findet in den Kapiteln 5 und 6 statt. Schwierigkeiten im persönlichen Bereich (Spannungsfelder) sind insbesondere, wenn zum Beispiel persönliche Erfolgsprinzipien, Werte und Maßstäbe nicht zu den Regeln, Erfolgsprinzipien, Maßstäben und Machtstrukturen der Organisation passen. Eine ausführliche Behandlung von möglichen Themen erfolgt in Kapitel 7. Probleme können dann auftreten, wenn diese vorgegebenen Kategorien nicht mit denen des Führungswechslers übereinstimmen oder diesen gar zuwiderlaufen.

Die Engpasssystematik ist nur eine schematische Darstellung, um Führungswechsler für dieses Phänomen zu sensibilisieren. Da Engpässe in der Praxis auf eine Vielzahl von ineinandergreifenden Faktoren zurückzuführen sind und es keine Faustregel für deren Identifikation gibt, beschreiben wir im Folgenden die Schwachstellen, typischen Fehler und Risiken, die auf das Vorliegen eines möglichen Engpasses hindeuten.

2.2.3   Engpassfindung aus der Businessperspektive

Neben dem *Denken in Engpasskategorien* ist die Herangehensweise aus der *Business-perspektive* ein weiteres Unterscheidungsmerkmal des Transition Coachings zu klassischen Coachingansätzen. Denn erfolgreiche Führungswechsler zeichnen sich dadurch aus, dass sie die aus Sicht des Unternehmens wichtigen wirtschaftlichen Erfolgskriterien erfüllen. Das gelingt aber nur, wenn sie die an sie gestellten Anforderungen aus dieser Perspektive betrachten und bewerten.

Vielen Führungswechslern fällt es schwer, ihr neues Geschäft aus diesem Blickwinkel zu betrachten. Transition Coaching bietet die Voraussetzungen für diese Perspektive:

❑ Schnellstmöglich einen Überblick über den neuen Verantwortungsbereich gewinnen: Der Mentalität eines Schachspielers gleich richten sie den Blick leidenschaftslos auf das Ganze, ohne Vorlieben für einzelne Aspekte.

❑ Das neue Geschäft verstehen und durchdringen: Welche Kriterien gelten zum Beispiel aus betriebswirtschaftlicher Sicht für eine erfolgreiche Pflastersteinherstellung? Wie muss der Vertrieb von Finanzdienstleistungen organisiert sein? Und so weiter.

❑ Die wichtigsten Kerninstrumente erkennen, die für den Businesserfolg durch eine betriebswirtschaftliche Bewertung des Geschäfts zu bearbeiten sind.

Merkmale der Businessperspektive

Viele Führungswechsler, vor allem solche, die neu in eine Führungsposition kommen und keine fundierte Führungsausbildung haben, sind damit überfordert, das neue Geschäft aus betriebswirtschaftlicher Sicht zu erfassen und die wichtigsten Kerninstrumente für den Geschäftserfolg zu erkennen. Vielmehr vertiefen sie sich häufig in Fachfragen oder Probleme des täglichen Arbeitsablaufs. Sie verlieren sich in Details oder konzentrieren sich zu sehr auf „Nebenkriegsschauplätze". Selbst Führungswechsler, die sich in die Sicht des Unternehmens hineinversetzen können, sind in den meisten Fällen auf Hilfestellung angewiesen, vor allem bei der Entwicklung von Strategien für die Wahrnehmung ihrer neuen Funktion. Um sie dabei zu unterstützen, haben wir den Businessplan als eines der zentralen Instrumente des Transition Coachings entwickelt (vgl. Kapitel 4).

Folgendes Beispiel, das sich wirklich zugetragen hat, verdeutlicht den Erkenntnisgewinn, den die Betrachtung aus einer anderen Sicht der Dinge ermöglicht:

> Der Assistent des Vorstands, der zum neuen Werkleiter eines Bausteinwerkes befördert wurde, hatte noch keine Erfahrung mit der Leitung eines Werkes in dieser Branche. Als er nach einer Woche feststellen musste, dass es ihm immer noch nicht gelungen war, sich einen Überblick über das ganze Werk zu verschaffen, kletterte er kurzerhand auf ein Zementsilo. Von hier aus hatte er einen wunderbaren Überblick über das ganze Unternehmen und erkannte:
>
> ❑ die tatsächliche Größe des Werkes, die weit über die Verwaltungsgebäude hinausging, die bis dahin „seine Welt" waren,
> ❑ eine hohe Kapitalbindung von halb fertigen und fertigen Waren, weil ungefähr die Hälfte des Werkgeländes als Lagerfläche für Fertigprodukte genutzt wurde,
> ❑ ein völliges Chaos bei den Abläufen, weil der Warenfluss nicht einheitlich verlief, da gewachsene Strukturen fehlten.
>
> Kurzum: Es herrschte ein ziemliches Durcheinander.

Hätte er diesen Perspektivenwechsel nicht vorgenommen, indem er seine bisherige Betrachtungsebene verließ und in die Höhen des Silos emporstieg, wäre es ihm unmöglich gewesen, die Lage so zu überschauen und zu neuen Erkenntnissen zu gelangen. Transition Coaching – dies hat sich in der Praxis bestätigt – unterstützt Führungswechsler wirksam dabei, neue Perspektiven für die Betrachtung ihres neuen Verantwortungsbereiches zu finden und einzunehmen.

Je besser dies dem Führungswechsler gelingt, umso schneller kann er sich einen Überblick darüber verschaffen, wo die Engpässe sind und welche Maßnahmen er ergreifen muss, um den Geschäftserfolg sicherzustellen.

2.2.4 Themenmix beim Führungswechsel

Der Erfolg eines Führungswechsels hängt nicht nur von der „richtigen" Perspektive des Managers ab, sondern auch von den Themen, mit denen er in seiner ungeheuren Überbelastung konfrontiert wird. Auch diese Themen

❑ resultieren aus der Businesssituation,
❑ sind führungs- beziehungsweise organisationsbedingt oder
❑ in der Person des Managers begründet.

Nicht selten müssen Führungswechsler erst lernen, sich – unter erschwerten Rahmenbedingungen – mit für sie bis dahin unbekannten Themen auseinanderzusetzen, zum Beispiel:

❑ Einarbeitung in das neue Geschäft (ist bei einem Aufstieg aus den eigenen Reihen oder einem Wechsel in ein vertrautes Arbeitsgebiet in der Regel nicht gravierend,

umso mehr bei einem Wechsel in eine andere Organisationseinheit mit neuen
Aufgabengebieten oder in ein anderes Unternehmen),
❑ Umgang mit der neuen und ungewohnten Komplexität des Verantwortungsbe-
   reiches,
❑ Aufbau von *Schlüsselbeziehungen* zu den relevanten Personen(gruppen),
❑ Vertrauensschwund bei den Mitarbeitern (aufgrund nicht eingehaltener Zusagen),
❑ überraschende Ereignisse und unerwartete Aktivitäten,
❑ Nachbesserungen von Fehlern, die den Führungswechslern aus Unerfahrenheit
   oder Unwissenheit unterlaufen sind etc.

Beim Transition Coaching ergibt sich dieser Themenmix aus den Engpässen des Führungswechslers. Zur Lösung dieser Themen und Engpässe stellen wir ein umfassendes
Instrumentarium zur Verfügung, das im Folgenden skizziert und in den nachfolgenden Kapiteln detailliert beschrieben wird.

2.3 Arbeitsprinzip: Konzentration auf die Kerninstrumente

Führungswechsel sind immer riskante Phasen im Leben eines Managers. Es gibt aber
bewährte Maßnahmen, um die damit verbundenen Risiken zu mindern. Vor allem
fünf Hauptansatzpunkte (Kerninstrumente) haben sich als erfolgreich erwiesen:

❑ Durchführung einer Risikoanalyse,
❑ Erstellung eines individuellen Businessplans,
❑ Einbindung von Vorgesetzten und wichtigen Leistungspartnern,
❑ Einbindung des Teams,
❑ Erkennen und Lösen von Spannungsfeldern.

2.3.1 Durchführung einer Risikoanalyse

Die *Risikoanalyse* ist ein Abgleich der Chancen und Risiken der neuen Funktion mit
den Stärken und Schwächen des Managers – mit Hauptaugenmerk auf einen möglichst
erfolgreichen Übergang. Sie dient dazu, die Risiken des Führungswechsels frühzeitig
zu erkennen, um persönliche Sicherungs- und Vorbeugungsmaßnahmen einleiten zu
können. Denn viele Führungskräfte schätzen die Risiken der neuen Stelle falsch ein.

Um festzustellen, welche Anforderungen die neue Stelle stellt und bei welchen Fähigkeiten der Manager Nachholbedarf aufweist, wird zunächst ermittelt, auf welcher
organisatorischen Ebene sich seine Leitungsfunktion befindet. Ist der „Neue" zum
Teamleiter aufgestiegen? Soll er die strategische Planung als Stabsfunktion übernehmen? Oder soll er einen Vertriebsbereich profitabel entwickeln? Gefahren lauern vor
allem dann, wenn der Führungswechsler seine neue Funktion dem falschen Manage-

mentlevel zuordnet und die auf diesem Level erwarteten Anforderungen nicht erfüllt. Hinzu kommt, dass viele Führungswechsler kein Gespür für die Geschäftssituation und das dafür erforderliche Führungshandeln haben.

Deshalb wird im nächsten Schritt der Risikoanalyse eine Einschätzung der jeweiligen Geschäftssituation der neuen Organisationseinheit vorgenommen, zum Beispiel Gründung, Wachstum, nachhaltiger Erfolg, strategische Neuausrichtung, Sanierung etc. Im Anschluss daran nimmt sie Bezug auf weitere Aspekte wie die angemessene Einbindung von wichtigen Leistungspartnern, deren Kooperationsbereitschaft oder die politische Bedeutung solcher Themen innerhalb der Unternehmenskultur. Wir beobachten, dass Führungswechsler häufig ihren Fokus zu sehr auf die Mitarbeiter und die Teamführung richten.

Besonders gefährlich wird es, wenn persönliche Schwächen auf die Risiken der Funktion treffen. Dies kann dazu führen, dass Führungswechsler das Gefährdungspotenzial und die Risiken, denen sie ausgesetzt sind, zu spät oder gar nicht erkennen. Wie die Risikoanalyse im Einzelnen durchgeführt wird und zu welchen Erkenntnissen sie führt, ist im dritten Kapitel detailliert beschrieben.

2.3.2 Erstellung des individuellen Businessplans

Der individuelle *Businessplan* (Geschäftsplan, Geschäftsentwicklungsplan) ist aus unserer Sicht das Kernstück eines erfolgreichen Führungswechsels. Als „Bauplan" zur Entwicklung des neuen Verantwortungsbereiches befähigt er Führungswechsler, ihre Ideen systematisch zu durchdenken und in einer leicht verständlichen Art und Weise schriftlich darzulegen.

Der erste Teil des Businessplans dient zur Standortbestimmung und zur Orientierungshilfe. Der zweite Teil befasst sich mit der Positionierung und enthält den Zukunftsentwurf und konkrete Angaben des Führungswechslers zu den (Übergangs-) Vorhaben. Im dritten Teil sind die Maßnahmen und Projekte zur Umsetzung dieser Vorhaben beschrieben. Somit sind im individuellen Businessplan alle wesentlichen Erkenntnisse aus der Bestandsaufnahme, alle Ideen für die nächsten zwei bis drei Jahre sowie ein Projektplan für die Realisierung der Vorhaben dargestellt. Individuelle Projektpläne umfassen in der Regel zehn bis 15 Seiten (Charts, zum Beispiel als PowerPoint-Präsentation).

Die Erstellung eines individuellen Businessplans ist für viele Führungswechsler eine echte Herausforderung und stellt sie vor hohe Anforderungen. Gleichwohl hat er sich in vielen Unternehmen und Organisationen als wahre „Wunderwaffe" erwiesen, weil er Vorgesetzte und kritische Mitarbeiter gleichermaßen überzeugte. Denn aufgrund der intensiven Auseinandersetzung mit

❏ dem Geschäftszweck,
❏ den Schlüsselkunden,

❑ dem Leistungsportfolio,

❑ der Prozessbeschreibung des neuen Bereiches, die für die Erstellung des Business-plans unabdingbar ist,

❑ aber auch mit Change-Fragestellungen und betriebswirtschaftlichen Themen wie Ressourcenzuordnung oder Aufwand-Nutzen-Vergleichen

gewinnen Führungswechsler einen immer besseren Überblick über ihren neuen Verantwortungsbereich und werden zunehmend handlungsfähiger. Aufgrund der schriftlichen Fixierung können sie zudem ihre Ideen und Vorhaben ihren Vorgesetzten und Mitarbeitern viel leichter und genauer vermitteln.

Daraus resultieren auch die erforderliche Orientierung und das Standing gegenüber den Mitarbeitern, um die neue Funktion erfolgreich ausüben zu können. Dies gilt vor allem dann, wenn es um – für die Mitarbeiter – unangenehme Dinge geht. Eine ausführliche Beschreibung der Vorgehensweise und der Themenschwerpunkte bei der Erstellung des individuellen Businessplans mit anschaulichen Beispielen bietet das vierte Kapitel.

2.3.3 Einbindung von Vorgesetzten und wichtigen Leistungspartnern

Führungswechsler können sich umso besser und wirksamer im Unternehmen vernetzen, je besser es ihnen gelingt, den direkten Vorgesetzten und die wichtigsten Leistungspartner einzubinden und ein tragfähiges Netzwerk zu diesen Akteuren aufzubauen. Zu den wichtigsten Leistungspartnern gehören beispielsweise neben benachbarten Abteilungen und Bereichen auch externe Partner, die zur Leistungserbringung erforderlich sind und somit den Erfolg des eigenen Verantwortungsbereiches entscheidend mitbestimmen.

Die Einbindung des direkten Vorgesetzten ist für den Führungswechsler von zentraler und existenzsichernder Bedeutung. Wir erleben erstaunlicherweise immer wieder, dass viele keinen gesteigerten Wert auf eine gute und tragfähige Beziehung zu ihrem Chef legen. Dabei ist diese immens wichtig, vor allem

❑ zum Aufbau einer guten persönlichen Beziehung, insbesondere bei knapper Zeit und schwierigen Rahmenbedingungen, zum Beispiel, wenn beide viel unterwegs sind,

❑ zur Klärung von wichtigen Fragestellungen und

❑ zur Absicherung von riskanten Vorhaben.

Aus diesen Gründen, aber auch, um sicherzustellen, dass das Coachingresultat das Arbeitsumfeld erreicht und der Führungswechsler die unternehmensrelevanten Themen weiterbearbeitet, bezieht Transition Coaching den direkten Vorgesetzten und das Team systematisch in den Übergangsprozess mit ein. So klären wir beispielsweise gemeinsam mit dem Führungswechsler und Vorgesetzten zu Beginn des Coachings den

Auftrag, stimmen seinen individuellen Businessplan ab und werten gemeinsam die vorgestellte Strategie aus. Auf diese Weise lassen sich bislang unausgesprochene oder heikle Themen, zum Beispiel das Angehen von Minderleistungen im Team oder andere Change-Fragestellungen, auf eine gute Art und Weise in das Coaching mit einbeziehen.

Die damit verbundenen Effekte können sich sehen lassen. Die Ergebnisse sind in den meisten Fällen unmittelbar in harten Zahlen messbar, was bei Coachings sonst eher selten ist. Das konkrete Vorgehen bei der Einbeziehung von Vorgesetzten und wichtigen Leistungspartnern und die Besonderheiten und Stolpersteine, die dabei zu beachten sind, beschreiben wir im fünften Kapitel.

2.3.4   Einbindung des Teams

Das Team ist die zentrale Größe für die Umsetzung von Veränderungsprojekten und für den Erfolg des neuen Geschäftsbereiches. Wie beim Fußball, wo nicht der Trainer die Tore schießt, sondern die Spieler auf dem Platz, sind es in Unternehmen die Mitarbeiter, die den hauptsächlichen Teil der Leistung erbringen. Ein Führungswechsel in Unternehmen ist vergleichbar mit einem Trainerwechsel in einem Fußballverein: Auch hier geht es darum, das Team schnellstmöglich zu formieren und unter der neuen Führungskraft auszurichten. Das mag einfach klingen, aber mancher Trainer weiß ein Lied davon zu singen, dass genau das Gegenteil eintreten kann. Auch in Unternehmen kann sich – je nach Ausgangssituation – die Einbindung des Teams mitunter sehr schwierig gestalten. Sie erfolgt in der Regel in drei Schritten:

❑ Zunächst überlegt sich der neue Chef, welche neuen Anforderungen (falls es welche gibt) er an sein Team stellt und was er von ihm erwartet. Die Ergebnisse kommuniziert er anschließend an die Mitarbeiter. Als ein hilfreiches und effektives Instrument hat sich hierbei der vorab erstellte individuelle Businessplan bewährt.

❑ Danach kommt jeder Mitarbeiter „auf den Prüfstand“: Der „Neue“ nimmt eine Bestandsaufnahme über die Kompetenzen und die Leistungsfähigkeit des Teams vor.

❑ Er ist gut beraten, die aus den dargestellten Maßnahmen gewonnenen Erkenntnisse so in den Führungs- und Entwicklungsprozess umzusetzen, dass sich das Team motiviert und engagiert für die Ziele seines neuen Chefs und des Unternehmens einsetzt.

Die genaue Vorgehensweise bei der Formierung und Ausrichtung des Teams und was dabei besonders beachtet werden sollte, beschreibt das sechste Kapitel.

2.3.5 Erkennen und Lösen von Spannungsfeldern

Bei Führungswechseln kommt es häufig zu Spannungen, vor allem dann, wenn persönliche Wertvorstellungen, Einstellungen und Verhaltensweisen des Managers nicht mit den Anforderungen der neuen Position korrelieren oder seine Konditionierungen und Prägungen nicht zur Unternehmenskultur passen. *Spannungsfelder* entstehen, wenn zwei oder mehrere Ziele oder Themen sich (scheinbar) widersprechen.

Häufig ist den Betroffenen gar nicht bewusst, dass sich Spannungsfelder aufbauen. Und wenn sie dies feststellen, sind sie in den meisten Fällen nicht in der Lage, die Ursachen zu erkennen oder beim Namen zu nennen. Für viele Manager ist es beispielsweise ein schmaler Grat, auf der einen Seite „Vertrauen in die Mitarbeiter zu setzen" und ihnen somit ein gewisses Maß an Eigenverantwortung zu gewähren, andererseits ständig die Angst „im Nacken" zu haben, „die Kontrolle über das Geschehen zu verlieren".

Die häufigsten Spannungsfelder, die wir bei Führungswechslern beobachten konnten, und der Umgang mit diesen werden im siebten Kapitel vorgestellt.

2.4 Exkurs – Transition Coaching im Unternehmen verankern: Tipps für Personalentwickler und Entscheider

Dieses Kapitel im Anhang richtet sich an Personalentwickler und Entscheider von Unternehmen und Organisationen. Es beschreibt die Rahmenbedingungen für eine erfolgreiche Implementierung des Transition Coachings im Unternehmen beziehungsweise Organisationen sowie die Kriterien für die Auswahl des „richtigen" Coachs.

Es zeigt einleitend die wichtigsten Voraussetzungen für die Etablierung des Konzeptes unter Berücksichtigung seiner Besonderheiten im Vergleich zu klassischen Coaching-ansätzen auf.

Anhand zweier Praxisbeispiele wird detailliert veranschaulicht, wie wir dieses Konzept bei einem Automobilhersteller und einem mittelständischen Maschinenbauunternehmen implementiert haben: beginnend mit den jeweiligen Ausgangslagen und den daraus resultierenden Anforderungen an das Coaching über die Vorstellung der jeweiligen Konzepte bis hin zur Umsetzung und der sich daraus ergebenden Erkenntnisse und Befunde.

Abschließend bietet dieses Kapitel Personalentwicklern und Entscheidern einen Kriterienkatalog für die Auswahl des „richtigen" Coachs. Wir zeigen, auf welche persönlichen, fachlichen und methodischen Kompetenzen es bei der Auswahl ankommt, welche Erfahrungen ein Coach mitbringen und welche Besonderheiten er aufweisen sollte.

Im Anhang finden sich zudem Interviews mit dem Unternehmensberater Dr. Jürgen Weisheit über das Coaching von morgen und mit Michael Seipel, Geschäftsführer der Firma 100 Consulting, über die wichtigsten Ergebnisse seiner jüngst erschienenen Studie „Führungswechsel erfolgreich gestalten".

DAS WICHTIGSTE IN KÜRZE

Viele Führungswechsel scheitern vor allem aus drei Gründen: Erstens, weil die Chancen und Risiken der neuen Funktion mit den Stärken und Schwächen des Managers negativ zusammenspielen, zum anderen, weil sich bis dahin sehr erfolgreiche Führungskräfte in ihrer neuen Position plötzlich schwertun, und drittens, weil sie die Risiken der neuen Stelle falsch einschätzen. Häufig sind sie zu unerfahren, um auf die neuen Anforderungen angemessen reagieren zu können.

Demgegenüber zeichnen sich erfolgreiche Führungswechsler dadurch aus, dass sie die Chancen und Risiken ihrer Aufgabe schnell erkennen und in der Lage sind, ihre persönlichen Stärken und Schwächen richtig einzuschätzen. Zudem orientieren sie sich mehr an Businessthemen als an persönlichen Themen und beziehen ihre Vorgesetzten und Mitarbeiter in die Einarbeitung in ihre neue Führungsaufgabe mit ein.

Transition Coaching bezieht diese Erfolgsfaktoren in sein Konzept mit ein und kombiniert in idealer Weise klassisches Coaching mit Business Consulting. Im Unterschied zu klassischen Verfahren orientiert es sich vorrangig am Business, das heißt am Nutzen des Unternehmens und nicht am Wohlergehen der Person. Entsprechend richtet sich das Hauptaugenmerk nicht mehr überwiegend auf die Person des Führungswechslers, sondern bezieht die Businessperspektive mit ein. Transition Coaching greift bewusst die Rahmenbedingungen für den Führungswechsel in seiner Betrachtung mit auf und bietet dem Manager zur Lösung der erkannten Schwachstellen fünf Kerninstrumente, die er in einer vorgegebenen Reihenfolge systematisch abarbeitet.

Ziel dieses Konzeptes ist es, neuen Führungskräften bei einem Führungswechsel ein schnelles und nachhaltiges Anwachsen in ihrem neuen Aufgabenbereich zu garantieren. Die Betrachtungsweise des Führungswechsels orientiert sich maßgeblich am Denken in Engpasskategorien, an Businessthemen und am Nutzen des Unternehmens. Der Blick richtet sich auf den zentralen Engpass, den es als Erstes zu bearbeiten gilt, um den Erfolg des Führungswechsels zu sichern. Ist dieser Engpass gelöst, wendet sich der Manager dem nächsten zu, der seinen Erfolg am meisten gefährdet. Die Reihenfolge der Abarbeitung berücksichtigt die Business-, Führungs-/Organisationsperspektive sowie die persönliche Perspektive des Führungswechslers.

Um die aus Sicht des Unternehmens wichtigen Erfolgskriterien erfüllen zu können, müssen Führungswechsler die an sie gestellten Anforderungen aus der Businessperspektive betrachten und bewerten. Transition Coaching befähigt sie, diesen Perspektivenwechsel vorzunehmen. Der Erfolg eines Führungswechsels hängt zudem von den Themen ab, mit denen die Manager in ihrer ungeheuren Überbelastung konfrontiert werden. Auch diese Themen resultieren aus der Businesssituation, dem System oder der Person des Managers.

Transition Coaching gibt Führungswechslern fünf Kerninstrumente an die Hand, um den Geschäftserfolg sicherzustellen. Die Durchführung der Risikoanalyse und Erstellung des Businessplans befähigt sie, ihre Leistung zu steigern und ihr Geschäft schneller und nachhaltig zu durchdringen. Durch Einbindung ihres Vorgesetzten und wichtiger Leistungspartner erhöhen sie ihren Vernetzungsgrad und wachsen schneller im neuen Geschäft an. Ihren Führungsanspruch gegenüber den Mitarbeitern festigen sie, indem sie ihre Mannschaft formieren und einbinden. Des Weiteren erfahren sie, wie sich Spannungsfelder erkennen und lösen lassen, um souverän mit Konfliktsituationen umzugehen.

Im Exkurs finden Personalentwickler und Entscheider eine Vielzahl von Tipps und Anregungen zur Implementierung des Transition Coachings in ihrem Unternehmen.

Im Anhang informieren zwei Interviews über das Coaching von morgen und über die wichtigsten Ergebnisse der jüngst erschienenen Studie „Führungswechsel erfolgreich gestalten".

3

Risikoanalyse:
Erkennen zentraler Webfehler
und Irrtümer

DIE RISIKOANALYSE ist das erste Kerninstrument des Transition Coachings zur Steigerung der Leistung des Führungswechslers und zur schnelleren Durchdringung seines neuen Geschäfts. Sie dient zum Abgleich seiner Stärken und Schwächen mit den Chancen und Risiken seiner neuen Funktion. Das Hauptaugenmerk richtet sich auf einen möglichst erfolgreichen Übergang. Um diesen zu gewährleisten, muss der Manager die Risiken des Führungswechsels frühzeitig erkennen, um persönliche Sicherungs- und Vorbeugungsmaßnahmen einleiten zu können. Dieses Kapitel beschreibt

❑ die typischen zentralen Webfehler und Irrtümer beim Eintritt in die neue Funktion und die wichtigsten Elemente der Risikoanalyse,

❑ die Zuordnung der neuen Führungsfunktion in das idealtypische Managementlevel,

❑ Methoden zur richtigen Einschätzung der neuen Businesssituation und

❑ die Erstellung einer persönlichen Stärken-Schwächen-Analyse.

3.1 Zentrale Webfehler und Risikoanalyse

3.1.1 Merkmale zentraler Webfehler und Irrtümer

Zentrale Webfehler und *Irrtümer* sind die häufigste Ursache dafür, dass Manager und die neue Stelle, auf die sie befördert wurden, nicht zusammenpassen. Zu deren Bestimmung lohnt ein Blick auf gescheiterte Führungswechsler: Ihr Scheitern ist häufig auf ein Zusammenspiel von hauptsächlich drei negativen Faktoren zurückzuführen:

1. *Fehlpassung zwischen Person und Funktion:* Die Schwächen des Managers korrelieren mit den Risiken seiner neuen Stelle. Er bekommt die Risiken nicht in den Griff, weil er ausgerechnet im Umgang mit diesen Defizite hat. Man spricht in diesem Zusammenhang von einer Fehlpassung zwischen Person und Funktion.

2. *Kein Erfassen der Businesssituation:* Dem Manager fehlt das Gespür für die Businesssituation der neuen Funktion und für den Unterschied zwischen seiner neuen Geschäftslage und der bisher erlebten. Folgerichtig bereitet es ihm Probleme, das neue Geschäft zu durchdringen.

3. *Falsches Managementlevel:* Der Manager denkt und arbeitet im falschen Managementmodus, weil ihm nicht bewusst ist, dass Führung nicht nur Mitarbeiterführung bedeutet, sondern auch strategische und unternehmerische Kompetenzen verlangt.

Diese drei Merkmale bezeichnen wir als zentrale Webfehler oder Irrtümer. Bei ihrer Betrachtung ist zu berücksichtigen, dass Erfolg oder Misserfolg nie allein in der Person begründet, sondern immer auf eine Kombination von Person, Aufgabe (Funktion) und Situation zurückzuführen ist (vgl. Watkins 2007). Wird das Zusammenspiel dieser Faktoren nicht oder zu wenig berücksichtigt, droht der Führungswechsel zu scheitern. Dies gilt vor allem dann, wenn dem Manager die nötigen Erfahrungen und Fertigkeiten fehlen, er aber auch nicht flexibel genug ist und nicht genügend Zeit hat, um auf die neuen Anforderungen angemessen zu reagieren: Er ist mit der Bewältigung von Risiken überfordert.

3.1.2 Elemente der Risikoanalyse

Es gibt aber einen Weg, die Folgen von Risiken trotz ständigen Zeitmangels und chronischer Überlastung mit den Alltagsaufgaben zu minimieren. Als Erstes muss sich der Führungswechsler der wichtigsten potenziellen Risiken bewusst werden. Um diese frühestmöglich erkennen und sich im Laufe der ersten sechs Monate in der neuen Funktion gegen sie absichern zu können, empfehlen wir folgende Vorgehensweise (vgl. Bild 3-1):

❑ 1. Schritt: Erkennen des richtigen *Managementlevels* und Entwicklung von leveladäquaten Verhaltensweisen und Arbeitsschwerpunkten.

❑ 2. Schritt: Einschätzung der *Businesssituation* und Anpassung des Führungshandelns an diese.

❑ 3. Schritt: Erstellung einer *persönlichen Stärken-Schwächen-Analyse* und Abgleich mit den Chancen und Risiken der neuen Funktion, um „Tretminen" erkennen und entschärfen zu können.

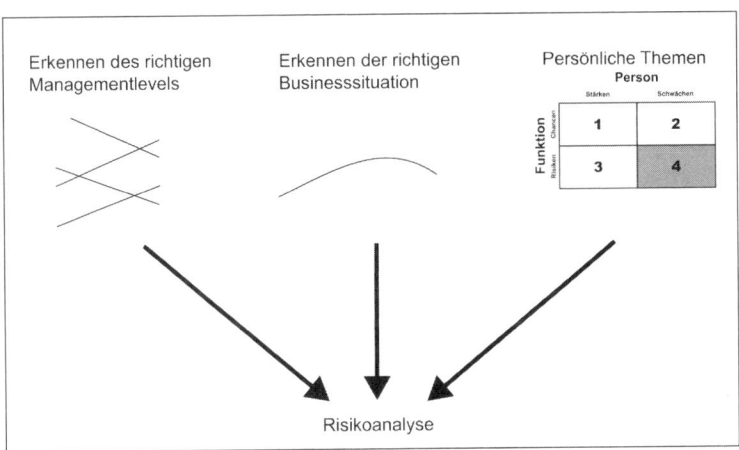

Bild 3-1: Die Elemente der Risikoanalyse

Diese drei Schritte sind gleichzeitig die wesentlichen Bestandteile der Risikoanalyse. Wie Führungswechsler nach dieser Maßgabe potenzielle oder bereits bestehende Risiken erkennen können, wird im Folgenden beschrieben. Abschließend zeigen wir dann anhand eines Beispiels die typischen Stolpersteine und Fehleinschätzungen.

3.2 Erkennen des Managementlevels

Im ersten Schritt der Risikoanalyse schätzt der Führungswechsler das Managementlevel ab, das für die Durchführung seiner neuen Aufgabe erforderlich ist, und prüft, ob es das dafür passende Anforderungsprofil erfüllt. In Anlehnung an Ram Charan (2001) unterscheiden wir im Management fünf Entwicklungs- und Anforderungsebenen (Levels), die jeweils spezifische und sehr unterschiedliche Anforderungen an die Manager stellen.

3.2.1 Die fünf idealtypischen Managementlevels

Führungskräfte müssen die speziellen Anforderungen an ihre Aufgabe kennen und erfüllen, um sie auch bewältigen zu können (vgl. Bild 3-2):

❑ *Level 1: Experte beziehungsweise Sachbearbeiter*
Anforderung: Er hat als Experte in einem Sachgebiet (individuelle) Leistung zu erbringen.

❑ *Level 2: Team Manager*
Anforderung: Als Teamleiter befähigt er sein Team dazu, gemeinsam Leistung zu erbringen und diese kontinuierlich zu steigern.

❑ *Level 3: Function Manager (Manager einer Funktionseinheit)*
Anforderung: Als Leiter einer Funktionseinheit trägt er dafür Sorge, dass sie optimale Leistung erbringt und strategisch gut aufgestellt ist.

❑ *Level 4: Business Manager (Manager einer Geschäftseinheit)*
Anforderung: Als Geschäftsführer führt er sein Geschäft (Business) so, dass die verschiedenen Funktionseinheiten im Verbund effektiv arbeiten und nachhaltig erfolgreich sind.

❑ *Level 5: Enterprise Manager (Manager eines Unternehmens)*
Anforderung: Als Unternehmensleiter führt er sein Unternehmen so, dass unterschiedliche Geschäfte im Verbund wirtschaftlich arbeiten und nachhaltig erfolgreich sind.

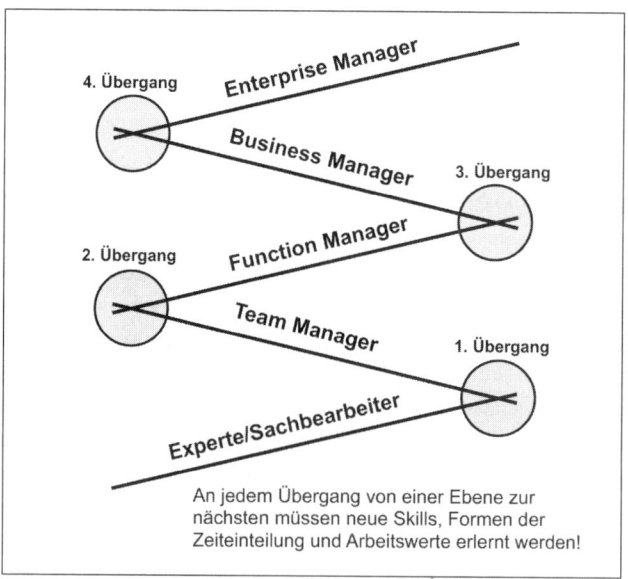

An jedem Übergang von einer Ebene zur nächsten müssen neue Skills, Formen der Zeiteinteilung und Arbeitswerte erlernt werden!

Bild 3-2: Anforderungs- und Entwicklungsebenen für Manager

Diese Levels sind nicht mit hierarchischen Ebenen in einer Organisation gleichzusetzen. Sie beziehen sich auf das Maß der notwendigen Anforderungen, Hierarchien hingegen zeigen Machtverhältnisse, Weisungsbefugnisse, Abhängigkeiten und Zugehörigkeiten auf. In kleineren Unternehmen kann eine Position durchaus mehrere Levels vereinigen (zum Beispiel Team und Function Manager in einer Person). Einen Extremfall stellt der selbständige Arzt dar, der Experte, Team Manager gegebenenfalls auch noch Function Manager und Enterprise Manager in Personalunion ist.

Die Übergänge zwischen den Ebenen sind nicht trivial und verlangen der neuen Führungskraft einiges an Anpassungs- und Lernfähigkeit ab. Auch sind die Erfolgskriterien in den einzelnen Ebenen sehr unterschiedlich. Besonders gravierend lässt sich dieser Unterschied an den Erfolgskriterien des Experten festmachen, der sich nach seiner Beförderung auf ein höheres Level häufig als besonders kontraproduktiv erweist. Dort nämlich sind nicht nur seine exzellenten Fachkompetenzen gefragt, sondern auch Führungseigenschaften und bei weiterem Aufstieg strategisches und unternehmerisches Know-how.

Jeder Übergang von einem Level zum anderen erfordert von der Führungskraft neben persönlicher Veränderung und Anpassung an die neuen Anforderungen auch das Erlernen beziehungsweise „Über-Bord-Werfen" von Werkzeugen, Techniken, Einstellungen und Verhaltensweisen. Die Anforderungen an die Führungskraft bei solchen Übergängen lassen sich in drei Kategorien einteilen. Sie muss beim Wechsel in ein höheres Managementlevel

1. neue Skills (Werkzeuge, Techniken und Verhaltensweisen) erlernen,
2. ihre Zeit neu einteilen, ihren Energieeinsatz neu gewichten und ihre Schwerpunkte im Arbeitsalltag neu setzen,
3. ihre (Arbeits-)Wertvorstellungen an die neuen Anforderungen anpassen.

Im Folgenden beschreiben wir die Hauptmerkmale der fünf Managementlevels und die wichtigsten Kriterien für die vier infrage kommenden Übergänge.

3.2.2 Erster Übergang: Vom Experten zum Team Manager

Der Team Manager

Angehende Führungskräfte werden deshalb befördert, weil sie (als Einzelpersonen) überdurchschnittliche Leistungen erbringen. Von jungen Team Managern wird in der Regel erwartet, dass sie diese hohe Leistungs- und Organisationsfähigkeit auch auf ihr Team übertragen. In Kenntnis dessen sollte beispielsweise der neue Leiter eines Verkaufsteams Themen wie Mitarbeiterführung, Definition und Kontrolle von Leistung, Zeit zur Abstimmung und Qualifizierung, Überwachung und Steuerung von Projekten oder Steigerung der Leistungs- und Anpassungsfähigkeit des Teams große Bedeutung beimessen.

Der Übergang

Manager, die vom *Experten* zum *Team Manager* aufsteigen, müssen bei ihrem ersten Übergang lernen, wie sie ihr Team dazu befähigen, die Leistung zu erbringen, die das Unternehmen von ihm erwartet. Ein entscheidendes Kriterium dafür ist, dass sie lernen, sich ihre Zeit neu einzuteilen, indem sie weniger ihren Fachaufgaben (zum Beispiel Kundenbetreuung) nachgehen, sich dafür aber umso mehr Zeit für die Organisation ihres Teams nehmen.

Sie müssen auch lernen, ihre (Arbeits-)Wertvorstellungen dieser neuen Anforderung anzupassen: Sie dürfen Mitarbeiterführung nicht wie bislang als „notwendiges Übel" betrachten, das ihre kostbare Zeit für operatives Tun stiehlt, sondern als einen ganz entscheidenden Erfolgsfaktor für ihre neue Position. Dies ist umso schwieriger, weil in ihrer bisherigen Tätigkeit als Experte das Managen anderer Personen für den Erfolg nicht ausschlaggebend war. Deshalb raten wir Führungswechslern, diesen Übergang bewusst zu gestalten: Bisherige Erfolgsfaktoren über Bord werfen, dafür aber das Augenmerk auf die Erfolgfaktoren der neuen Funktion richten, um auf diese Weise der „Trägheit" des Gewohnten entgegenzuwirken. Das nächsthöhere Level ist der Function Manager.

3.2.3 Zweiter Übergang: Vom Team Manager zum Function Manager

Der Function Manager

Der *Function Manager* (Manager einer Funktionseinheit) ist für einen Aufgabenbereich verantwortlich, beispielsweise als Verkaufsleiter eines Autohauses für den Verkauf von Neuwagen. Seine Aufgabe ist es, seinen Aufgabenbereich (den Verkauf) im Verbund mit den anderen Funktionen des Autohauses (zum Beispiel Teile und Zubehör, Kundenservice, Marketing und anderes) optimal aufzustellen, um profitabel Autos verkaufen zu können.

Er ist dafür verantwortlich, dass sein Aufgabenbereich zukunftsorientiert aufgestellt ist. Dazu gehört, neue Trends und Entwicklungen im Verkauf nicht zu verschlafen, sondern möglichst früh zu erkennen und aufzugreifen (zum Beispiel die Nutzung des Internets als digitale Verkaufsplattform). Dies erfordert vor allem Fertigkeiten im strategischen Denken, die Kenntnis komplexer Sachverhalte und die Fähigkeit, diese komplexen Sachverhalte dem Laien verständlich „rüberzubringen". In unserem Beispiel: dem interessierten potenziellen Kunden, der offenbar nicht viel von Autos versteht, mit einfachen Worten ohne große Umschweife zu erklären, was er von einem Motor mit einem Drehmoment von 510 Nm bei 1.600 U/min erwarten kann.

Weil in der Regel kaum jemand in Unternehmen beurteilen kann, ob der Function Manager die strategischen Entwicklungen in seinem Verantwortungsbereich richtig einschätzt, sollte dieser unbedingt Außenkontakt halten. Denn nur „an der Front" –

am Ort des Geschehens – kann er ein Gefühl für Trends und Entwicklungen in seinem Themengebiet bekommen, sozusagen die Lage erspüren. Function Manager können in völlig unterschiedlichen Bereichen im Organigramm von Unternehmen angesiedelt sein. Die Spanne reicht

❑ von der Stabsfunktion ohne Mitarbeiter oder einem kleinen, direkt unterstellten – bisweilen auch standortverteilten – Team

❑ bis zu einer großen Abteilung mit einer breiten Führungsspanne und mehreren nachgeordneten Führungsebenen.

So führt beispielsweise ein Produktionsleiter, der mehreren nachgeordneten Führungsebenen vorsteht, überwiegend Führungskräfte, Mitarbeiter hingegen nur noch indirekt. Damit verliert er aber auch den Kontakt zur Basis. Er kann dann nur noch auf Informationen und Eindrücke „aus zweiter Hand" zurückgreifen. Der Function Manager ist für seinen Aufgabenbereich verantwortlich und muss diesen nach Maßgabe der Unternehmensziele ausrichten.

Der Übergang

Um den Übergang vom Team Manager zum Function Manager erfolgreich zu meistern, muss der *Team Manager* lernen, über mindestens eine Führungsebene hinweg zu kommunizieren und entscheidungsrelevante Informationen zu sammeln. Von ihm wird erwartet, dass er bei der Entwicklung und Ausgestaltung seiner Funktion (zum Beispiel Verkauf von Neuwagen im Autohaus) auch die Belange anderer Funktionen (zum Beispiel Teile und Zubehör, Kundenservice, Marketing) berücksichtigt und in seine Entscheidungen mit einbezieht. Sein neuer Arbeitswert besteht darin, dass er nicht wie bisher das Hauptaugenmerk nur auf seine Funktionseinheit richtet, sondern das Gesamtsystem betrachtet. Das erfordert wiederum eine verstärkte Zusammenarbeit mit anderen Function Managern mit entsprechend neuer Zeiteinteilung. Team Manager, die zum *Function Manager* aufsteigen, müssen vor allem die Fähigkeit zum langfristigen, strategischen Denken und zum vernetzten Handeln trainieren. Der nächste Schritt ist der Aufstieg zum Business Manager.

3.2.4 Dritter Übergang: vom Function Manager zum Business Manager

Der Business Manager

Der *Business Manager* (Manager einer Geschäftseinheit) ist verantwortlich für eine Geschäftseinheit beziehungsweise für einen Standort. Der Filialleiter eines Autohauses mit mehreren Filialen beispielsweise muss dafür Sorge tragen, dass die unterschiedlichen Funktionen seiner Filiale (Verkauf, Teile und Zubehör, Kundenservice, Marketing etc.) ihren Beitrag zum wirtschaftlichen Erfolg der Filiale leisten.

Zu den zentralen Aufgaben eines Business Managers gehört, seine Geschäftseinheit auf Wirtschaftlichkeit und nachhaltigen Erfolg hin zu bündeln und auszurichten. Die Herausforderung für ihn besteht darin, dass er mehrere Funktionen verantworten muss, obwohl er nur in einer, zum Beispiel im Verkauf, „zu Hause ist" und sich dort bestens auskennt. Des Weiteren benötigt er ein umfassendes Verständnis des zugrunde liegenden Geschäftsmodells. Er muss in der Lage sein, nicht nur Querschnittfunktionen einzubinden und zu nutzen, sondern auch seine Geschäftseinheit mit dem Gesamtunternehmen gezielt zu vernetzen.

Der Übergang

Vom *Business Manager* wird erwartet, dass er strategisches Denken und kurzfristige Profitorientierung gegeneinander abwägen kann. Denn er verantwortet einerseits Businesszahlen, zum Beispiel Marktanteile für Produkte und Dienstleistungen, die den kurzfristigen Geschäftserfolg messen. Gleichzeitig muss er langfristig denken und handeln. Die Kunst ist es, in diesem Spannungsfeld kurz- und langfristige Erfolge in Balance zu halten. Dafür muss der Business Manager bei seiner Zeiteinteilung darauf achten, dass ihm genügend Raum bleibt

❑ zur Reflexion und
❑ zum analytischen Denken,
❑ zur Analyse der Geschäftsentwicklung und
❑ zur Gestaltung der kritischen Erfolgsfaktoren in seinem Business.

Er weiß um die Bedeutung von Querschnittfunktionen wie zum Beispiel Controlling oder Human Resources und nutzt diese systematisch für seine Ziele. Zu seinen wichtigsten Eigenschaften gehören analytisches Denken und generalstabsmäßiges Handeln. Die Fähigkeit, politische Strukturen und Machtverhältnisse im Unternehmen zu erkennen und für die eigene Funktion zu nutzen, kann auf diesem Level zur Überlebensfrage werden.

3.2.5 Vierter Übergang: Vom Business Manager zum Enterprise Manager

Der Enterprise Manager

Ein *Enterprise Manager* (Manager eines Unternehmens) ist für mehrere Geschäftseinheiten beziehungsweise Standorte verantwortlich. Er leitet zum Beispiel ein Autohaus mit mehreren Filialen. Dafür muss er in der Lage sein, Komplexität, Innovation und Unternehmensentwicklung zu managen und in Kategorien von Gewinnoptimierung und Nachhaltigkeit zu denken. Neben seinem Alltagsgeschäft gilt sein Augenmerk dem Markt, seinen Chancen und Risiken sowie neuen potenziellen Geschäftsfeldern. Kennzeichnend für ihn ist, dass er im Spagat von kurzfristigen (Umsatz-)Zielen und langfristigen strategischen Zielen denken und handeln muss.

Der Übergang

Dem langfristigen, visionären Denken kommt auf dieser Ebene eine noch größere Bedeutung zu. Der Business Manager muss endgültig Abschied nehmen von seiner bisherigen, auf einzelne Produkte oder Kunden gerichteten Perspektive. Auf diesem Level ist die entscheidende Fragestellung, wie das Unternehmen die Gesamtheit aller Produkte beziehungsweise Dienstleistungen an die Gesamtheit aller Kunden bestmöglich veräußern kann. Die (Arbeits-)Wertvorstellungen des Enterprise Managers müssen frei sein von jeglicher Voreingenommenheit und Vorlieben für oder gegen einzelne Bereiche oder Produkte.

Diese Beschreibung der einzelnen Managementebenen und Übergänge ist idealtypisch. In der Praxis sind in der Regel mehrere Managementlevels in einer Führungsposition vereint. Das bedeutet, dass bei Beförderungen vom Sachbearbeiter (Experten) zur Führungskraft vor allem in mittelgroßen Unternehmen mehrere Managementlevels gleichzeitig ausgefüllt werden müssen. Oft jedoch sind sich weder die Entscheider noch die betroffenen Aufstiegskandidaten über den dramatischen Anstieg der Anforderungen nach der Beförderung auf das neue Level im Klaren.

3.2.6 Typische Stolpersteine und Fehleinschätzungen

Anhand des Beispiels vom Roman Kowalsky (Name geändert) wollen wir die typischen Stolpersteine und Fehleinschätzungen aufzeigen, die Führungswechslern beim Übergang in ein höheres Managementlevel am häufigsten das Leben schwer machen.

Ein Beispiel aus der Praxis

Roman Kowalsky wurde vor Kurzem zum Leiter Global Engineering eines international produzierenden Mittelständlers befördert. Zuvor hatte er als Maschinenbauingenieur eine steile Karriere vorgelegt. Nach dem Studium und einem Auslandsaufenthalt in Spanien war er als Fertigungsingenieur in einem deutschen Produktionswerk des Unternehmens eingestiegen, hatte nach knapp drei Jahren die Leitung der dortigen Engineeringfunktion übernommen und nach weiteren zwei Jahren die Werkleitung. Da er sich sehr gut organisierte und das Werk hervorragend lief, wurde er zusätzlich zu seiner Werkleiterrolle zunehmend mit Optimierungsprojekten beauftragt, die er europaweit durchführte. Aufgrund seiner Erfolge in der Projektarbeit bot man ihm die neu geschaffene Stabsfunktion Global Engineering an, die er gerne annahm und die er nun ausübte.

Seine neue Aufgabe bestand darin, die Produktionsstandorte in den drei Regionen Europa, Afrika und Asien zu koordinieren, einheitliche Produktions- und Qualitätsstandards zu etablieren und Transparenz über technologische Prozesse und Kosten zu schaffen. Dafür hatte er ein virtuelles Engineeringteam von circa 15 Mitarbeitern zusammengestellt, das über alle Standorte verteilt war. Die Aufgabe wurde dadurch erschwert, dass das Unternehmen in den letzten Jahren durch Zukäufe und Fusionen sehr stark gewachsen war. Die Produktionswerke hatten sich sehr unterschiedlich entwickelt und waren bis dahin dezentral geführt.

Im Zuge der strategischen Neuausrichtung des Unternehmens sollte Roman Kowalsky mit seinem Team die Produktions- und Qualitätsstandards weltweit vereinheitlichen, um die technischen Prozesse vergleichbar und die Preise transparent zu machen. Doch schon nach kurzer Zeit musste er feststellen, dass ihm diese neue Aufgabe nicht so leicht von der Hand ging, wie er es bisher gewohnt war. Er fühlte sich überfordert und kam zum ersten Mal mit seinem Team nicht zurecht. Zu allem Übel schlichen sich auch noch zunehmend Fehler und Pannen ein. Woran lag das? Kowalsky war ratlos. Wir haben ihm geraten, eine Risikoanalyse durchzuführen, um den Ursachen für seine Schwierigkeiten auf den Grund zu gehen. Nach der Analyse kamen die Gründe klar zum Vorschein.

Erkenntnisse und Schlussfolgerungen

Der Hauptakteur in unserem Beispiel, Roman Kowalsky, ist zum Leiter Global Engineering, einem kombinierten Team und Function Manager des Konzerns, aufgestiegen. Als *Team Manager* musste er schnell sein virtuelles (auf drei Weltregionen verteiltes) Team aufbauen und formieren. Außerdem brauchte er informelle Einflussnahmen, um die Werkleiter dazu zu bringen, seine Vorhaben und Vorschläge in ihren Werken umzusetzen. Da er keinerlei Weisungsbefugnisse ihnen gegenüber hatte, gleichzeitig aber in seiner Aufgabe von den Umsetzungserfolgen der Werkleiter abhängig war, musste er besonderes diplomatisches Geschick beweisen.

All dies wäre noch zu bewältigen gewesen, denn Kowalsky verfügte über profunde Erfahrungen im Umgang mit Mitarbeitern und Führungskräften verschiedener Kulturen und Hierarchieebenen. Aber er hatte einen Umstand völlig unterschätzt: Sein Team war weltweit verstreut. Das war neu für ihn. Hinzu kam, dass er selbst ständig auf Reisen war. Da er keine adäquate Arbeitsweise für die Führung eines virtuellen Teams entwickelt hatte, stapelte sich in seinem Büro in Deutschland mittlerweile die Post. Hier kam der erste Stolperstein für Kowalsky zutage.

Als *Function Manager* musste er die Funktion Global Engineering konzeptionell und inhaltlich ausgestalten und für die verschiedenen Werke passend machen. Eine Herkulesaufgabe, weil die Strukturen in den einzelnen Werken sehr unterschiedlich gewachsen waren. Auch sahen die Werkverantwortlichen keine Notwendigkeit, ihre lieb gewonnenen und bereits mehrfach optimierten Ansätze zugunsten eines Zentralansatzes, der in ihren Augen für sie mehr Nach- als Vorteile hatte, aufzugeben.

Hinzu kam, dass Kowalsky keinen Hehl daraus machte, dass er seinen „deutschen" Ansatz, den er in seiner früheren Funktion als Werkleiter selbst mitentwickelt hatte, für den besten hielt. Dies erzeugte natürlich zusätzliche Widerstände bei den Werkleitern. Hier also lag Kowalskys zweite „Tretmine". Jetzt wusste er, wo er in beiden Managementlevels ansetzen musste, um sein Geschäft in den Griff zu bekommen: In seiner Eigenschaft als Team Manager musste er eine adäquate Arbeitsweise für die Führung eines virtuellen Teams entwickeln. Als Function Manager war er gefordert, seine Strategie zu ändern und die Werkleiter bei der Entwicklung der Maßnahmen zur Anpassung der verschiedenen Werke einzubeziehen.

Uns kommt es im Wesentlichen darauf an, Managern in vergleichbaren Übergangssituationen die Notwendigkeit vor Augen zu führen, ihre Aufgaben differenziert zu betrachten und zu berücksichtigen, dass sich gleiche Führungsaufgaben je nach Unternehmen sehr stark voneinander unterscheiden können.

⮞ Reflexionsfragen

Anhand folgender Fragen können Führungskräfte das Managementlevel ihrer neuen Funktion genauer beleuchten und bestimmen:

- ❏ Auf welchem Level ist meine neue Führungsfunktion angesiedelt?
- ❏ Wo liegen die besonderen Aufgabenschwerpunkte und Herausforderungen, aber auch „Tretminen" und Stolpersteine auf dem neuen Level?
- ❏ Vermischen sich zwei oder mehrere Levels in meiner Position? Wie ist in diesem Fall das „Mischungsverhältnis" zwischen den Levels? Wo muss ich dann den Schwerpunkt setzen?
- ❏ Wo muss ich in meinem Arbeitsalltag die richtigen Akzente und Schwerpunkte setzen, um alle wesentlichen Aspekte meines Levels zu berücksichtigen?
- ❏ Habe ich von den Akzenten und Schwerpunkten, die ich in meinen alten Levels gesetzt habe, genügend viele „über Bord geworfen"?

3.3 Einschätzung der Businesssituation

Im zweiten Schritt der Risikoanalyse nimmt der Führungswechsler eine Einschätzung der Businesssituation in seinem neuen Aufgabenbereich vor. Idealtypisch werden folgende Businesssituationen unterschieden (zum Beispiel Watkins 2007):

- ❏ Neugründung und Aufbau,
- ❏ nachhaltige Erfolgsphase,
- ❏ strategische Neuausrichtung/Konsolidierung,
- ❏ Sanierungsphase.

Diese Unterscheidung stellt sehr unterschiedliche Anforderungen an die Managementaktivitäten. Wir richten unser Augenmerk nicht nur auf die Businesssituation des neuen Geschäfts, sondern beziehen auch die früheren Geschäftsfelder des Führungswechslers in die Betrachtung mit ein, um zu erkennen, ob er bereits über Erfahrungen für seine aktuelle Ausgangslage verfügt. Dabei stellen wir immer wieder fest, dass unerfahrene Manager dazu neigen, (Führungs-)Verhaltensweisen, die sich in der Vergangenheit als erfolgreich bewährt haben, unreflektiert auf ihren neuen Arbeitsbereich zu übertragen – ohne Rücksicht darauf, dass sie einer völlig anderen Businesssituation gegenüberstehen.

3.3.1 Idealtypische Businesssituationen

Zur Schärfung des Blicks für die *Businesssituation* eines neuen Geschäfts beschreiben wir die vier idealtypischen Geschäftssituationen, die Führungswechsler in Unternehmen, Bereichen, Abteilungen und Teams bis hin zu Projekten abhängig vom jeweiligen Reifegrad und den aktuellen Anforderungen des internen oder externen Marktes vorfinden.

1. Neugründung und Aufbau

In dieser Phase wollen die beteiligten Akteure mit den vorhandenen, in der Regel stark begrenzten Ressourcen (Menschen, Kapital, Technologie), ein neues Geschäft, Produkt oder Projekt in Gang bringen oder etablieren. Führungskräfte agieren hier beispielsweise als Firmengründer, Leiter einer neuen Produktionslinie beziehungsweise einer neuen Vertriebseinheit oder als Produktmanager. Sie weisen idealerweise ein sehr hohes Maß an Pioniermentalität auf.

Von Führungswechslern wird in der Neugründungs- und Aufbauphase erwartet, dass sie Dinge in Gang bringen, in kurzer Zeit ein schlagkräftiges Team aufbauen und in der Lage sind, schnell und pragmatisch zu handeln.

2. Nachhaltige Erfolgsphase

Hier konzentrieren sich die Kräfte darauf, die Vitalität und Leistungsfähigkeit des neu gegründeten Unternehmens auf hohem Niveau zu stabilisieren und nach Möglichkeit auszubauen, entgegen der bekannten Gesetzmäßigkeit, dass große Erfolge eher zum Durchatmen und Ausruhen einladen.

Führungskräfte brauchen hier ein Gespür für die kritischen Erfolgsfaktoren und die Stärken der Organisation, aber auch die Intuition dafür, „richtige" Veränderungen anzustoßen, ohne den Bogen zu überspannen. In dieser Phase birgt die Nachfolgesituation für die Führungskraft oft das Risiko, im Schatten einer erfolgreichen Idee oder eines erfolgreichen Vorgängers zu stehen.

In der Erfolgsphase gehört zu den Hauptaufgaben von Führungswechslern, Kernprozesse zu optimieren, fortlaufend zu reorganisieren sowie Standards, Kennzahlen und Controlling zu etablieren.

3. Strategische Neuausrichtung/Konsolidierung

Die Herausforderung besteht in dieser Phase darin,

❑ eine „in Schieflage" geratene Geschäftseinheit,
❑ ein „vor sich hindümpelndes" Produkt,
❑ ein in Schwierigkeiten geratenes Projekt
❑ oder einen „nicht rund laufenden" Prozess

wiederzubeleben. Das Hauptproblem besteht darin, dass viele den Handlungsbedarf (noch) gar nicht erkannt haben. Entsprechend ist die allgemeine Einsicht, Veränderungen durchzuführen, gering ausgeprägt, weil die Bedrohung im Unternehmen noch nicht wahrgenommen wurde. Typisch für diese Situation sind Aussagen wie: „Man ist doch bisher ganz erfolgreich und die Einbrüche lassen sich gut aus der aktuellen Situation heraus erklären."

Folgerichtig stoßen die Initiatoren der Veränderungsmaßnahmen oft auf Unverständnis und Widerstand, vor allem dann, wenn sie von außerhalb kommen und zu schnell unbequeme Veränderungen anstoßen wollen. Wir stellen immer wieder fest, dass sich in dieser Phase gerade das mittlere Management, das zweifelsohne zu früheren Erfolgen beigetragen hat, als besonders dicke „Lähm-/Lehmschicht" erweist.

Dies trifft vor allem dann zu, wenn Großunternehmen oder -investoren erfolgreiche Mittelständler aufkaufen und dann überfällige Richtungsänderungen initiieren. Wenn versäumt wird, die Führungskräfte und Mitarbeiter des übernommenen Mittelständlers von der Notwendigkeit der Veränderungen zu überzeugen und sie „ins Boot zu holen", können große Widerstände und Reibungsverluste entstehen, die die erwarteten Erfolge und Synergien be- oder gar verhindern.

Bei der strategischen Neuausrichtung müssen Führungswechsler die notwendigen Veränderungen angehen, Widerstände aktiv bearbeiten, Strukturen und Prozesse reorganisieren und sich auf die Kernkompetenzen ihrer Organisationseinheit konzentrieren.

4. Sanierungsphase

In dieser Phase findet der Führungswechsler eine prekäre Geschäftssituation vor: Die Organisationseinheit, das Team oder das Projekt sind im Prinzip bereits „klinisch tot". Sie sind ohne außergewöhnliche und radikale Wiederbelebungsversuche sowie ohne enorme Kraftanstrengungen aller Betroffenen, die auch noch in sehr kurzer Zeit erfolgen müssen, normalerweise nicht mehr zu retten.

Einen Vorteil hat diese missliche Lage trotzdem: Alle – intern und extern – stehen „mit dem Rücken zur Wand" und sehen ein, dass es ohne drastische Veränderungen nicht mehr weitergeht. Über das Ausmaß und die Geschwindigkeit der Umsetzung dieser Veränderungen sind sich die beteiligten Akteure allerdings meist uneinig.

Die Herausforderung für die verantwortlichen Personen besteht darin, die überfälligen – teilweise radikalen Einschnitte – schnell genug vorzunehmen. Parallel dazu müssen sie eine alternative Strategie zum Neuaufbau des Unternehmens entwickeln, die ein Wegbrechen der Erträge und Aufträge kompensiert. Des Weiteren wird von ihnen erwartet, dass sie ein minimales Commitment erzeugen und aktiv mit Demotivation umgehen.

Jede dieser vier idealtypischen Geschäftssituationen stellt Führungskräfte vor sehr

spezielle Herausforderungen und verlangt ihnen ein breites Spektrum unterschiedlichster Anforderungen ab. Bild 3-3 veranschaulicht den Zusammenhang zwischen
den Geschäftssituationen und dem jeweils erforderlichen Führungshandeln.

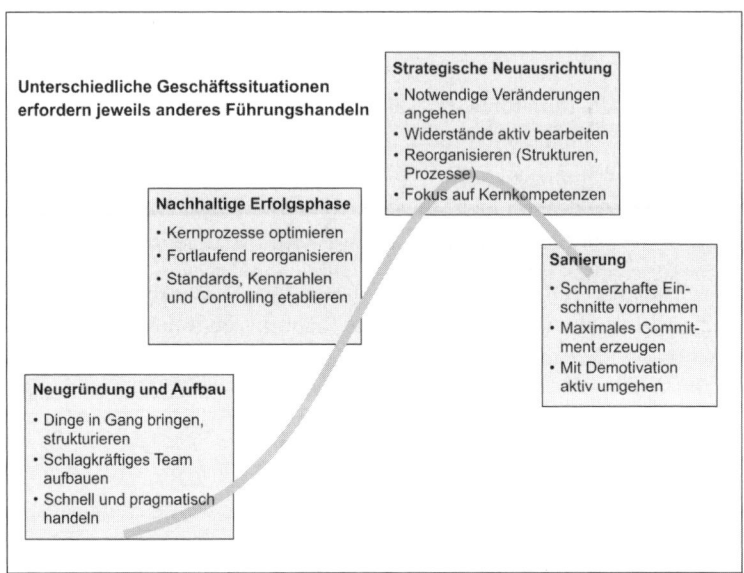

Bild 3-3: Zusammenhang zwischen Geschäftssituation und Führungshandeln

3.3.2   Schlussfolgerungen für Führungswechsler

Übertragen auf unser Beispiel von Roman Kowalsky ist festzustellen, dass er als Leiter
Global Engineering in eine reine (absolute) Neugründungs- und Aufbauphase hinein-
geraten war. Er musste alle Teile der Funktion neu aufbauen. Somit sah er sich einer
ungeheuren Herausforderung und Arbeitsbelastung gegenüber. Denn er musste unter
anderem

❑ das Team zusammenstellen und formieren, das heißt, neue Mitarbeiter akqui-
   rieren und einstellen, die nicht nur fachlich, sondern auch aufgrund ihrer Persön-
   lichkeitsmerkmale in der Lage waren, diese schwierige Ausgangssituation mit der
   ungeheueren Arbeitsbelastung zu stemmen (Pioniertypen),
❑ die Aufgaben und die Rollenteilung zu benachbarten Einheiten definieren,
❑ die notwendige Ausrüstung (Räume, Büroausstattung, technische Infrastruktur
   etc.) beschaffen,
❑ die erforderlichen Produkte, Leistungen, Prozesse, Standards etc. definieren und
   etablieren,
❑ Schlüsselbeziehungen zu den wichtigen Leistungspartnern aufbauen, insbesondere zu den Werkleitern in den einzelnen Ländern.

Hinzu kam ein weiterer Stolperstein: Bei der Nachlese stellte sich heraus, dass Roman Kowalsky die enormen Anforderungen der Startsituation völlig unterschätzt hatte. Seine Arbeitseinstellung und seine Arbeitsweise passten überhaupt nicht zu seiner Aufgabe, er stand kurz vor einem Zusammenbruch. Erstmals in seiner Karriere musste er sich eingestehen, dass er sich selbst zuzuschreiben hatte, ein Team ausgewählt und eingestellt zu haben, das er zu führen nicht imstande war.

 Reflexionsfragen

Um die neue Geschäftssituation besser beurteilen zu können, empfehlen wir Führungswechslern, sich mit folgenden Fragen auseinanderzusetzen:

❑ In welcher Geschäftssituation befindet sich meine neue Aufgabe?
❑ Für welche Geschäftssituationen habe ich bisher Erfahrungen gesammelt?
❑ Wo habe ich „blinde Flecken" beziehungsweise fehlt es mir an Erfahrungen?
❑ Welche Besonderheiten muss ich in meiner neuen Geschäftssituation berücksichtigen?

3.4 Erstellen einer persönlichen Stärken-Schwächen-Analyse

Im dritten Schritt der Risikoanalyse führt der Führungswechsler eine persönliche Stärken-Schwächen-Analyse durch. Dabei gleicht er die Chancen und Risiken der Funktion mit seinen Stärken und Schwächen – stets bezogen auf den Übergang – ab.

3.4.1 Vierfelderschema zur Risikoabschätzung

Die persönliche Stärken-Schwächen-Analyse lässt sich sehr gut anhand von vier Feldern mit jeweils unterschiedlichen Bedeutungen für die Risikoabschätzung darstellen (vgl. Bild 3-4).

Person

	Stärken	Schwächen
Funktion Chancen	1	2
Risiken	3	4

Bild 3-4: Persönliche Stärken-Schwächen-Analyse

❑ *Feld 1*: Die Stärken der Person treffen auf die Chancen der neuen Funktion (unkritisch für den Führungswechsel).

❑ *Feld 2*: Die Schwächen der Person treffen auf die Chancen der neuen Funktion (unkritisch, es bleiben nur Potenziale ungenutzt).

❑ *Feld 3*: Die Stärken der Person treffen auf die Risiken der neuen Funktion (unkritisch für den Führungswechsel).

❑ *Feld 4*: Die Schwächen der Person treffen auf die Risiken der neuen Funktion (hochkritisch für den Führungswechsel).

An unserem Beispiel von Roman Kowalsky wollen wir den Sachverhalt verdeutlichen: Er musste sehr schnell einsehen, dass sein neuer Chefsessel ein „sehr heißer Stuhl" war. Die Stärken- und Schwächenanalyse seiner neuen Funktion zeigte ein sehr interessantes Bild (vgl. Bild 3-4): Seine Schwächen (als Person) trafen fast komplett auf die Risiken seiner neuen Funktion (Feld 4).

3.4.2　Abgleich der Passung von Person und Funktion

Grundlage dafür war eine Auswertung seiner Tätigkeiten und Schwerpunkte in den letzten drei Jahren. Sie fördert die Ursachen für diese Konstellation zutage (Bild 3-5): Roman Kowalsky hatte bislang wenig Erfahrung in Zentralbereichen gesammelt und kannte die dort üblichen politischen Verhaltensweisen nicht. Hinzu kam, dass er keine

Chancen der Funktion	Risiken der Funktion
● Herausfordernde Aufgabe ● Sprungbrett und Bewährung für Topmanagement und komplexe internationale Aufgaben ● Hohe Topmanagementaufmerksamkeit, da das Thema eine der vier strategischen Vorhaben des Unternehmens ist ● Komplett gestaltbar (Pioniersituation)	● Sehr hoher Erfolgsdruck mit definierter Kosteneinsparung ● Keine klar definierte Aufgabe (Machen Sie mal …) ● Unklare Machtverhältnisse zwischen Vorstand und Landesfürsten ● Unternehmen, das bisher dezentral organisiert war, soll jetzt zentral geführt werden ● Team ist verteilt in Osteuropa und China (virtuelles Team)
Stärken der Person	**Schwächen der Person**
● Tatkräftig, flexibel, belastbar, hat „Terminator"-Qualitäten ● Sucht die Herausforderung und das Neue ● Karriereorientiert ● Hohe Expertise im Thema Engineering und Produktionsoptimierung ● Umfassende Projektmanagementerfahrung, überwiegend in Deutschland ● Sehr gute englische Sprachkenntnisse	● Keine Erfahrung mit der Umstellung einer Organisation von zentral auf dezentral ● Keine Erfahrung mit dem Management von standortverteilten Teams (virtuelle Teams) ● Bisher nur deutsche Mitarbeiter geführt ● Denkt gern in Entweder-oder-Kategorien

Bild 3-5: Abgleich der Passung von Person und Funktion am Beispiel von Roman Kowalsky

Auslandserfahrung in China und Osteuropa und kaum Erfahrung mit virtuellen Teamstrukturen – schon gar nicht mit nicht deutschen Mitarbeitern – hatte. Seine Denkmuster in Entweder-oder-Kategorien entsprachen ebenfalls nicht unbedingt den Anforderungen, die seine neue Funktion voraussetzte: eine extrem flexible Führung. Hier sind gleich mehrere „Tretminen" verborgen, nicht nur wegen der unklaren Machtverhältnisse zwischen Vorstand und „Landesfürsten", sondern auch aufgrund der nicht oder nur vage definierten Aufgaben in seinem neuen Aufgabengebiet. Bei genauerer Betrachtung wundert es also nicht, dass Roman Kowalsky angesichts solcher Konstellationen dem sehr hohen Erfolgsdruck, unter dem er stand, nicht gewachsen war.

Fazit ist, dass dieser Jobwechsel ein sehr hohes Scheiterpotenzial barg, das unbedingt durch gezielte Maßnahmen abgewendet werden musste. Ansätze waren ein persönliches Coaching zur Bearbeitung seiner persönlichen Schwächen, ein Mentor, der ihm bei der Bewältigung der Tücken in der Zentrale unterstütze, sowie ein Training und Coaching zur besseren Bewältigung seiner virtuellen Arbeitssituation.

Das Wichtigste in Kürze

Führungswechsler scheitern häufig aufgrund von zentralen Webfehlern und Irrtümern. Diese liegen vor, wenn der Manager und seine neue Funktion nicht zusammenpassen, weil seine Schwächen mit den Risiken der neuen Stelle korrelieren. Als weiteres Risiko kommt die Unfähigkeit des Managers, die Businesssituation zu erfassen und sein neues Managementlevel richtig einzuordnen, hinzu. Die Risikoanalyse befähigt Führungswechsler, diese potenziellen Risiken zu erkennen und sich gegen sie abzusichern.

Im ersten Schritt müssen sie das Managementlevel ihrer neuen Position erkennen. Die Managementlevels lassen sich in fünf Ebenen unterscheiden, beginnend mit dem Experten beziehungsweise Sachbearbeiter, der in einem Sachgebiet (individuelle) Leistung erbringt. Auf dem zweiten Level befähigen Teamleiter ihre Teams dazu, gemeinsam Leistung zu erbringen und diese kontinuierlich zu steigern. Auf der nächsthöheren Ebene sorgen Function Manager dafür, dass ihre Funktionseinheiten optimale Leistung erbringen und strategisch gut aufgestellt sind. Aufgabe von Business Managern ist es, dafür zu sorgen, dass verschiedene Funktionseinheiten im Verbund effektiv arbeiten und nachhaltig erfolgreich sind. Auf dem höchsten Level führen Enterprise Manager ihre Unternehmen so, dass unterschiedliche Geschäfte im Verbund wirtschaftlich arbeiten und nachhaltig erfolgreich sind. Bei jedem Übergang von einem Level zum nächsthöheren müssen Führungskräfte sich den neuen Anforderungen anpassen, Neues lernen und mitunter Altbewährtes „über Bord werfen".

Im zweiten Schritt der Risikoanalyse geht es darum, die Businesssituation einzuschätzen und das Handeln an diese anzupassen. Idealtypisch werden vier Businessphasen unterschieden. Bei der Neugründung beziehungsweise beim Aufbau wird versucht, mit begrenzten Ressourcen ein neues Geschäft, Produkt oder Projekt in Gang zu bringen oder zu etablieren. In der nachhaltigen Erfolgsphase gilt es, die Vitalität und die Leistungsfähigkeit des neu gegründeten Unternehmens auf hohem Niveau zu stabilisieren und möglichst auszubauen. Die strategische Neuausrichtung beziehungsweise Konsolidierung dient zur Wiederbelebung von „in Schieflagen" befindlichen Geschäftseinheiten, Produkten, Prozessen oder Projekten. In der Sanierungsphase schließlich sind Führungskräfte gefordert, bereits „klinisch tote" Unternehmen, Organisationseinheiten, Teams oder Projekte durch radikale Einschnitte zu retten. Jede dieser Geschäftssituationen stellt Führungskräfte vor sehr spezielle Herausforderungen und verlangt ihnen unterschiedlichste Anforderungen ab.

Im dritten und letzten Schritt schließlich gleicht der Führungswechsler seine persönlichen Stärken und Schwächen mit den Chancen und Risiken der neuen Stelle ab, um Stolpersteine zu erkennen und zu entschärfen. Zu seiner persönlichen Risikoabschätzung bedient er sich eines Vierfelderschemas. Unkritisch für den Führungswechsel ist, wenn seine Stärken auf die Chancen oder Risiken der neuen Funktion treffen. Dasselbe gilt, wenn seine Schwächen auf die Chancen der neuen Funktion treffen, in diesem Fall nutzt er lediglich Potenziale nicht aus. Hochkritisch allerdings wird es für den Führungswechsel, wenn seine Schwächen auf die Risiken der neuen Funktion treffen. Nach dem Abgleich der Passung von Person und Funktion kann der Führungswechsler ersehen, ob und welche Maßnahmen zu ergreifen sind, um Risiken abzuwenden.

4

Businessplan:
Der Bauplan für
den Geschäftserfolg

DAS KERNSTÜCK beim Transition Coaching ist der Businessplan. Er dient Führungswechslern als „Bauplan" zur Entwicklung ihres neuen Verantwortungsbereiches. Anhand dieses Plans können sie Ideen systematisch durchdenken und leicht verständlich schriftlich darlegen. Der Businessplan hat sich in vielen Unternehmen und Organisationen als wahre „Wunderwaffe" erwiesen, weil er Vorgesetzte und kritische Mitarbeiter gleichermaßen überzeugt. Dieses Kapitel beschreibt

- ❑ die Merkmale, die Bedeutung und die Entstehungsgeschichte des Businessplans,
- ❑ die Zielgruppen und den Aufbau des Businessplans,
- ❑ wie Führungswechsler anhand des Businessplans einen Überblick über ihr neues Geschäft gewinnen können,
- ❑ die Vorgehensweise zur Entwicklung einer mittelfristigen Strategie für den neuen Verantwortungsbereich,
- ❑ wie sich die konzipierten Veränderungsmaßnahmen im neuen Verantwortungsbereich umsetzen lassen und
- ❑ Erfahrungen aus der Alltagspraxis bei der Erstellung von Businessplänen.

4.1 Merkmale, Bedeutung und Hintergrund des Businessplans

4.1.1 Merkmale des Businessplans

Ein *Businessplan*, auch Geschäftsplan oder Geschäftsentwicklungsplan genannt, hat zwei Funktionen: Er gibt einen Überblick über die wesentlichen Elemente und Stellschrauben des neuen Aufgabenbereiches, den der Führungswechsler im Griff haben muss, um seine Ziele zu erreichen. Zweitens dient er zur aktiven Gestaltung und Entwicklung des neuen Verantwortungsbereiches beziehungsweise der Organisationseinheit.

Der Businessplan ist eine vollständige, übersichtliche und leicht verständliche Darstellung (in der Regel als PowerPoint-Präsentation), in der

- ❑ die *Kernleistungen* (Warum sind wir da?),
- ❑ das *Geschäftsmodell* (Wie erledigen wir unser Geschäft?),
- ❑ die (internen) Kunden und Leistungsempfänger,
- ❑ die Leistungen für diese Kunden,
- ❑ die Verwendung der Ressourcen,
- ❑ die wesentlichen Prozesse und
- ❑ weitere Merkmale

dargestellt sind. Er ist Grundlage für das Erreichen der Ziele der Organisationseinheit. Im Laufe unserer Arbeit mit Führungswechslern hat sich der Businessplan als das zentrale Instrument zur Durchdringung des neuen Geschäfts erwiesen. Deshalb wollen wir einleitend auf seine Entwicklung und unsere Erfahrungen mit ihm eingehen.

4.1.2 Bedeutung für den Führungswechsel

Wir haben im Laufe unserer Beratungen und Begleitung von Führungswechslern immer wieder festgestellt, dass viele von ihnen

- ❑ ... ihren Verantwortungsbereich beziehungsweise ihr Geschäft nicht wirklich durchdrungen haben. Sie sind sich über die eigentlichen Aufgaben, Rahmenbedingungen und Erfolgsfaktoren nicht im Klaren und haben keinen Überblick.
- ❑ ... oft zu lange brauchen, um ihr Geschäft beziehungsweise ihren Aufgabenbereich zu verstehen. Sie stochern mit ihren Aktivitäten „im Trüben" und setzen dadurch vor allem am Anfang die falschen Schwerpunkte.
- ❑ ... auch nicht in der Lage sind, ihre Ideen und Zukunftsvorstellungen über ihr Geschäft Dritten (Mitarbeitern, Vorgesetzten) schlüssig darzustellen und als Ganzes zu vermitteln.
- ❑ ... unsicher und angreifbar werden, weil ihnen eine solide Basis zur Wahrung und Durchsetzung ihrer Interessen und Vorstellungen fehlt.

Im Unterschied dazu stellt sich die Situation von Führungswechslern, die einen Businessplan erstellt haben, folgendermaßen dar:

❑ Sie haben ihr Geschäft und ihren Verantwortungsbereich analytisch gut durchdrungen und können den Dingen auf den Grund gehen. Allein schon dieses Bewusstsein ist in der ohnehin sehr schwierigen Phase des Führungswechsels ein wahres Wundermittel, ein „Zaubertrank" für Selbstvertrauen und sicheren Auftritt.

❑ Sie haben belastbare Vorstellungen darüber, wie sie ihren Bereich führen und entwickeln wollen und wo dabei Schwierigkeiten auftreten könnten.

❑ Sie treten kompetenter gegenüber ihrem Chef auf, da sie anhand der Analyse offene, heikle und unklare Themen klären und somit für sich Transparenz und Orientierung schaffen konnten. Dies ist vor allem für das chronisch unter Zeitmangel leidende obere Management sehr von Vorteil, weil sich dadurch zeitraubende nachträgliche Klärungsprozesse erübrigen.

❑ Ihr Auftritt gegenüber den Mitarbeitern ist souveräner, insbesondere bei schwierigen Rahmenbedingungen und konfliktären Beziehungen, da sie wissen, wovon sie reden und wofür sie stehen.

❑ Insgesamt treten sie ruhiger, klarer, fokussierter und souveräner auf als Führungswechsler, die sich nicht die Mühe gemacht haben, dieses Instrument zu nutzen, um sich ein umfassendes Bild über ihr neues Aufgabengebiet zu machen.

Für die meisten Führungskräfte von kleineren Unternehmen und Non-Profit-Organisationen ist der Businessplan ein unbekanntes und ungewöhnliches Instrument, das sie zunächst mit Unverständnis und Argwohn betrachten. Aber auch diese Zielgruppe war im Nachhinein davon überzeugt. Bisher hat noch niemand bereut, einen Businessplan erstellt zu haben, im Gegenteil: Er hat vielen „den Kopf gerettet".

Betrachtet man den Führungswechsel aus einer biologischen Perspektive, dann geht es darum, dass der Führungswechsler in seinem neuen System gut anwächst. Ein Instrument, das diesen Prozess unterstützen will, muss sozusagen eine *„Anwachsgarantie"* geben, die

❑ sowohl die Interessen des Führungswechslers als auch
❑ die Interessen des aufnehmenden Systems (Unternehmen, Abteilung) berücksichtigt und
❑ es ermöglicht, auftretende Diskrepanzen so schnell wie möglich zu klären.

Um ein Bewusstsein für das hohe Risiko und den Schwierigkeitsgrad eines Führungswechsels zu schaffen, vergleichen wir den Führungswechsel gerne mit einer Herztransplantation. Sie ist nur dann erfolgreich, wenn sowohl das fremde Herz (= Führungswechsler) als auch der Körper des Patienten (= neuer Arbeitsbereich) in bestimmten Kriterien (Prozesse, kulturelle Passung, Businesserfolg etc.) gut zusammenpassen und es zu keinen Abstoßreaktionen kommt. Normalerweise haben Organisationen ein Immunsystem, das Fremdkörper erkennt und abwehrt.

Dieser Umstand ist umso wichtiger, wenn mit dem Führungswechsel auch noch ein Unternehmenswechsel verbunden ist. Hier besteht ein doppeltes Risiko, da der Wechsel in doppelter Hinsicht stattfindet: in einen neuen Verantwortungsbereich und in ein anderes Unternehmen (mit einer in der Regel unbekannten Unternehmenskultur). Hier stellt sich umso dringlicher die Frage, was zu tun ist, um ein gutes Anwachsen zu gewährleisten. Zur Beantwortung dieser Frage muss sich das Hauptaugenmerk auf zwei Themen gleichzeitig richten:

❑ den Führungswechsler (= das Herz) mit seinen Prägungen, Erfahrungen und Kompetenzen und

❑ das neue System (= Körper des Patienten) mit seiner Hard- und Software, da diese Rahmenbedingungen den Anwachsprozess maßgeblich beeinflussen.

4.1.3 Entstehung des Businessplans

Nachdem uns die Bedeutung des Businessplans für erfolgreiche Führungswechsel bewusst wurde, haben wir beschlossen, dieses Instrument gezielt auf die Bedürfnisse in Wechselsituationen hin auszufeilen und weiterzuentwickeln. Orientierungsrahmen waren dabei unsere eigenen Erfahrungen, die wir als Führungskräfte bei Wechseln selbst gemacht haben, und unsere Erfahrung aus der jahrelangen Begleitung von Existenzgründern.

Eigene Erfahrungen als Führungskraft

Die eigene Erfahrung als Führungskraft in einem neuen Geschäftsbereich lässt sich anhand eines konkreten Fallbeispiels folgendermaßen beschreiben:

❑ Die Wechselsituation war geprägt von einer totalen Überlastung, sowohl bei mir als Führungskraft als auch bei meinem Team; alle waren von der Aufgabenfülle völlig überfordert.

❑ Zur Bearbeitung meiner persönlichen Fragestellungen (Situationsanalyse, Teamkonstellation, Beziehung zum Vorgesetzten etc.) habe ich unterstützend einen Coach herangezogen.

❑ Ich fühlte mich zwar in meiner Not verstanden und war erleichtert, aber die Probleme blieben.

❑ Zufällig traf ich einen Kollegen, der bei einer renommierten großen Beratungsgesellschaft als Unternehmensberater tätig war. Nachdem ich ihm meine Situation beschrieben hatte, schlug er mir vor, ich solle einen 100-Tage-Plan für mein Team erstellen, in dem das Leistungsvermögen und die Struktur aus betriebswirtschaftlicher Perspektive abgebildet sind. Im Einzelnen sollte ich:

 ● eine Bestandsaufnahme der aktuellen Situation aus wirtschaftlicher Perspektive machen,

 ● das Geschäftsmodell beschreiben,

- die Prozesse darstellen und die verwendeten Ressourcen transparent machen,
- meinem neuen Chef den Bedarf an zusätzlichen Kapazitäten „verkaufen",
- die Lücken, das heißt die Hauptprobleme, die mir zu schaffen machten, leicht verständlich darstellen.

❑ Das habe ich getan.
❑ Den Businessplan habe ich meinem damaligen Chef vorgelegt und bei ihm einen Achtungserfolg erzielt.
❑ Fortan lösten sich die Schwierigkeiten langsam „in Luft" auf.

Die Erstellung des Businessplans hat im Nachhinein zu der Erkenntnis geführt, dass die Lösung im Perspektivenwechsel lag: Der Blick war nicht mehr länger schwerpunktmäßig auf mich selbst und die Beziehungen zu den Mitarbeitern gerichtet, sondern auf den neuen Verantwortungsbereich mit seiner Struktur, den Prozessen und den Rahmenbedingungen für die Leistungserbringung.

Erfahrungen aus der Beratung von Existenzgründern

Ein weiterer Erfahrungsfundus ergab sich aus unserer jahrelangen Beratung von Existenzgründern. Sie haben uns dazu bewogen, die bei Existenzgründungen üblichen Businesspläne auf *Middle Manager* zu übertragen, die in der mittleren Hierarchieebene von größeren Unternehmen angesiedelt sind, und auf deren Erfordernisse hin weiterzuentwickeln. Dabei ist die vorliegende Form des Businessplans entstanden, der folgende Merkmale aufweist.

❑ Er ist an die klassische Form von Businessplänen, die bei Existenzgründungen verwendet werden, angelehnt, um Geldgeber von einer neuen Geschäftsidee zu überzeugen.
❑ Er ist durch Erfahrungen aus unserer Beratungspraxis von Change- und Organisationsentwicklungsprojekten dahin gehend ergänzt, dass nicht nur die harten Fakten (betriebswirtschaftliche Kriterien) dargestellt,

- sondern die bei Veränderungsvorhaben notwendigen weichen Faktoren
- aus einer Prozessperspektive betrachtet mitberücksichtigt werden (*prozessuale Sichtweise*).

❑ Das beschriebene Projektmanagement stellt die verschiedenen großen (und kleinen) Vorhaben leicht verständlich und übersichtlich dar, der zeitliche Ablauf und die Reihenfolge beziehungsweise Priorisierung der Aktivitäten sind klar erkennbar.
❑ Des Weiteren war uns wichtig, dass er sowohl für Außenstehende (thematische Laien) verständlich ist als auch von Insidern (Experten) akzeptiert wird (die in der Regel höhere Anforderungen an Businesspläne stellen und laienverständliche Unterlagen häufig ablehnen). Kennzeichnend für den von uns entwickelten Businessplan sind daher:

- ein einfacher, schlichter Aufbau,
- eine klare, einfache und leicht verständliche Sprache,
- Schemadarstellungen anstatt Text und Bilder anstatt Worte,
- Hinterlegung aller Beschreibungen mit Zahlen, Daten und Fakten.

Zusammenfassend lässt sich feststellen, dass der hier verwendete Businessplan eine Kombination beziehungsweise Zusammenführung verschiedener Businessplantypen ist (vgl. Bild 4-1):

❑ des *klassischen Businessplans*, insbesondere wie er bei Existenzgründungen verwendet wird, beginnend mit der Geschäftsidee (unternehmerische Vision …) und hin zu seinen weiteren thematischen Bestandteilen,

❑ der *Projektplanung* (aus dem Projektmanagement von Change-Projekten), bei der neben den Prozessen auch die Vision beziehungsweise Strategie sowie die Teamkultur und deren Entwicklungsbedarfe betrachtet werden (Menschentypen, deren Motive und Beziehungen zueinander sowie die Dynamiken von Teams und Organisationseinheiten),

❑ der *Organisationsanalyse*, mit der insbesondere die Strukturen, eingesetzte Ressourcen, die Wirtschaftlichkeit und der Output betrachtet werden.

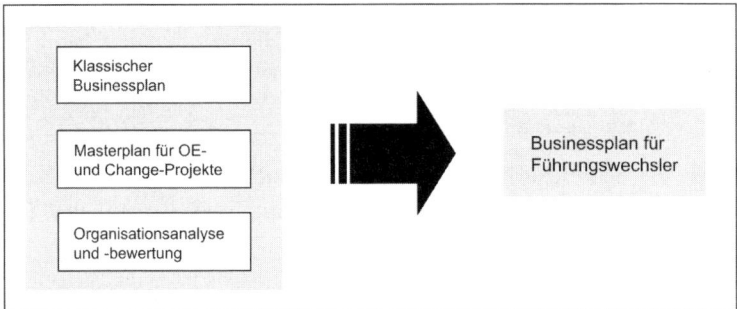

Bild 4-1: Wurzeln des Businessplans für Führungswechsler

Wichtig war uns, dass dieser Businessplan nicht nur von betriebswirtschaftlich geschulten Experten erstellt werden kann, sondern von jedermann, der über Grundkenntnisse in PowerPoint verfügt, der analytisch und strukturiert denken kann und ein Interesse daran hat, sein Aufgabenspektrum als Management transparent darzustellen. Der Businessplan ist mit einem hohen Anspruch verbunden und insbesondere Führungskräfte, die tief in ihrer Expertise verwurzelt sind, tun sich zumindest am Anfang schwer damit.

Deshalb liefert dieses Kapitel im weiteren Verlauf einen Leitfaden für die eigenständige Erstellung eines Businessplans. Es beschreibt die wichtigsten Phasen der Erstellung, den Aufbau des Plans, die Umsetzung der Vorhaben in die Praxis und die Anforderungen, die an den Führungswechsel gestellt werden. Veranschaulicht wird all dies anhand von zahlreichen Musterbeispielen aus verschiedenen Themen- und Unternehmensbereichen.

4.2 Zielgruppen und Aufbau des Businessplans

Voranzustellen wäre, dass wir den Businessplan vor allem für Führungskräfte des mittleren Managements konzipiert haben, die in der Regel direkt Mitarbeiter führen und/oder für eine Funktion oder ein Business verantwortlich sind. Dazu gehören auch Schlüsselpersonen, die keine Führungsverantwortung haben, aber wichtige Leistungs- oder Know-how-Träger sind. Egal ob Key Accounter, Produktmanager, Controller, Projektleiter, Senior Engineers oder sonstige Experten, denen ein Jobwechsel bevorsteht. Für andere Zielgruppen, zum Beispiel Topführungskräfte, ist diese Form des Businessplans nicht geeignet (vgl. Bild 4-2).

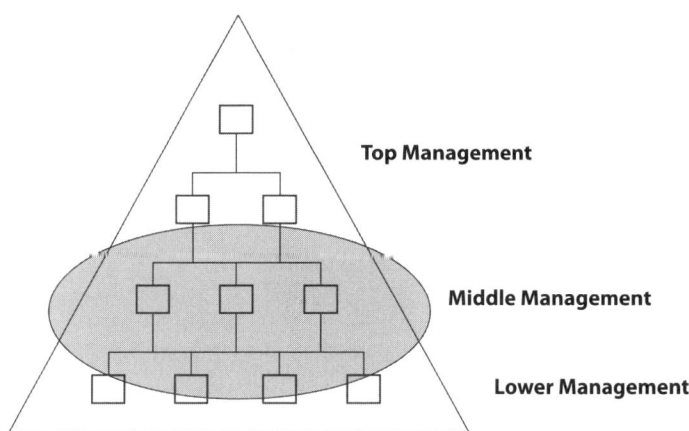

Bild 4-2: Führungsebenen, für die wir den Businessplan konzipiert haben

4.2.1 Kommunikatoren des Businessplans

Die Wirksamkeit von Führungskräften hängt davon ab, inwieweit sie die Kunst des Kommunizierens beherrschen. Sind sie in der Lage, ihre Gedanken und Überlegungen gut – das heißt verständlich, vollständig, präzise und nachvollziehbar – den richtigen Adressaten mitzuteilen? Die Systematik des Businessplans bietet Führungswechslern eine gute „Denkschablone" und eine ideale Kommunikationsplattform mit folgenden Zielsetzungen:

❏ Kommunikation und Abstimmung mit dem Vorgesetzten und dem übergeordneten Management,

❑ Kommunikation und Einbindung des Teams,
❑ Kommunikation mit sich selbst (internes Sparring).

Kommunikation und Abstimmung mit dem Chef

Die Kommunikation und Abstimmung mit dem neuen Vorgesetzten ist besonders wichtig, da Chefs am Anfang des Führungswechsels oft die einzigen wohlwollenden Bezugspersonen sind. Deshalb empfehlen wir, diese sehr intensiv und gut einzubinden und häufig zu kontaktieren.

Viele Führungswechsel finden in der Phase der strategischen Neuausrichtung von Unternehmen oder einzelnen Organisationseinheiten statt (vgl. Kapitel 3.3). Vom Führungswechsler wird erwartet, dass er die Dinge neu oder anders als bisher erledigt. Wir erleben häufig, dass gerade die Frage der Neuausrichtung zwischen der neuen Führungskraft und ihrem Chef oft nicht genügend geklärt ist. Deshalb ist alles, was Klarheit schafft, sehr willkommen.

Der Businessplan ist ein dafür ideal geeignetes Instrument, weil er durch seine Struktur die Sachverhalte auf den Punkt bringt und leicht verständlich darstellt. Damit bietet er eine ideale Diskussions- und Kommunikationsplattform für die Vermittlung und Abstimmung komplexer Sachverhalte zwischen diesen beiden Akteuren. Ein eher managementverständlich verfasster Businessplan unterstützt einen konstruktiven Diskussionsverlauf zusätzlich.

Kommunikation und Einbindung des Teams

Wir machen immer wieder die Erfahrung, dass Führungswechsler, die sich die Mühe gemacht haben, einen Businessplan zu erstellen, im Umgang mit ihren Mitarbeitern souveräner auftreten, weil sie ihr neues Geschäft überblicken und wissen, wovon sie reden und wofür sie stehen. Dies gilt vor allem bei schwierigen Rahmenbedingungen und/oder konfliktbeladenen Beziehungen.

Die Gewinnung und *Einbindung des Teams* hat einen ähnlich hohen Stellenwert wie die *Einbindung des Chefs*, weil das Team die Vorstellungen des Führungswechslers umsetzen muss. War der Chef überwiegend in die Konzeption und Erstellung des Projektes (erste Phase) eingebunden, ist das Team an der Ausplanung und Umsetzung beteiligt.

Wichtig dabei ist, dass die wesentlichen Eckpunkte, über die zu reden ist, gesetzt sind und nur innerhalb dieses Rahmens diskutiert wird. Dies gilt vor allem für schwierige Wechselsituationen, zum Beispiel, wenn unterlegene Konkurrenten um die Führungsrolle mit im Team sind oder dieses sich gegen den neuen Chef formiert hat, weil es ihn als Person ablehnt, seine Vorhaben nicht mittragen will oder von Haus aus auf Protest eingestellt ist (siehe Kapitel 5 „Mitstreiter" und Kapitel 6 „Team").

Der Businessplan lässt sich ideal bei Teammeetings präsentieren und hat den Vorteil, dass er regelmäßig wieder hervorgeholt und angepasst werden kann.

Internes Sparring

Die Erstellung des Businessplans bringt automatisch mit sich, dass der Führungs-wechsler seine Analyseergebnisse bei der Bestandsaufnahme der Ausgangssituation und seine Ideen und Vorstellungen über die Gestaltung seines neuen Verantwortungs-bereiches systematisch durchdenkt. Allein schon diese Reflexionen sind wertvoll, da sie den Manager dazu zwingen, sich sehr intensiv in sein neues Aufgabegebiet hinein-zudenken und dabei keine voreiligen Schlüsse zu ziehen. Außerdem kann er nichts übersehen oder vergessen, da die vorliegende Systematik schon von mehreren Hun-dert Führungskräften ausprobiert wurde und sich in der Praxis bewährt hat.

Viele Manager ziehen es vor, ausschließlich mündlich über wichtige Themen zu kom-munizieren. Sie übersehen dabei, dass die Verschriftlichung und schematische Dar-stellung der Analyseergebnisse, Gedanken, Überlegungen und Vorhaben zum neuen Verantwortungsbereich im Businessplan nicht nur den Reifeprozess der Gedanken unterstützt. Dadurch wird auch der Austausch mit Dritten (zum Beispiel Sparrings-partner, Chef, Mitarbeiter) intensiviert, da diese meist ein präziseres und umfassende-res Feedback auf schriftliche Unterlagen geben als auf mündliche Aussagen.

Der regelmäßige und intensive Austausch mit dem neuen Geschäft führt dazu, dass der Führungswechsler in relativ kurzer Zeit seinen neuen Verantwortungsbereich überblickt und bereits in Detailfragen „sattelfest" ist. Dadurch verbessert er sein Stan-ding bei seinem Vorgesetzten und seinem neuen Team.

4.2.2 Aufbau des Businessplans

Businessplan: Eine „Landkarte" für die ersten zwei Jahre

Neben der großen Bedeutung als Kommunikations- und Abstimmungsinstrument bietet der Businessplan noch einen weiteren Vorteil: Er dient dem Führungswechsler als „Landkarte" und als wichtige Orientierungshilfe in den ersten ein bis zwei Jahren.

Diese Orientierungshilfe ist besonders wichtig, weil die ersten Jahre ohnehin sehr tur-bulent und fremdgesteuert sind, sodass der Manager immer wieder Gefahr läuft, die wichtigen und dringenden Vorhaben aus den Augen zu verlieren. Wenn er jedoch regelmäßig den Businessplan hervorholt und überprüft, ob die Maßnahmen anhand der vorher definierten Kriterien durchgeführt werden, bleibt er „auf Kurs".

Form des Businessplans

Es hat sich bewährt, den Businessplan in PowerPoint (oder einem ähnlichen Präsenta-tionsprogramm) zu erstellen, damit er leicht präsentierbar ist, gleichzeitig aber auch als schriftliche Unterlage verwendet werden kann. Er sollte

❑ übersichtlich angeordnet und gegliedert sein,

❏ leicht verständlich und nachvollziehbar sein,
❏ überwiegend Kernaussagen sowie Zahlen, Daten und Fakten enthalten und
❏ auf das Wesentliche konzentriert sein.

Bei unserer Arbeit mit dem mittleren Management hat sich folgender dreiteiliger Aufbau des Businessplans bewährt (vgl. Bild 4-3):

❏ *Teil 1 – Orientierung:* Dient zur Standortbestimmung und sachlichen Bestandsaufnahme der neuen Funktion.
❏ *Teil 2 – Positionierung:* Enthält den Zukunftsentwurf und die Konkretisierung des (Übergangs-)Vorhabens aus Sicht des Managers. Hier können sich die einzelnen Businesspläne – abhängig vom Managementlevel, der Businesssituation und der Zielsetzung der Funktion – sehr stark unterscheiden.
❏ *Teil 3 – Realisierung:* Beschreibt die praktische Umsetzung des gesamten Vorhabens in Form von Maßnahmen und Projekten, die in einem Masterplan (Zeitplan) übersichtlich dargestellt und chronologisch geordnet sind.

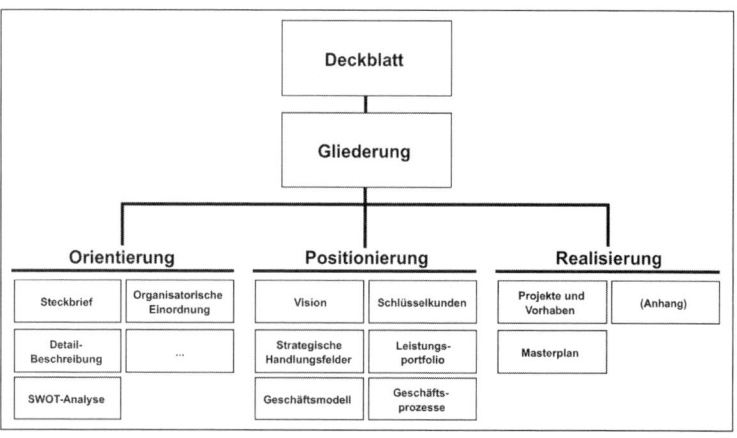

Bild 4-3: Aufbau des Businessplans als Unterlage

Damit sind alle für den Führungswechsel relevanten Aspekte abgedeckt:

❏ *Bestandsaufnahme und inhaltliche Ausrichtung:* zum Beispiel Steckbrief, SWOT-Analyse, Vision, strategische Handlungsfelder;
❏ *Optimierungsansätze:* zum Beispiel Geschäftsmodell, Leistungsportfolio, Geschäftsprozesse;
❏ *Change-Fragestellungen:* zum Beispiel Projekte und Vorhaben, Umgang mit Widerstand, Zeitpläne.

Der Businessplan lässt sich mit relativ geringem Aufwand (circa zwei bis drei Tage intensive Einzelarbeit mit Nachschärfungen und zwischenzeitlichen Abstimmungen) erstellen. Das zahlt sich aus, denn er bietet wie bereits erwähnt dem Führungswechsler sehr viel Klarheit, Fokussierung auf das Wesentliche und damit Orientierung, die relativ leicht auch an Dritte kommunizierbar sind.

Anhand eines Praxisbeispiels aus unserer Beratungsarbeit in der Personalentwicklungsabteilung in einem Konzern wollen wir diesen Sachverhalt verdeutlichen.

Kurze Erläuterung der Hintergründe des Beispiels „Neue Abteilung PE"

Im Rahmen einer Umstrukturierung wurde die Funktion Personalentwicklung (PE) aus den Personalabteilungen der drei deutschen Standorte eines Konzerns herausgelöst und als Zentralfunktion zusammengefasst (zentralisiert). Diese neue Abteilung wurde in die Konzernzentrale angesiedelt und setzte sich zusammen aus:

❑ Mitarbeitern, die bisher schon in der Konzernzentrale mit dem Thema Personalentwicklung betraut waren,

❑ Mitarbeitern der Konzernzentrale ohne Erfahrung in Personalentwicklung,

❑ neu eingestellten Mitarbeitern und

❑ einer neuen Chefin (mit Trainingserfahrung), die bisher als Assistentin der Geschäftsleitung tätig war.

Die neue Abteilung nahm zum 1. August den Betrieb auf.

Im Folgenden werden wir beschreiben, wie die neue Chefin den Businessplan erstellt, um sich ausgehend von der Orientierung in der Abteilung und im Konzern zu positionieren und ihre Geschäftsideen zu realisieren.

4.3 Orientierung: Einen Überblick gewinnen

Dieser Teil des Businessplans ist darauf ausgerichtet, dem Führungswechsler einen Überblick über sein neues Geschäft und seine neue Funktion zu verschaffen. In diesem Orientierungteil nimmt er eine Standortbestimmung vor, indem er das Vorhandene erfasst und beschreibt – beginnend mit dem Steckbrief zur Beschreibung der Ausgangslage.

4.3.1 Steckbrief zur Beschreibung der Ausgangslage

Es handelt sich hierbei um eine Kurzbeschreibung der wesentlichen Aspekte und des aktuellen Zustands einer Organisationseinheit, in unserem Beispiel der neuen Abteilung für Personalentwicklung in der Konzernzentrale (Bild 4-4). Die Inhalte des Steckbriefs sind in vier Bereiche untergliedert:

❑ genaue Bezeichnung der Organisationseinheit,

❑ wesentliche Aufgaben (Kernaufgaben und Kernleistungen),

❑ wichtige Kennzahlen und Leistungsindikatoren,

❑ die Organisationseinheit aktuell kennzeichnende Merkmale und Besonderheiten.

Bezeichnung	Kennzahlen und Leistungsindikatoren
❑ Abteilung Personalentwicklung	❑ 8 Mitarbeiter
	❑ Bildungsbudget: 1,8 Mio. Euro
	❑ Externes Trainernetzwerk: 20 Trainer
	❑ Beschaffung von 150 Praktikanten und Diplomanden pro Jahr
Kernaufgaben/Kernleistungen	❑ 40 Neueinstellungen (Führungsnachwuchs)
	❑ Ca. 60 verschiedene Bildungs- und Beratungsangebote
❑ Beschaffung von Nachwuchs- und Führungskräften für alle Standorte	
❑ Potenzialerkennung für alle Mitarbeiter- und Führungskräfte	**Weitere Merkmale/Besonderheiten**
❑ Durchführung Managementaudits	❑ Neu gegründete Organisationseinheit, zusammengewürfeltes Team
❑ Planung und Abwicklung der Qualifizierung für alle Zielgruppen	❑ Zu viele Aufgaben für zu wenig Personal
	❑ Die Mitarbeiter sind sowohl von der Menge als auch der Art der Dienstleistungen völlig überfordert
❑ Praktikanten und Diplomandenbeschaffung und Betreuung	❑ Unerfahrene Führungskraft, Druck zur Innovation durch neuen Personalvorstand
	❑ Unzufriedene Kunden aufgrund der Leistungen und der Qualität, insbesondere mittleres und oberes Management

Bild 4-4: Steckbrief am Beispiel PE-Abteilung

Die wesentlichen Aufgaben (Kernaufgaben und Kernleistungen)

Die Aufzählung der *Kernaufgaben* und *Kernleistungen* gibt einen Überblick über die wesentlichen Leistungen, die das Team beziehungsweise die Abteilung für interne und/oder externe Kunden erbringen. Hilfreich ist eine übersichtliche und knappe Darstellung mit maximal sieben Nennungen, ohne dabei bis in jedes Detail zu gehen, sondern sich auf die wesentlichen Aspekte zu konzentrieren. Wir empfehlen, die Formulierungen allgemein verständlich zu verfassen, damit nicht nur Insider die Beschreibung verstehen. Von Abkürzungen raten wir möglichst ab.

Erläuterung am Beispiel „Neue Abteilung PE"

Die neue Abteilung Personalentwicklung hatte fünf Kernaufgaben:

❑ Beschaffung von Nachwuchs- und Führungskräften für alle Standorte (das Unternehmen hat mehrere Standorte, für die nach einheitlichen Standards die Nachwuchskräfte ausgewählt und eingestellt werden sollen),

❑ Potenzialerkennung und -förderung für alle Mitarbeiter (jährliche Potenzialsichtung, um den Experten- und Führungsnachwuchs zu erkennen und für weiterführende Förderprozesse zu nutzen),

❑ Durchführung von Managementaudits (jährliche Überprüfung und systematische Bewertung aller Führungskräfte anhand eines standardisierten Prozesses, inwiefern sie die Leistungs- und Verhaltensanforderungen des Unternehmens erfüllen),

❑ Abwicklung und Durchführung der Mitarbeiter- und Führungskräftequalifizierung (Organisation des gesamten internen und externen Weiterbildungsprogramms),
❑ Praktikanten- und Diplomandenbeschaffung und -betreuung (Hochschulmarketing, die Auswahl, Einstellung, Betreuung und Ausstellung von circa 150 Praktikanten und Diplomanden).

Wichtige Kennzahlen und Leistungsindikatoren

In diesem Teil verschafft sich der Führungswechsler eine grobe Orientierung, wie er die Leistung dieses Bereiches beschreiben kann und welche *Kennzahlen* bereits existieren. Hier geht es weniger um Vollständigkeit als um Relevanz. Zum Beispiel um die Frage: Was sind die relevanten Kennzahlen, anhand derer sich der neue Verantwortungsbereich für Außenstehende darstellen lässt?

Erläuterung am Beispiel „Neue Abteilung PE"

Die Abteilung bestand aus acht Mitarbeitern, die aus verschiedenen Bereichen kamen. Für das Maßnahmenprogramm stand ein Budget von rund 1,8 Millionen Euro zur Verfügung. Es wurden pro Jahr circa 40 Führungsnachwuchskräfte eingestellt sowie 150 Praktikanten und Diplomanden ausgewählt, eingestellt und betreut. Das Bildungsangebot umfasste circa 60 verschiedene Bildungs- und Beratungsangebote, die sich an die Mitarbeiter und an die Führungskräfte des Unternehmens richteten.

Solche Kennzahlen müssen häufig erst mühsam erarbeitet und herausdestilliert werden, da sie häufig selbst den Mitarbeitern nicht bekannt sind. Sie sind aber wichtig, um Außenstehenden und Mitarbeitern eine grobe Übersicht und Orientierung über die Struktur und die Aufgaben der Abteilung zu geben. Solche Zahlen sind für produktionsnahe Bereiche in der Regel leichter verfügbar. Sollten keine konkreten Zahlen vorhanden sein, ist es immer noch besser zu schätzen, als mit leeren Händen dazustehen.

Aktuelle Merkmale und Besonderheiten der Organisationseinheit

Hier richtet der Führungswechsler sein Augenmerk auf die Merkmale und Besonderheiten, die ihm in der Organisationseinheit (zum Beispiel Zusammensetzung des Teams, Aufbau der Abteilung) auffallen. Indem er sie sammelt und leicht verständlich zusammenfasst, lenkt er die Aufmerksamkeit seines Vorgesetzten und Teams zwangsläufig auch auf diejenigen Themen, die er als wichtig erachtet. Eine gute Gelegenheit, „en passant" auf schwierige und/oder gefährliche Rahmenbedingungen hinzuweisen, die oft beim Einstellungsgespräch übergangen oder vergessen werden.

Erläuterung am Beispiel „Neue Abteilung PE"

Die Abteilung wurde neu gegründet, das heißt, die bisherige, auf mehrere Standorte als „Anhängsel" verteilte Personalentwicklung war nun in der Konzernzentrale zusammengefasst, neu gebündelt und zentralisiert. Es handelte sich somit um eine Kombination von strategischer Neuausrichtung und Neugründungs- beziehungsweise Pionierphase (vgl. Kapitel 3.2). Die neue Struktur, die nicht eingeschwungenen Prozesse und die undefinierten Schnittstellen stellten eine enorme Zusatzbelastung für das Team dar.

Es ging so weit, dass die Menge und Struktur der neuen Aufgaben zu einer Überforderung des Teams führte. Erschwerend kam hinzu, dass die neue Abteilungsleiterin, die als Expertin zur Teammanagerin befördert wurde, zuvor noch keine Führungsposition bekleidet hatte und somit über keinerlei Erfahrung mit solchen kritischen Situationen verfügte.

Des Weiteren übte der Personalvorstand, der ebenfalls neu im Unternehmen war, einen enormen Druck auf die Leiterin aus. Denn er wollte möglichst schnell ein neues Verständnis von Personalentwicklung im Konzern etablieren, das die Interessen des Topmanagements im Sinne einer unternehmerischen Personalentwicklung stärker berücksichtigt und den Verwaltungsaufwand reduziert.

Schließlich waren auch die internen Kunden mit den Leistungen der bisherigen Personalentwicklung im Unternehmen sehr unzufrieden, was der eigentliche Auslöser der Restrukturierung dieses Bereiches war. All dies zusammen ergab eine schwierige und komplexe Gemengelage mit einem sehr großen Risiko für die neue Abteilungsleiterin. Sie musste folgerichtig schnelle Erfolge vorweisen.

All diese Aspekte sind im Steckbrief des Businessplans knapp zusammengefasst. Somit ermöglicht er dem Führungswechsler einen schnellen Überblick über die aktuelle Situation seines neuen Verantwortungsbereiches. Die Bewertung der einzelnen Aspekte nach verschiedenen Kriterien führt er in der nachfolgenden SWOT-Analyse durch.

4.3.2 SWOT-Analyse

Als Ausgangspunkt der Entwicklung des neuen Verantwortungsbereiches ist eine Standortbestimmung notwendig. Das gängigste Werkzeug hierzu ist die *SWOT-Analyse* – ein Akronym für *S*trengths (Stärken), *W*eaknesses (Schwächen), *O*pportunities (Chancen) und *T*hreats (Risiken/Gefahren).

Bei dieser einfach durchzuführenden Methode nimmt der Führungswechsler die internen Stärken und Schwächen (Strengths versus Weaknesses) seines neuen Verantwortungsbereiches, aber auch die externen Chancen und Risiken (Opportunities versus Threats) genauer unter die Lupe.

Die Kombination der internen *Stärken-Schwächen-Analyse* mit den Ergebnissen der externen *Chancen-Risiken-Analyse* ermöglicht es ihm anschließend, eine umfassende Strategie für die weitere Konkretisierung und Ausrichtung der abteilungsinternen Strukturen und Prozesse abzuleiten.

Die Stärken und Schwächen sind dabei relative Größen, die nur im Vergleich zu anderen (internen) Organisationseinheiten oder externen Benchmarks beurteilt werden können. Ziel der SWOT-Analyse ist es, die Besonderheiten des neuen Verantwortungsbereiches und die bisher ungenutzten Potenziale sichtbar zu machen, um daraus Rückschlüsse auf die zukünftige strategische Ausrichtung der Abteilung zu ziehen (vgl. Bild 4-5).

Bild 4-5: Die Komponenten der SWOT-Analyse

Den Kern der *SWOT-Analyse* bildet eine Reihe von Fragen, deren Beantwortung den Führungswechsler befähigt, sich schnell ein Bild über den neuen Verantwortungsbereich mit seinen Besonderheiten und Entwicklungsmöglichkeiten zu machen, das sowohl von abteilungsinternen Gegebenheiten als auch von abteilungsexternen Einflüssen bestimmt wird. Im Einzelnen geht es um die Beantwortung folgender Fragen:

❑ Beschreibung der *internen Stärken (Strengths)*

- Was hat den Bereich in der Vergangenheit geprägt und erfolgreich gemacht?
- Worauf sind die Ursachen der bisherigen Erfolge zurückzuführen?
- Welche Potenziale können mit neuen Strategien oder Herangehensweisen stärker genutzt werden?

❑ Beschreibung der *internen Schwächen (Weaknesses)*

- Was ist bisher nicht oder nur schlecht gelungen?
- Welche Schwachpunkte (in Organisation, Prozessen, Kunden, Produkten) müssen ausgebügelt oder kompensiert werden?
- Was schwächt die Abteilung in der aktuellen Situation?

❑ Beschreibung der *externen Chancen (Opportunities)*

- Welche Möglichkeiten stehen offen beziehungsweise blieben bisher ungenutzt?
- Welche Trends sollten verfolgt werden?
- Wie können die Aufgaben besser, einfacher oder schneller erledigt werden?

❑ Beschreibung der *externen Risiken (Threats)*

- Welche Schwierigkeiten im Umfeld der Abteilung erfordern eine intensivere Auseinandersetzung?
- Was erwarten die wichtigen Einflussgruppen (zum Beispiel Topmanagement, direkter Vorgesetzter, interne Kunden) von der Abteilung?
- Haben sich Vorschriften, Gesetze oder sonstige für die Abteilung wichtige Rahmenbedingungen geändert beziehungsweise stehen solche Veränderungen an?
- Gibt es Bedrohungen aufgrund technologischer, organisatorischer oder anderer Trends?
- Wie passt die derzeitige Ausrichtung der Abteilung in die strategische Gesamtausrichtung des Unternehmens?

Neben diesen inhaltlichen Aspekten empfehlen wir bei der Erstellung einer *SWOT-Analyse* folgende formale Kriterien zu berücksichtigen:

❑ Die Antworten sollten so konkret wie möglich formuliert sein.

❑ Die SWOT-Darstellung sollte immer mit Blick auf ein Ziel beziehungsweise einen Soll-Zustand erstellt werden. Erst dann bekommt die SWOT-Analyse die erforderliche Klarheit.

❑ Die Themen sollten priorisiert werden, um die Maßnahmen zur weiteren strategischen Ausrichtung der Abteilung nach ihrer Dringlichkeit ableiten und dann zügig beschließen und umsetzen zu können.

❑ Nach Möglichkeit sollten die Mitarbeiter an der Beantwortung der aufgeführten Fragen beteiligt werden. Auf diese Weise werden sie für die externen Chancen und Risiken sensibilisiert und tragen die Maßnahmen besser mit.

Werden alle diese Kriterien bei der Erstellung der SWOT-Analyse berücksichtigt, bietet sie dem Führungswechsler einen detaillierten Überblick über die Stärken und Schwächen sowie die Chancen und Risiken seiner neuen Funktion.

Erläuterung am Beispiel „Neue Abteilung PE"

Die SWOT-Analyse ergab folgende Stärken der neuen Personalentwicklungsabteilung (vgl. Bild 4-6):

❑ Die Mitarbeiter identifizieren sich sehr stark mit dem Thema Personalentwicklung und engagieren sich sehr für die neue Aufgabenstellung.

❑ Die Neugründung der Abteilung ist für den gesamten Konzern strategisch wichtig, um die Funktion zu professionalisieren, und politisch gewollt. Die Geschäftsleitung steht hinter der Restrukturierung.

❑ Die meisten Mitarbeiter haben langjährige Erfahrung im Thema Personalentwicklung und genießen – zumindest am größten Standort – eine hohe Akzeptanz bei den internen Kunden.

Die Motivation und die Fachkompetenz der Mitarbeiter für die neue Situation und die Akzeptanz der Personalentwicklungsabteilung im Konzern erwiesen sich insgesamt als

Stärken	Schwächen
❑ hohe Identifikation und hohes Engagement der Mitarbeiter ❑ Vorhaben ist strategisch wichtig und politisch gewollt ❑ langjährige Erfahrung im Thema und hohe Akzeptanz der Personen am größten Standort	❑ neu zusammengestelltes Team mit unerfahrener Führungskraft ❑ Konzept existiert nur auf dem Papier ❑ radikale Veränderung der Qualifikationen und neue Anforderungen an die PE-Mitarbeiter
Chancen	**Risiken**
❑ Ausfüllen der neuen Zentralfunktion ❑ zentrale Führung und Vernetzung der PE im gesamten Unternehmen ❑ stärkere Einbindung der Führungskräfte erhöht Akzeptanz und schafft größere Wirkung ❑ spezifische Konzepte für die einzelnen Funktionalbereiche	❑ Mitarbeit bzw. Blocken der Führungskräfte an den anderen Standorten ❑ organisatorischer Neustart mit Change-Prozess und neuem Geschäftsmodell ❑ Kooperation mit dem Gesamtpersonalbereich und den dezentralen Einheiten

Bild 4-6: SWOT-Analyse (Beispiel PE-Abteilung)

solide. Bei genauerer Betrachtung der Personalentwicklungsabteilung jedoch offenbarten sich auch Schwächen, zum Beispiel:

❑ Das Team war neu zusammengestellt, sodass sich die Zusammenarbeit erst entwickeln musste. Infolgedessen arbeitete es auch unproduktiv. Hinzu kam, dass die neue Abteilungsleiterin sowohl im Thema strategische Personalentwicklung als auch in der Leitungsfunktion unerfahren war.

❑ Das neue Konzept für die Personalentwicklung existierte bislang nur auf dem Papier. Das Team musste also erst einmal beweisen, dass dieses neue Geschäftsmodell so funktioniert, wie die Geschäftsleitung es mit einer externen Beratungsgesellschaft konzipiert hatte.

❑ Das neue Geschäftsmodell erforderte eine radikale Veränderung der Qualifikationen und stellte neue Anforderungen an die Mitarbeiter. Die Anforderungsprofile änderten sich gravierend: weg von administrativen Tätigkeiten, hin zur Beratung von Führungskräften.

Die Chancen für die neue Abteilung stellten sich folgendermaßen dar:

❑ Mit dem Aufbau der neuen Zentralfunktion konnte eine innovativere Personalentwicklung etabliert werden.

❑ Aufgrund der zentralen Führung wurden die verschiedenen Einzelaktivitäten gebündelt und standardisiert. Die Personalentwicklung war dadurch im gesamten Konzern stärker vernetzt. Insbesondere Aktivitäten zum Personalmarketing ließen sich künftig viel schlagkräftiger und professioneller durchführen.

❑ Das neue Konzept sah eine stärkere Einbindung der Führungskräfte vor. Dadurch wurden eine größere Akzeptanz bei den internen Kunden und eine größere Wirkung geschaffen.

❑ Durch die Ressourcenbündelung und die stärkere interne Kundenorientierung konnten spezifischere Konzepte für die einzelnen Funktionalbereiche entwickelt und umgesetzt werden.

Neben den Chancen barg die neue Abteilung aber auch Risiken:

❑ Es bestand die Gefahr, dass nur ein Teil der internen Kunden das neue Konzept annahm, Führungskräfte anderer Standorte hingegen, wo die Personalentwicklung
abgezogen worden war, blockten oder nicht kooperierten.

❑ Bei einem organisatorischen Neustart wie diesem, mit dem gravierende Veränderungen einhergingen, bestand die Gefahr von unkalkulierbaren Risiken, zum Beispiel,
dass das neue Geschäftsmodell nicht wie geplant funktionierte.

❑ Es war ungewiss, ob und wie die neue Kooperation mit dem Gesamtpersonalbereich
und den dezentralen Einheiten gelingen würde. Durch die Zentralisierung rückte die
Personalentwicklung weiter weg von den internen Kunden der anderen Standorte
und schaffte im Personalbereich eine neue Schnittstelle.

Insgesamt machte die *SWOT-Analyse* sichtbar, wo die besonderen Stärken und Schwächen, aber auch Chancen und Risiken der neuen Abteilung lagen und wie die Risiken
durch gezielte Maßnahmen abgesichert werden konnten. Die intensive Einbindung des
Teams in die Erarbeitung der SWOT-Analyse schärfte vor allem bei den „altgedienten"
Mitarbeitern das Bewusstsein für die Brisanz der neuen Situation. Trotz der vielen Herausforderungen und Schwierigkeiten war die Stimmung jedoch insgesamt gut und es über-
wog die Überzeugung, dass man diese Herausforderung gemeinsam bewältigen könne.

Nach der intensiven Auseinandersetzung mit der Ausgangslage hat der Führungswechsler im Businessplan nun die Möglichkeit, seine mittelfristige Strategie in seinem neu-
en Verantwortungsbereich zu entwickeln, das heißt, sich nachhaltig zu positionieren.

4.4 Positionierung: Eine mittelfristige Strategie entwickeln

Ging es in der *Orientierungsphase* darum, den neuen Verantwortungsbereich zu analysieren und darzustellen, dient die *Positionierung* dazu, auf Basis der gegebenen
Rahmenbedingungen eine Vorstellung darüber zu entwickeln, wie der neue Verantwortungsbereich in drei Jahren aussehen soll. Dabei kommt es darauf an, dass der
Führungswechsler seine Vorstellungen so konkret wie möglich formuliert. Dafür sollte er in folgenden Schritten vorgehen:

❑ Entwicklung einer Vision für die neu übernommene Aufgabe.

❑ Ableitung von strategischen Handlungsfeldern, das heißt der notwendigen Maßnahmen, um die Lücke zwischen der Ist-Situation und der in der Vision formulierten Zukunftsvorstellung zu schließen.

❑ Beschreibung des Geschäftsmodells, das heißt die Klärung der Frage, wie zukünf-
tig die Kunden der Abteilung mit den gewünschten Leistungen versorgt und diese
wirtschaftlich und qualitativ hochwertig erzeugt werden können.

❑ Analyse und Beschreibung der zu erbringenden Leistungen und Zuordnung der
für deren Erbringung notwendigen Ressourcen in einem Leistungsportfolio.

❏ Beschreibung der wichtigen Kunden (*Schlüsselkunden*), für die diese Leistungen erbracht werden, und deren Anforderungen an die Leistungserbringung.

❏ Analyse und Beschreibung der *Kernprozesse*, das heißt der für die Erzeugung der Leistungen notwendigen Abläufe.

4.4.1 Vision und Selbstverständnis

Der Begriff *Vision* kommt aus der Strategieentwicklung und bezeichnet ein lebendiges Bild, eine wünschenswerte Vorstellung von der Zukunft. Die Vision hilft bei der Klärung der Frage: „Wohin wollen wir und wohin wollen wir nicht?" [Vision (1) 2009].

Um ein Geschäft (eine Organisationseinheit) strategisch aufstellen zu können, brauchen sowohl der verantwortliche Leiter als auch die Mitarbeiter eine klare Vorstellung über die zukünftige Entwicklung ihrer Abteilung. Zur Entwicklung einer Vision sind erforderlich:

❏ Realitätsbezug und Erfahrung einerseits,

❏ Offenheit, Kreativität und Spontaneität andererseits [vgl. Vision (1) 2009].

Visionsarbeit im mittleren Management als zentraler Inhalt des Businessplans

Vision klingt gut und manchmal hochtrabend, hat sich jedoch im Rahmen von Strategieprozessen in Konzernen und Unternehmen bewährt. Was aber hat die Vision im Businessplan eines Middle Managers zu suchen? Braucht es überhaupt eine Vision, wenn scheinbar so banale Funktionen verantwortet werden wie zum Beispiel der Fuhrpark des Außendienstes, die Sozialberatung in einer kirchlichen Einrichtung, der Vertrieb von Pflastersteinen oder ein Supervisionsteam in einer Reha-Klinik?

Bei *Organisationsentwicklungsprozessen* hängt das Engagement der Mitarbeiter und ihre Zusammenarbeit im Team stark davon ab, ob sie wissen,

❏ welche Vorstellungen ihr neuer Chef über die zukünftige Entwicklung der Abteilung hat,

❏ welchen Beitrag sie dazu leisten können und

❏ inwieweit sie in die Entwicklung der erforderlichen Maßnahmen einbezogen werden.

Nun stellt sich die Frage, auf welche Inhalte sich im Businessplan formulierte Visionen beziehen sollen. Wir verweisen hierbei auf die von Herrmann Simon und Andreas von der Gathen (2002, S. 20) vorgeschlagenen sechs Visionsinhalte für Businesspläne:

❏ *Propagieren neuer Technologien/neuer Verhaltensweisen*
In diese Kategorie fallen Visionsinhalte wie zum Beispiel die von Apple Inc. oder von der Magnetschwebebahn Transrapid.
Der technologische Aspekt spielt – so unsere Erfahrung – im Rahmen eines Busi-

nessplans im mittleren Management eine untergeordnete Rolle. Sehr große Bedeutung hingegen hat bei Führungswechseln auf dieser Ebene das Propagieren neuer Verhaltensweisen. So erfordert zum Beispiel der Wandel hin zu einer bürgerfreundlichen Verwaltung oder der Übergang vom Qualitätsprüfer zum Qualitätsberater von den Mitarbeitern immer eine Änderung ihrer bisher gewohnten Verhaltensweisen.

❑ *Erschließung neuer Märkte und Nutzung neuer Distributionskanäle*
Typisch für diese Kategorie sind die Visionen der Gründer von Internet-Unternehmen, die weniger auf die Technologie als auf die Schaffung neuer Märkte und Distributionskanäle ausgerichtet sind. Dazu zählen Google, Amazon und alle Online-Händler.
Übertragen auf das mittlere Management würde die Abwicklung des internen Qualifizierungsprogramms über das Intranet in diese Kategorie fallen.

❑ *Eroberungsvorhaben oder „imperiale" Absichten*
Visionen mit dieser Zielsetzung bieten sich bei regionaler Expansion, beim Eintritt in neue Marktbereiche, beim Streben nach (Markt-)Führerschaft oder beim Schmieden von Allianzen an. Beispiele sind die Visionen von Jürgen Schrempp (DaimlerChrysler) oder Ferdinand Piëch (Volkswagen) von allumfassenden Autokonzernen, die alle Fahrzeugsegmente abdecken und alle wichtigen Märkte bedienen.
Übertragen auf das mittlere Management findet sich diese Form der Visionsinhalte insbesondere bei Stabsfunktionen oder in Zentralbereichen wie zum Beispiel Zentraleinkauf, Informationstechnik (IT) oder Qualitätsmanagement, die ihre Vorstellungen und Vorgaben einheitlich für das gesamte Unternehmen umsetzen wollen.

❑ *Führerschaft bei Qualität, Kosten oder Service*
Diese Visionsinhalte sind besonders attraktiv, da sich Mitarbeiter gerne mit Visionen identifizieren, die die Position des Besten, Ersten, Freundlichsten oder Schnellsten anstreben. Niemand ist gerne Mittelmaß. Marken wie Porsche, Miele und Davidoff sind eindrucksvolle Beispiele dafür.
Im mittleren Management sind solche Visionsinhalte besonders oft vertreten, weil sie für viele interne Dienstleister, zum Beispiel die Fabrikplanung, das Controlling oder den PC-Benutzerservice, die einzige Möglichkeit zur Differenzierung darstellen.

❑ *Einholen der Konkurrenz*
Ein weiteres Visionsziel kann das Einholen oder Überholen eines Konkurrenten sein. Kaum etwas motiviert mehr als das Überholen oder Übertreffen eines starken Mitbewerbers. Pepsi Cola war von der Idee besessen, Coca-Cola zu schlagen. Lidl fordert Aldi heraus, Audi (Vorsprung durch Technik) will Mercedes und BMW in Innovation und Qualität übertreffen.
Im mittleren Management findet man diesen Visionsinhalt in zwei Varianten: zum einen in der Konstellation des (fiktiven) externen Konkurrenten, der als Benchmark dient und eingeholt oder übertroffen werden soll. Zum anderen, wenn Leis-

tungen bereits extern verlagert wurden und man vor der Frage steht, wie diese neue Arbeitsteilung optimal organisiert wird – auch wenn die Mitarbeiter von der Verlagerung nicht begeistert sind. Beispiele sind die Verlagerung von Abrechnungs-, Buchungs- oder Abwicklungsprozessen an externe oder interne Service-Center, die Produktionsverlagerung nach Osteuropa etc.

❑ *Mitarbeiterorientierung*
Unternehmen, deren Vision das Wohlergehen und die Entwicklung der Mitarbeiter beinhaltet, erreichen bei ihren Beschäftigten eine besonders hohe Identifikation mit entsprechender Motivationswirkung. Inhabergeführte Unternehmen wie der Sportbekleidungshersteller Gore oder der Technologieriese Hewlett-Packard sind gute Beispiele dafür.
Dieser Visionsinhalt spielt im mittleren Management eher eine untergeordnete Rolle. Er kommt allenfalls dann zum Tragen, wenn es um die Entwicklung der Mitarbeiter zur Bewältigung von höheren Anforderungen geht.

Diese Visionsinhalte können auch kombiniert in einer Vision auftreten. Die Vision der in unserem Beispiel beschriebenen neuen Personalentwicklungsabteilung hat drei inhaltliche Schwerpunkte:

❑ Erstens soll durch den Benchmark-Anspruch die Konkurrenz überholt werden,
❑ zweitens wird ein neues Selbstverständnis (Technologie) postuliert und
❑ drittens soll eine Serviceführerschaft erreicht werden.

Vorgehen bei der Visionsentwicklung

Bei der Visionsentwicklung empfehlen wir Führungswechslern, systematisch und flexibel vorzugehen. Sie sollten aber darauf achten, dass diese Entwicklung top-down erfolgt, indem sie ihren Teams die Visionsinhalte vorgeben und dann in gemeinsamer Diskussion und Abstimmung diese Vorgaben konkretisieren. Ziel dieses Abstimmungsprozesses ist es, die Akzeptanz der Vision bei den Mitarbeitern zu prüfen, die Inhalte kritisch zu hinterfragen und bei Bedarf ergänzende Punkte mit aufzunehmen. Wichtig ist, dass die Vision den Mitarbeitern konkrete Verhaltensimpulse gibt, die sie im Arbeitsalltag umsetzen können.

Für den Aufwand zur Formulierung einer Vision gibt es keine Faustregel. Sie kann in wenigen Stunden im Rahmen eines Teammeetings erfolgen, aber auch bis zu mehreren Wochen dauern. Oft erweisen sich die ersten Formulierungen als die besten.

Für die Ausgestaltung einer Teamvision gibt es ebenfalls keine festen Regeln. Folgende Tipps jedoch können dabei hilfreich sein:

❑ Die Vision ist anspruchsvoll und mutig, aber auch realistisch und in einem überschaubaren Zeitrahmen erreichbar (wir gehen von zwei bis drei Jahren aus).
❑ Die Vision ist klar und sachlich und dabei emotional ansprechend ausformuliert.
❑ Die Vision spiegelt die persönlichen Überzeugungen der Verfasser wider und ist damit individuell und unverwechselbar.

⤷ Leitfragen zur Visionsentwicklung im mittleren Management

❑ Wie soll die Abteilung beziehungsweise der Bereich in zwei bis drei Jahren aussehen?
❑ Was soll dann erreicht sein?
❑ Was sind die Kerninhalte der Vision, was ist besonders wichtig?
❑ Wodurch werden das neue Selbstverständnis der Abteilung und die neuen Verhaltens-
weisen der Mitarbeiter sichtbar?
❑ Woran ist festzustellen, dass die Vision erreicht worden ist?
❑ Woran erkennt der Vorgesetzte beziehungsweise das obere Management, dass die Vision
umgesetzt worden ist?
❑ Woran erkennen es die internen Kunden beziehungsweise Leistungspartner?

Zur Verdeutlichung der Vorgehensweise bei der Entwicklung einer Vision im mittleren Management kommen wir auf unser Beispiel der zentralisierten Personalentwicklungsabteilung zurück und beschreiben exemplarisch die wichtigsten Schritte und
Ergebnisse.

Erläuterung am Beispiel „Neue Abteilung PE"

In der Vision der neuen Abteilung Personalentwicklung sollten mehrere Aspekte zum
Ausdruck kommen, die sich auf die Zukunft der Abteilung beziehen (vgl. Bild 4-7):

❑ Hoher Leistungsanspruch (wir sind Benchmark).
❑ Konzentration auf eine bestimmte Zielgruppe (Key People und Managerentwick-
lung).
❑ Betonung der Selbstdarstellung und des Marketings für die eigene Funktion im Sinne
von: „Tue Gutes und rede darüber" (… für ein positives Image intern als auch extern
sorgen).
❑ Unternehmerisch geprägtes Selbstverständnis von Personalentwicklung als Dienstleister, der wesentlich zum Unternehmenserfolg beiträgt.

Außenstehenden mag diese Vision banal und als nichts Besonderes erscheinen. Insider der Personalentwicklung jedoch erkennen auf den ersten Blick den hohen Leistungsanspruch und die Besonderheiten eines solchen Selbstverständnisses, das für
viele Personalentwicklungen in mittelständischen Unternehmen eine echte Herausforderung darstellt. Denn es bedient folgende Visionsinhalte:

❑ Man will durch den Benchmark-Anspruch die Konkurrenz überholen,
❑ es wird ein neues Selbstverständnis (Verhaltensweisen) postuliert und
❑ Serviceführerschaft angestrebt.

Wir sind Benchmark im Thema Key-People- und Managemententwicklung und haben sowohl intern als auch extern ein tolles Image.

Aus der Überzeugung heraus, dass sich

❑ die Kompetenzen und Fähigkeiten unserer Mitarbeiter,

❑ die Lern- und Anpassungsfähigkeit unseres Managements sowie

❑ unsere Lernkultur

direkt auf die Profitabilität und die Wettbewerbsfähigkeit auswirken, haben wir uns auf den Prozess der ganzheitlichen Personalentwicklung (PE) spezialisiert.

Wir sind interner Dienstleister und verstehen etwas von unserem Geschäft !!

Bild 4-7: Vision und Selbstverständnis (Beispiel PE-Abteilung)

Zurück zu unserem Beispiel: Bei der Formulierung der Vision musste die neue Abteilungsleiterin der Personalentwicklung folgende Schwierigkeiten bewältigen: Zunächst galt es, einen Entwurf über ihre Zukunftsvorstellungen, das heißt die neue Vision und das neue Selbstverständnis, zu erstellen und diese dann gemeinsam mit ihrem Team weiter zu konkretisieren. Eine Herausforderung, denn als thematische Laiin war sie im Formulieren dieser Art unbedarft, zudem fehlte ihr die fachliche Kompetenz und Erfahrung für fundierte Diskussionen mit ihren Mitarbeitern.

Hinzu kam, dass das Team, insbesondere die „alten Hasen", nicht nur ihren hohen Leistungsanspruch als unzumutbar und völlig unerfüllbar ablehnten, sondern auch ihr Verständnis von Dienstleistungsorientierung und das neue Selbstverständnis der Geschäftsleitung von unternehmerischer Personalentwicklung.

Dieses Beispiel verdeutlicht, dass Visionen nicht „auf der grünen Wiese" entwickelt werden sollten, sondern dass jede Abteilung ihre eigene Geschichte hat und damit hinderliche und förderliche Faktoren bei der Erarbeitung der Vision zu berücksichtigen sind.

In unserem Beispiel ist es der neuen Abteilungsleiterin schließlich gelungen, diese Hürde zu meistern, indem sie sich intensiv in das neue Thema einarbeitete, sich externe Unterstützung zur Entwicklung der Vision und des neuen Selbstverständnisses holte – und vor allem, indem sie sich auf eine intensive und zähe Auseinandersetzung mit ihren Mitarbeitern einließ und keiner Diskussion aus dem Wege ging.

Aufgrund dieser intensiven Auseinandersetzung zog sich die Visionsentwicklung über sechs Monate hin. Die dafür investierte Zeit hatte sich aber im Endeffekt gelohnt, da der Widerstand der Mitarbeiter gegen die anstehenden Veränderungen in einem frühen Stadium aufgearbeitet und beseitigt werden konnte.

⮞ Reflexionsfragen zur Vision

❑ Wie stelle ich mir meinen neuen Verantwortungsbereich in zwei bis drei Jahren vor? Worin unterscheidet er sich dann vom aktuellen Zustand?

❑ Wie kann ich diese Vorstellungen in einem Satz beziehungsweise Statement leicht verständlich zusammenfassen?

❑ Habe ich meine Vorstellungen mit meinem Chef und den wichtigen Leistungspartnern abgestimmt? Wenn ja, was meinten sie dazu?

❑ Habe ich meine Vision mit meinem Team abgestimmt? Wenn ja, wie nahmen sie diese auf?

❑ Habe ich meine Vorstellungen mit externen Personen abgestimmt (zum Beispiel Führungskräfte mit ähnlichen Aufgabenstellungen in anderen Unternehmen, Experten, Bekannte, die mir kompetente Rückmeldungen geben)? Wenn ja, was meinten sie dazu?

❑ Bin ich mir über den potenziellen Leistungsanspruch meiner Abteilung im Klaren (niedrig, mittel, hoch)?

❑ Ist meine Zukunftsvorstellung wirklich realisierbar?

❑ Liefert sie einen Beitrag zur Lösung aktueller Herausforderungen und Probleme?

❑ Ist die Formulierung der Vision verständlich? Kommen die wesentlichen, mir wichtigen Aspekte bei den Adressaten (Vorgesetzte, Geschäftsführung, Mitarbeiter, wichtige Leistungspartner) an?

4.4.2 Strategische Handlungsfelder

Strategische Handlungsfelder beschreiben die Initiativen und Aktivitäten, die notwendig sind, um die Lücke zwischen der in der Bestandsaufnahme beschriebenen Ist-Situation und der in der Vision formulierten Zukunftsvorstellung zu schließen. Sie gehen auf die wesentlichen Vorhaben der nächsten zwei bis drei Jahre ein und fassen diese für die Mitarbeiter übersichtlich und leicht verständlich zusammen. Strategische Handlungsfelder sind sozusagen die „Brücke" zwischen Gegenwart und Zukunft.

Als thematische Schwerpunkte bei den strategischen Handlungsfeldern kommen infrage:

❑ *neue Produkte, Dienstleistungen oder Zusatzleistungen:* häufig erkennbar in einer Erweiterung, Straffung oder Bereinigung des Leistungsportfolios;

❑ *neue Ausübung des Geschäfts:* zum Beispiel durch eine stärkere Einbindung Dritter (in unserem Beispiel „Neue Abteilung PE" beispielsweise die Einbeziehung des direkten Vorgesetzten in Personalentwicklungsfragen);

❑ *neue Haltung/neues Selbstverständnis:* zum Beispiel, indem sich die neue Abteilung weniger als Personalentwickler, sondern mehr als Manager von Personalentwicklung versteht;

❑ *neue Technologien, Verfahren oder Werkzeuge:* zum Beispiel Online-Qualifizierungsangebote, Online-Bewerbungsprozesse, jährliche Befragung der internen Kunden nach ihrer Zufriedenheit;

❑ *neue/andere Abläufe beziehungsweise Vorgehensweisen:* zum Beispiel die Definition der Personalentwicklung als Prozess, bei dem das Management und nicht die Teilnehmer die Hauptkunden sind;

❑ *neue/andere interne Strukturen:* zum Beispiel neue Zusammensetzung der Teams, andere Rollenaufteilung mit dem Personalbereich in einzelnen Aufgabenfeldern.

Bei der Formulierung von strategischen Handlungsfeldern empfehlen wir Führungswechslern,

❑ sich auf die wesentlichen Punkte zu konzentrieren, ohne sich im Detail zu verlieren,

❑ auf Vollständigkeit zu achten, das heißt, nicht nur die vordergründigen Themen oder ihre Lieblingsthemen zu behandeln,

❑ die heiklen Punkte zu benennen, die besonders innovativ, radikal und/oder herausfordernd für die Mitarbeiter sind,

❑ so zu formulieren, dass auch Außenstehende verstehen, was gemeint ist,

❑ die Interessen der Mitarbeiter und der Vorgesetzten angemessen zu berücksichtigen.

Strategische Handlungsfelder sollten aus intensiven Diskussionsprozessen mit den verschiedenen Einflussgruppen (Mitarbeiter, Vorgesetzte) resultieren, nicht aus intensiver Denkarbeit des Führungswechslers. Nur dann werden sie von den Betroffenen mitgetragen, weil sie gemeinsam durch Diskussion und Abstimmung entwickelt wurden und nicht „unter Ausschluss der Öffentlichkeit" entstanden sind.

Erläuterung am Beispiel „Neue Abteilung PE"

In unserem Musterbeispiel hat die neue Abteilungsleitung in einer intensiven Auseinandersetzung mit ihren Mitarbeitern, Vorgesetzten, Leistungspartnern und internen Kunden die folgenden strategischen Handlungsfelder für die Personalentwicklung definiert (vgl. Bild 4-8):

❑ *Konsequente Prozess- und Kundenorientierung in der Abteilung Personalentwicklung*
Angestrebt wird eine differenzierte Betrachtung der Kunden und eine präzise Definition der Prozesse zur Versorgung der verschiedenen Kundengruppen mit den vereinbarten Leistungen.

❑ *Umsetzung des Paradigmenwechsels in der Personalentwicklung*
Hier werden mehrere neue, das Rollen- und Selbstverständnis der Personalentwicklung betreffende Aspekte angesprochen:

● Zunächst geht es darum, dass die Personalentwicklung sich nicht mehr nur als Organisator und Makler von Qualifizierungsveranstaltungen versteht, sondern als Experte für Personalentwicklungsfragen, der die Geschäftsführung und das mittlere Management in unternehmerischen Fragestellungen berät und unterstützt.

● Dafür muss das Management generell stärker bei der Behandlung all dieser Fragen beteiligt werden, um maßgeschneiderte Konzepte entwickeln zu können. Dies wurde bisher versäumt, im Gegenteil: Personalentwicklung erfolgte nach dem Gießkannenprinzip.

● Damit die Führungskräfte mit direkter Mitarbeiterverantwortung ihre neue Rolle als „erste Personalentwickler" besser ausfüllen können, ist es wichtig, sie zu überzeugen und für diese Aufgabe zu qualifizieren. Das bedeutet aber auch, dass die Mitarbeiter der Abteilung Personalentwicklung stärker in eine organisierende und managende Rolle hineinwachsen müssen.

❑ *Technologiesprung und Einsatz innovativer Werkzeuge*
Neue Programme und Systeme sollen eine bessere und schnellere Abwicklung der Aufgaben ermöglichen (zum Beispiel Online-Bewerbung, Ankündigung von Bildungsveranstaltungen nicht mehr in Katalogen, sondern im Intranet).

❑ *Umbau der Funktion und strukturelle Umwidmung der Ressourcen in der Abteilung Personalentwicklung*
Bessere strategische Ausrichtung der Ressourcen durch stärkere Konzentration auf strategisch bedeutsame Aktivitäten und Einsparungen bei strategisch weniger bedeutsamen Aktivitäten. Aufgrund dieser Ressourcenumverteilung werden keine zusätzlichen Kapazitäten benötigt.

Es hat sich gezeigt, dass die neue Abteilungsleiterin erst durch diese Konkretisierung und die intensive Diskussion mit den Mitarbeitern in der Lage war, aus der ursprünglichen Vision konkrete strategische Handlungsfelder abzuleiten und diese dann im nächsten Schritt im Arbeitsalltag umzusetzen.

---

1. Konsequente Prozess- und Kundenorientierung in der Abteilung PE

2. Umsetzung des Paradigmenwechsels
   ❑ vom Personalentwickler hin zum Manager von Personalentwicklung
   ❑ stärkere Beteiligung des Managements in PE-Fragen
   ❑ Erweiterung der Rolle der Middle Manager
      (Die Führungskraft als 1. Personalentwickler)
   ❑ Unterstützer der Geschäftsführung und des mittleren Managements
      in deren unternehmerischen Fragestellungen

3. Technologiesprung und Einsatz innovativer Werkzeuge

4. Radikaler Umbau der Funktion und strukturelle Umwidmung der
   Ressourcen in der Abteilung PE

Bild 4-8: Strategische Handlungsfelder (Beispiel PE-Abteilung)

Reflexionsfragen zu den strategischen Handlungsfeldern

❑ Welche wesentlichen Themen müssen wir aufgreifen? Sind alle wichtigen Aspekte (Kunde, Art der Leistung, Haltung, interne Abläufe, Strukturen, Technologien etc.) berücksichtigt?
❑ Sind auch die heiklen beziehungsweise unangenehmen Themen benannt?
❑ Sind die Interessen der wichtigsten beteiligten Akteure berücksichtigt (Chef, Mitarbeiter, Leistungspartner, interne Kunden)? Erkennen sie sich in den Handlungsfeldern wieder?
❑ Werden auch notwendige Veränderungsmaßnahmen außerhalb des Verantwortungsbereiches ausreichend mitberücksichtigt?
❑ Sind die Formulierungen leicht verständlich, in sich schlüssig und nachvollziehbar?

4.4.3 Geschäftsmodell

Definition Geschäftsmodell

Der Begriff des *Geschäftsmodells* (englisch „business model") ist eng mit der Entstehung von kommerziellen Aktivitäten im Internet verbunden und hat seinen Ursprung in der Prozess- und Datenmodellierung von Unternehmen auf Grundlage von Informations- und Kommunikationstechnologie (vgl. Stähler 2001, S. 38). Geschäftsmodelle werden zur Abbildung der Wirklichkeit einer Organisation mit ihren Prozessen, Aufgaben und Kommunikationsbeziehungen herangezogen. Aufbauend auf dem Geschäftsmodell lassen sich dann Geschäftsprozesse ableiten. Wir haben diese für Gesamtunternehmen geltende Definition von Patrick Stähler auf das mittlere Management sowie Abteilungen und Teams übertragen.

Demnach ist das Geschäftsmodell eine modellhafte Beschreibung des Geschäfts einer Abteilung im Zusammenspiel mit den anderen Unternehmensbereichen. Es enthält drei wesentliche Komponenten (vgl. Stähler 2001, S. 41 f.):

❑ *Nutzenversprechen*
Es beschreibt, *welchen Nutzen* der interne Kunde der Abteilung von ihr ziehen kann und beantwortet die Fragen: Welchen Nutzen stiftet die Abteilung? Welche Leistungen werden welchen Kunden angeboten?
❑ *Architektur der Wertschöpfung*
Sie bezieht sich darauf, *wie der Nutzen* für die Kunden erzeugt wird. Beschrieben werden die verschiedenen Stufen der Wertschöpfung und die Rollen aller Beteiligten. Es geht um die Beantwortung der Frage: Wie wird die Leistung erstellt?
❑ *Wirtschaftlichkeitsmodell*
Neben dem „Was" und dem „Wie" kann das Geschäftsmodell auch beschreiben, *welcher Aufwand* für die Erstellung der Leistungen notwendig ist und wie die Effizienz der Leistungserstellung gesteigert werden kann. Es beantwortet die Fragen: Wie ökonomisch ist die Leistungserstellung? Wie kann der Aufwand reduziert und/oder die Qualität gesteigert werden?

Wir raten Führungswechslern, sich bei der Erstellung eines Businessplans auf die ersten beiden Komponenten zu konzentrieren. Sie ermöglichen ein besseres Verständnis des Kerngeschäfts im neuen Verantwortungsbereich und legen damit die Basis für eine fundierte Arbeit als Manager.

Aufgaben des Geschäftsmodells beim Führungswechsel (übertragen auf das mittlere Management)

Das Geschäftsmodell hat als wichtiger Bestandteil der Positionierung beim Führungswechsel folgende Aufgaben: Es

❑ stellt das Geschäft im neuen Verantwortungsbereich schematisch dar,

❑ ermöglicht, das neue Geschäft in kurzer Zeit zu verstehen, seine Besonderheiten zu erkennen und es zu durchdringen,

❑ ist die Grundlage zur Diagnose von Schwachstellen, um darauf aufbauend Ideen für Verbesserungspotenziale und deren Realisierung zu entwickeln.

Die Beschreibung des neuen Verantwortungsbereiches in einem Geschäftsmodell ist eine anspruchsvolle und mitunter schwierige Aufgabe. Sie ist aber unerlässlich, um sein neues Geschäft durchdringen zu können und den Entscheidungen, die man als Führungswechsler trifft, eine größere Treffsicherheit zu geben. Alle Manager, die sich die Mühe gemacht haben, für ihre neue Funktion ein Geschäftsmodell zu entwickeln, haben uns bestätigt, dass sich der Aufwand mehr als ausgezahlt hat und die anfangs mitunter mühsame Erstellung mit fortschreitender Dauer immer besser von der Hand ging. Worauf es bei der Entwicklung des Geschäftsmodells besonders ankommt und welche Besonderheiten zu beachten sind, wollen wir an unserem Musterbeispiel erläutern.

Erläuterung des Geschäftsmodells am Beispiel „Neue Abteilung PE"

Das Geschäftsmodell der neuen, zentralisierten Abteilung Personalentwicklung stellt schematisch dar, was unter Personalentwicklung zu verstehen ist (vgl. Bild 4-9), und zeigt die Abläufe unter den beteiligten Akteuren (vgl. Bild 4-10). Das Geschäftsmodell besteht somit aus zwei Teilen:

Teil 1: Verständnis von Personalentwicklung

Bild 4-9 zeigt die Themenfelder, die in unserem Musterbeispiel unter Personalentwicklung zusammengefasst wurden. Seinem ursprünglichen Verständnis nach lieferte es einen Beitrag zur Potenzialförderung von (Nachwuchs-)Führungskräften. Im Zuge der Zentralisierung dieser Abteilung und des damit einhergehenden Führungswechsels, der gemeinsamen Formulierung der neuen Vision und der Entwicklung der zentralen Handlungsfelder hat sich das Verständnis von Personalentwicklung erweitert. Er stellte sich nun als Prozesskette mit drei aufeinander aufbauenden Prozessschritten dar:

❑ *Erster Schritt: Integration der Leistungssteigerung in die Personalentwicklung*
   Fortan wurden alle Personalentwicklungsmaßnahmen nicht nur unter dem Aspekt

der Potenzialförderung betrachtet, sondern auch unter dem Aspekt der Leistungssteigerung aller Mitarbeiter. Das mittlere Management war übrigens von diesem Ansatz begeistert.

❑ *Zweiter Schritt: Integration der Einarbeitung und des Ausstiegs*
Es hatte sich gezeigt, dass Mitarbeiter durch die Flexibilisierung der Organisation ihren Job intern öfters wechselten. Die neue Idee war, den Führungswechsel und die damit einhergehende Einarbeitung und Integration im neuen Arbeitsgebiet als Teil der Personalentwicklung zu systematisieren. Dazu wurden die Einarbeitung und der Ausstieg in den Personalentwicklungsprozess integriert.

❑ *Dritter Schritt: Integration des Personalmarketings und des Auswahlprozesses in die Personalentwicklung*
Ziel war es, den akademischen Nachwuchs über die gesamte Prozesskette hinweg unter einer Verantwortung zu haben und die Personalentwicklungsabteilung als „Labor" für neue Betreuungsverfahren und -methoden des akademischen Nachwuchses zu nutzen.

Durch die schematische und prozesshafte Darstellung der Aufgaben der neuen Personalentwicklungsabteilung war es der neuen Abteilungsleiterin gelungen, dieses Thema auch den eher technisch orientierten Führungskräften „schmackhaft" zu machen, weil es ihrer Denkwelt entsprach. Da sie sofort den Nutzen dieser Maßnahmen für sich erkannten, war die Resonanz sehr positiv.

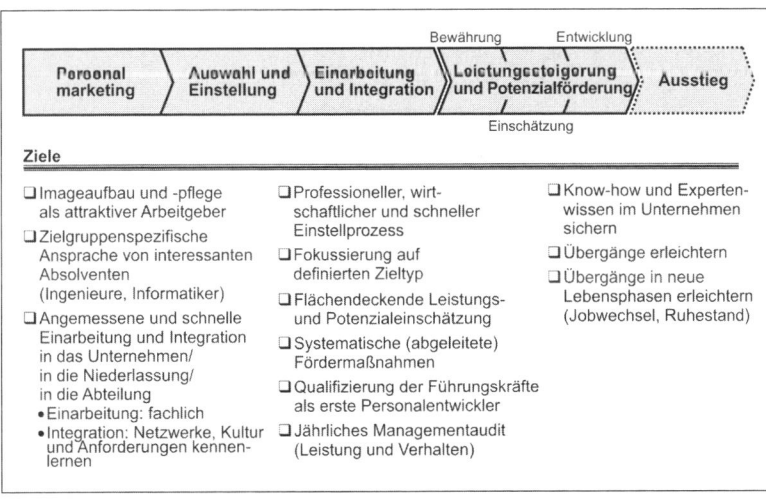

Bild 4-9: Geschäftsmodell PE-Abteilung (I): Kernprozess Personalentwicklung

Teil 2: Praktische Umsetzung der Personalentwicklung

Bild 4-10 stellt die „Architektur" der Wertschöpfung in unserem Musterbeispiel anhand der Wirkmechanismen der Personalentwicklung dar. Sie zeigt, welche Akteure beteiligt sind und welche Aufgaben sie erfüllen müssen.

Somit wurden die Führungskräfte durch das neue Geschäftsmodell viel stärker in die Potenzialförderung und Leistungssteigerung der Mitarbeiter eingebunden. Durch ihre Beteiligung wurden die Personalentwicklungsmaßnahmen wirkungsvoller. Dies hatte eine insgesamt bessere Unterstützung der strategischen Ausrichtung des Unternehmens zur Folge.

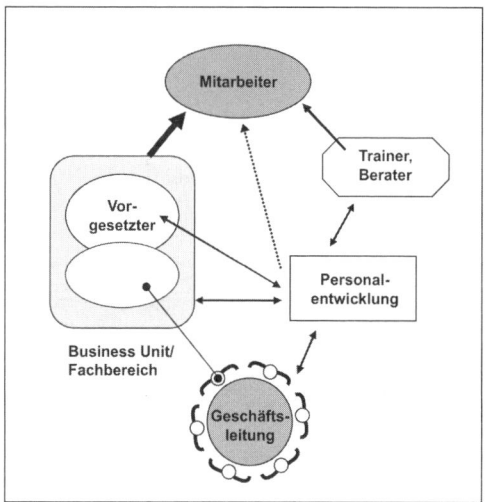

Bild 4-10: Geschäftsmodell PE-Abteilung (II): Wirkmechanismen

In unserem Praxisbeispiel haben alle Akteure – insbesondere aber die neue Abteilungsleiterin – sehr viel Zeit und Aufwand in die Entwicklung des Geschäftsmodells investiert. Sie haben viel nachgedacht, diskutiert und recherchiert, um eine clevere Lösung für die drängenden Probleme „knappe interne Ressourcen" und „Unzufriedenheit der internen Kunden" zu finden. Und so war es ihnen gelungen,

❑ ... *ein Nutzenversprechen zu geben*
Allen Zielgruppen (Geschäftsführung, mittlerem Management, Mitarbeitern) wurde ein höherer Nutzen als bisher in Aussicht gestellt.
❑ ... *die Architektur der Wertschöpfung transparent zu machen*
Für die Zielgruppe der technisch geprägten Manager hatte man ein leicht verständliches und gut nachvollziehbares Modell der Personalentwicklung entwickelt. Die Betonung des großen Unterschieds zum alten Modell hingegen hätten nur wenige Personen verstanden.

❑ ... *die Wirtschaftlichkeit durch den neuen Ansatz zu verbessern*
Durch die starke Einbindung der internen Kunden konnten die Leistungen transparent gemacht und die Qualität der Maßnahmen deutlich verbessert werden.

➤ Reflexionsfragen zum Geschäftsmodell

❑ Was sind die wichtigsten Merkmale des Geschäftsmodells?
❑ Wie lässt es sich einfach visualisieren und den (internen) Kunden transparent darstellen?
❑ Welche Leistungen werden in diesem Modell für welche Zielgruppen angeboten? Wie attraktiv sind diese Leistungen für die jeweiligen Zielgruppen?
❑ Wie transparent ist der Wertschöpfungsprozess dargestellt?
❑ Wie wirtschaftlich ist das Geschäftsmodell?
❑ Welche Ansätze gibt es, um die Wirtschaftlichkeit und/oder Qualität weiter zu steigern?

4.4.4 Schlüsselkunden

Die DIN EN ISO 8402 definiert den Kunden als „Empfänger eines Produktes oder einer Dienstleistung, die von einem Lieferanten bereitgestellt wird" (Kunde 2009). Überträgt man diese allgemeine Definition auf Teams oder Abteilungen in Unternehmen, die diese Leistungen beziehen, spricht man von internen Kunden. Analog zu externen Kunden gilt auch für interne Kunden folgendes Erfolgsprinzip: Wer seine Kunden gezielter anspricht, sich schneller an ihre (neuen) Anforderungen anpasst und Prozesse vereinfacht, kann sein Überleben im Unternehmen sichern oder sich Wettbewerbsvorteile im internen Wettbewerb um knappe Ressourcen verschaffen.

Zur Erstellung eines Businessplans ist ein gutes Verständnis für die unterschiedlichen internen Kundengruppen und deren maßgeschneiderte Bedienung besonders wichtig. Dieser Aspekt wird oft von internen Abteilungen und Bereichen ohne Kontakt zum externen Kunden gerne vernachlässigt. Er spielt jedoch bei der Erstellung eines Geschäftsmodells zur Beschleunigung des Anwachsens eines Führungswechslers in seiner neuen Funktion eine große Rolle.

Der Führungswechsler kann die verschiedenen Kundengruppen umso gezielter ansprechen, wenn er einen klaren Überblick über ihre spezifischen Erwartungen hat. Aus betriebswirtschaftlicher Perspektive bietet sich an, (interne) Kunden nach bestimmten Kriterien in Gruppen einzuteilen, um sie besser bedienen und bearbeiten zu können.

Eine traditionelle betriebswirtschaftliche Herangehensweise dafür ist die *ABC-Analyse*, die sich auf andere Fragestellungen übertragen lässt (siehe Bild 4-11). Demnach lassen sich Kunden einteilen in:

❑ *A-Kunden:* Eine geringe Anzahl an Kunden mit hohen Umsätzen, die einen großen Teil der Auslastung der Abteilung sicherstellen. Sie werden als *Schlüsselkunden* bezeichnet und in der Regel gut betreut und entwickelt.

❑ *B-Kunden:* Kunden mit mittleren Umsätzen, zugeordnet dem Kundensegment im mittleren Bereich. Sie werden durchschnittlich betreut und entwickelt.

❑ *C-Kunden:* Kunden mit geringen Umsätzen. Sie sind zahlenmäßig die stärkste Gruppe und werden in der Regel wenig beachtet.

Bei der Übertragung dieser Systematik auf interne Kunden wird diese Einteilung schwieriger, da Umsätze und Deckungsbeiträge als Kennzahlen oft nicht zur Verfügung stehen beziehungsweise als Kenngrößen zur Steuerung nicht hilfreich sind. Außerdem ist es schwierig, interne Kunden nicht zu bedienen, da sie im Gegensatz zum freien Markt ihre Leistungen nicht ohne Weiteres bei alternativen Anbietern einkaufen können.

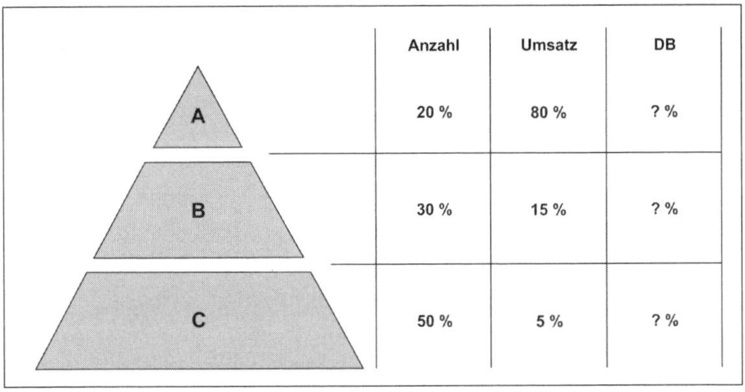

	Anzahl	Umsatz	DB
A	20 %	80 %	? %
B	30 %	15 %	? %
C	50 %	5 %	? %

Bild 4-11: Traditioneller Ansatz zur Einteilung der Kunden in ABC-Kategorien (Renz Consulting 2006)

Wir schlagen deshalb vor, alle internen Kunden als Schlüsselkunden zu betrachten, das heißt, alle zu bedienen. Aufgrund von begrenzten Ressourcen sollten die Art und der Aufwand für die Bedienung differieren. Wir unterscheiden interne Kunden in Unternehmen nach drei Kriterien mit folgenden Merkmalen:

❑ *Mächtige Kunden*

- Topmanagement, Geschäftsführung, oberes Management,
- wollen Aufträge sofort erledigt haben,
- nehmen wenig Rücksicht auf Engpässe, Schwierigkeiten etc.

❑ *Dauerkunden*

- fordern regelmäßig und weitgehend kontinuierlich Leistungen ab (Mitarbeiter, andere Bereiche, Externe),
- werden in der Regel über ihre Zufriedenheit nicht befragt,
- sind für einen Großteil der Auslastung verantwortlich.

❏ *Gelegenheitskunden*

- treten nur unregelmäßig oder einmalig auf,
- wollen auch schnell bedient werden (setzen sich in Szene durch vermeintlich wichtige Auftraggeber etc.),
- werden bei Kapazitätsengpässen häufig vertröstet oder gar nicht erst bedient.

Welche internen Kunden in der Regel in welcher Form bedient werden, wollen wir an unserem Musterbeispiel erläutern.

Erläuterung der Kundendefinition am Beispiel „Neue Abteilung PE"

Vor der Neustrukturierung war das Geschäftsmodell der Personalentwicklungsabteilung auf die Abwicklung von Qualifizierungsmaßnahmen und sonstigen Veranstaltungen (Trainings, Seminare, Coaching etc.) ausgerichtet. Zentrale Kunden waren die Teilnehmer der Maßnahmen und Veranstaltungen. Alle Prozesse und Aktivitäten waren entsprechend auf diese Zielgruppe ausgerichtet. Der Personalleiter, ein Vertreter der „Mächtigen", die über das Budget verfügten und Schwerpunkte für das Weiterbildungsprogramm setzten, wurde bestenfalls als störender Randkunde betrachtet, der, wenn es hoch kam, einmal im Jahr bei den Budgetfestlegungen seine Zustimmung geben musste. Ansonsten aber wurde er nur als „lästig" empfunden.

Aufgrund der notwendigen strategischen Neuausrichtung war schnell klar, dass sich die Kundensichtweise in der Personalentwicklung stark verändern musste:

❏ Die Unternehmensleitung mit ihren strategischen Vorhaben und den damit verbundenen Anforderungen an die Personalentwicklung rückte stärker in den Blickpunkt.

❏ Das mittlere Management mit seinen spezifischen Interessen der Leistungssteigerung sollte besser bedient werden.

❏ Die Teilnehmer der Fort- und Weiterbildungsmaßnahmen mussten weiterhin gut bedient werden.

Aufgrund dieser Ausgangslage entstand folgende Übersicht für die Schlüsselkunden der neuen Personalentwicklungsabteilung (siehe Bild 4-12):

❏ *Die Geschäftsleitung*
wollte die strategische Ausrichtung des Unternehmens mithilfe der Personalentwicklung weiter vorantreiben und eine messbare Führungsqualität auf hohem Niveau etablieren.

❏ *Das mittlere Management*
war in erster Linie an der Unterstützung bei der Zielerreichung und Leistungssteigerung interessiert, um die Lern- und Anpassungsfähigkeit seines Verantwortungsbereiches zu steigern.

❏ *Die Teilnehmer von Qualifizierungsmaßnahmen*
sollten durch die Maßnahmen an das Unternehmen gebunden werden, das Gelernte möglichst schnell umsetzen und die Maßnahmen möglichst positiv beurteilen.

Geschäfts-leitung	❑ Strategische Ausrichtung des Unternehmens ❑ Erreichung der Unternehmensziele (Flexibilität, Kosten, Qualität) ❑ Messbare Nachwuchs- und Führungskräftequalität (Leistung und Verhalten)
Mittleres Management	❑ Erhöhung der Lern- und Anpassungsfähigkeit der Organisations-einheit ❑ Erfüllung der Teamziele, Leistungssteigerung im Team ❑ Schnelle Nachwuchsbeschaffung und steile Anlaufkurve mit „Anwachsgarantie"
Teilnehmer/ Betroffene	❑ Bindung an das Unternehmen ❑ Zufriedenheit mit den Qualifizierungsmaßnahmen ❑ Schneller Transfer des Gelernten in die Praxis

Bild 4-12: Kunden beziehungsweise das Kundenportfolio der PE-Abteilung

Diese neue Kundendefinition bedeutete eine radikale Abkehr von der bisherigen Sichtweise, ohne die bisher wichtige Kundengruppe der Teilnehmer zu vernachlässigen.

Um sicherzustellen, dass die Personalentwicklungsabteilung die Bedürfnisse der verschiedenen Kunden gut erfüllt und nicht von falschen Annahmen ausgeht, wurde bei allen Kundengruppen eine Befragung durchgeführt. Vor allem die Vertreter des mittleren Managements waren von dieser Maßnahme begeistert und lieferten eine Fülle von Ideen, wie ihre Bedürfnisse ohne großen Aufwand noch besser befriedigt werden konnten.

Dieses Beispiel verdeutlicht, dass die Betrachtung der Kundengruppen sehr eng mit der Entwicklung der Vision und des Geschäftsmodells verbunden ist und dass alle drei Teile im Businessplan eng verzahnt sein müssen.

 Reflexionsfragen zu den Schlüsselkunden

❑ Welche Kundengruppen mit welchen spezifischen Anforderungen bedienen wir?
❑ Welche Bedeutung haben die internen Kunden für unsere Abteilung?
❑ Welche Leistungen erbringen wir für unsere internen Kunden mit welchem Aufwand beziehungsweise welchen Schwierigkeiten?
❑ Was haben wir bisher getan, um diese Kunden zufriedenzustellen oder sogar von uns zu begeistern?
❑ Woher wissen wir, ob und wie zufrieden die internen Kunden mit unseren Leistungen sind (Annahmen, regelmäßige Kontakte, systematische Befragungen etc.)?
❑ Wie systematisch pflegen wir die Beziehungen zu unseren internen Kunden?

4.4.5 Leistungsportfolio

In der Fachliteratur wird die *Portfoliotechnik* als eine Methode zur Bewertung von Produkt-, Dienstleistungs- oder Projektalternativen bezeichnet. Ein Portfolio ist zum Beispiel ein Dienstleistungsmix, den eine Abteilung oder ein Bereich seinen Kunden anbietet. Für den Aufbau eines entsprechenden Portfolios bieten sich verschiedene Analysetechniken an (Portfolio 2009), zum Beispiel die Boston-Consulting-Group-Analyse, die Deckungsbeitragsanalyse und andere.

Zur Erstellung des Businessplans bedienen wir uns der Portfoliomethode, um die Aktivitäten (Leistungen) der Abteilung und die zur Unterstützung der Unternehmensstrategie eingesetzten Ressourcen zu bewerten. Das Leistungsportfolio gibt an, welche Leistungen welche Kapazitäten binden und wo gegebenenfalls Optimierungsbedarf besteht. Ziel ist es, die strategisch bedeutsamen Leistungen auszubauen und die weniger wichtigen „herunterzufahren".

Die Erstellung des *Leistungsportfolios* befähigt den Führungswechsler, sich für seinen Verantwortungsbereich einfach und schnell einen sehr guten Überblick darüber zu verschaffen, wo er die Kapazitäten optimal einsetzen kann, und erste Ansatzpunkte für unternehmerische Aktivitäten zu finden (Bild 4-13).

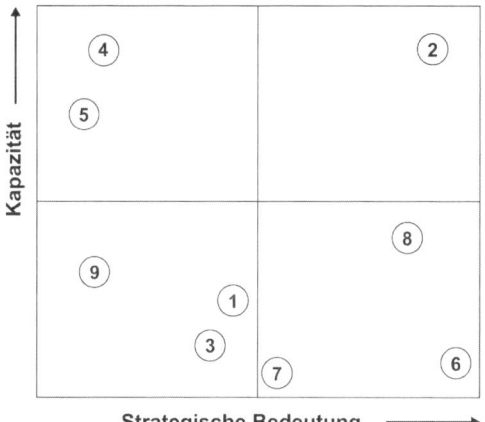

Bild 4-13: Leistungsportfolio

Das Leistungsportfolio wird in vier Schritten erstellt:

1. Definition der Leistungen, die im Portfolio eingeordnet werden sollen.
2. Ermittlung der verwendeten Kapazitäten.
3. Bewertung des Strategiebeitrags der Leistungen.
4. Erstellung des Portfolios.

Definition der Leistungen, Kapazitätsermittlung und Bewertung des Strategiebeitrags

Zur Definition der Leistungen werden alle im Team anfallenden Aktivitäten in Kategorien zusammengefasst. Wir empfehlen, dabei Begriffe zu verwenden, die auch Außenstehenden verständlich sind und einen Sinn ergeben (siehe Bild 4-14).

Der schwierigste Teil bei der Erstellung des Leistungsportfolios ist die Ermittlung der Kapazitäten, die für die Erbringung der Leistungen erforderlich sind. Dafür stehen mehrere Verfahren zur Verfügung. Generell gilt, dass analytische Verfahren aufwendiger und genauer, Schätzverfahren hingegen weniger aufwendig, dafür aber ungenauer sind. Die Wahl des Verfahrens hängt vom Zeitdruck, der geforderten Genauigkeit und der Größe des Verantwortungsbereiches ab. Als Faustregel gilt: Je größer der Bereich, desto mehr sind Schätzverfahren vorzuziehen.

Bewährt hat sich auch eine Kombination beider Verfahren: Zunächst wird geschätzt, dann werden die ermittelten Werte anhand einer ein- bis zweimonatigen Aufschreibung oder einer Multimomentaufnahme überprüft. Die Werte in unserem Musterbeispiel (Bild 4-14) wurden durch eine Aufschreibung im Team über einen Zeitraum von zwei Monaten ermittelt und auf das gesamte Geschäftsjahr übertragen. Dabei ist zu beachten, dass die unterschiedlichen Arbeitszeitmodelle der Mitarbeiter entsprechend berücksichtigt und normiert werden.

Sind die Kapazitäten tragfähig ermittelt, werden die Aktivitäten nach ihrem Beitrag, den sie zur Unterstützung der Strategie der Abteilung leisten, bewertet. Bewährt hat sich hierfür eine grobe Einteilung in „gering", „mittel" und „hoch". Es können aber auch Zahlenwerte zwischen eins und fünf beziehungsweise bei noch feineren Abstufungen zwischen eins und zehn verwendet werden. Wir empfehlen, die Bewertung in einer Tabelle zusammenzufassen, da die so aufbereiteten Werte bei der Diskussion und Abstimmung in der Abteilung leichter angepasst werden können.

Leistung/Tätigkeit		Kapazität [in Personentagen]	Strategische Bedeutung
1	Personalmarketing	0,55	mittel
2	Rekrutierung FK-Nachwuchs/Manager	2,00	hoch
3	Einarbeitung und Integration Manager	0,40	mittel
4	Qualifizierungsprogramm	2,00	gering
5	Praktikanten	1,50	gering
6	Managementaudits	0,35	hoch
7	Potenzialbörsen	0,20	mittel
8	Projekte	0,90	hoch
9	Querschnittsfunktion	0,75	gering
10	...	0,35	gering
11	...	0,50	gering
	Gesamt	9,50	

Bild 4-14: Übersicht der Leistungen mit strategischer Bedeutung und Kapazitätsbedarf

Bei der Erstellung und Verwendung des Leistungsportfolios sind einige Aspekte, die im Folgenden beschrieben werden, zu beachten.

Hinweise zur Erstellung und Verwendung des Portfolios

Es ist gut, darauf zu achten, dass der Detaillierungsgrad für die einzelnen Aktivitäten ähnlich ist. Wir beobachten immer wieder, dass Aktivitäten, die 90 Prozent der Kapazität verbrauchen, mit kleinen Aktivitäten, die nur ein bis zwei Prozent benötigen, gleichgesetzt werden. Dadurch wird das Portfolio unbrauchbar.

Die Länge der Kapazitätsachse (y-Achse) wird durch die Aufgabe bestimmt, die die größte Kapazität verbraucht (das ist die Gesamtkapazität des Teams). Dadurch wird das Portfolio aussagekräftiger. Es empfiehlt sich ferner, das Portfolio als Quadrate zu zeichnen, um Verzerrungen bei einer der beiden Achsen zu vermeiden. Zur Optimierung gelten folgende Faustregeln (Bild 4-15):

❑ Der Kapazitätsbedarf aller Aktivitäten/Leistungen, die oberhalb der Schräglinie liegen, könnten reduziert werden.
❑ Alle Aktivitäten/Leistungen, die unterhalb der Schräglinie liegen, sind in der Regel mit zu wenig Kapazität ausgestattet.
❑ Eine Optimierung lässt sich nur durch eine strukturelle Umwidmung der eingesetzten Kapazitäten erreichen (vgl. Musterbeispiel „Neue Abteilung PE" unten).

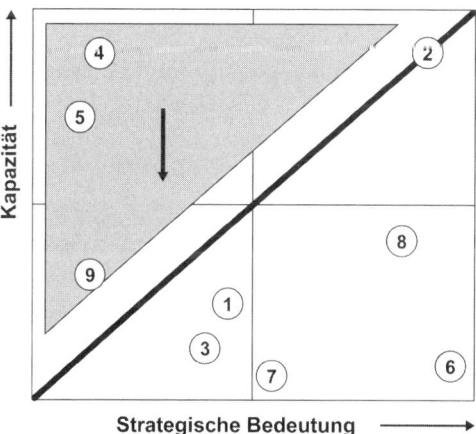

Bild 4-15: Optimierungsansätze im Portfolio

Erläuterung des Kapazitätsportfolios am Beispiel „Neue Abteilung PE"

In der Abteilung Personalentwicklung waren acht Mitarbeiter beschäftigt, die alle die gleichen Arbeitszeitmodelle hatten (38,5-Stunden-Woche). Zur Ermittlung der Leistungen und des Aufwands im Team führte die neue Abteilungsleiterin zunächst Einstiegsinterviews mit jedem Teammitglied durch. Sie befragte die Mitarbeiter unter anderem darüber, welche Tätigkeiten sie durchführten, wie sich ihre Tätigkeiten in Leistungskategorien zusammenfassen ließen und welchen Aufwand sie dafür benötigten. Dabei ist folgende Leistungsliste entstanden:

❑ *Personalmarketing*
Planung und Durchführung von Marketingmaßnahmen an Hochschulen, um genügend Nachwuchskräfte zu gewinnen.

❑ *Rekrutierung von Managern und Führungsnachwuchskräften*
Auswahl und Einstellung von Führungsnachwuchskräften und Managern, die aufgrund der Expansion in Osteuropa dringend gebraucht werden.

❑ *Integration der Manager*
Einarbeitung und Integration der neu eingestellten Manager und Nachwuchskräfte, um sie schnell im Ausland einsetzen zu können.

❑ *Qualifizierungsprogramm*
Planung und Abwicklung des jährlich durchzuführenden Qualifizierungsprogramms.

❑ *Praktikanten*
Gewinnung und Betreuung von Praktikanten, Diplomanden und Doktoranden.

❑ *Managementaudits*
Jährliche Durchführung von Managementaudits mit allen Führungskräften des Unternehmens.

❑ *Potenzialbörsen*
Jährliche Durchführung von Potenzialbörsen zur Begleitung und Förderung des Führungsnachwuchses.

❑ *Betreuung von Expatriates*
Betreuung von Führungskräften im Auslandseinsatz.

❑ *Führungskräfteberatung*
Beratung von Führungskräften, wie sie ihre Mitarbeiter weiterentwickeln können, welche spezifischen Entwicklungskonzepte sie für ihren Bereich benötigen und wie sich diese umsetzen lassen.

Alle sonstigen Aktivitäten wie Fortbildung, Projektarbeit, Teammeetings etc. hat die neue Abteilungsleiterin nach Möglichkeit direkt den einzelnen Leistungen zugeordnet oder pauschal verrechnet.

Nach Abstimmung und Überprüfung mit den Mitarbeitern diente diese Liste als Grundlage für das Ist-Leistungsportfolio der Personalentwicklungsabteilung (Bild 4-16). Es folgten weitere, teilweise sehr kontrovers geführte Diskussionen über die strategische Bedeutung der einzelnen Themenfelder. Vor allem Mitarbeiter, die hauptsächlich mit administrativen Themen beschäftigt waren (zum Beispiel mit der Abwicklung des Qualifizierungsprogramms, der Praktikantenbeschaffung oder Bewerbermanagement), wollten nicht einsehen, dass ihre Tätigkeiten einen geringeren strategischen Beitrag zur Umsetzung der Abteilungsvision lieferten als die Tätigkeiten von Personen, die zum Beispiel mit Managementaudits beschäftigt waren.

Anhand des Leistungsportfolios wurde sehr schnell klar, dass dringender Handlungsbedarf bestand und wo die Ansätze lagen:

❑ Administrative Funktionen banden einen großen Anteil der Kapazität (62 Prozent).
❑ Funktionen, die das Kerngeschäft der Abteilung ausmachen, hatten fast keine Kapazitäten (Managementaudits, Führungskräfteberatung, Betreuung von Expatriates).
❑ Um die Überlastung in den Griff zu bekommen, musste das Portfolio dringend bereinigt werden und eine Umwidmung der Kapazitäten erfolgen.

Zur Umwidmung der Kapazitäten gab es folgende Ideen:

❑ Optimierung und externe Vergabe des Integrationsprogramms für Trainees.
❑ Optimierung des Prozesses der Potenzialerkennung.
❑ Neuordnung der Mitarbeiterqualifizierung.
❑ Kooperation mit externen Partnern beim Personalmarketing (Reduzierung des aktuellen Aufwands um 50 Prozent).
❑ Reduzierung des Aufwands bei der Nachwuchs- und Führungskräftebeschaffung durch

- Kooperation mit dem externen Systemlieferanten, der die Bewerberunterlagen vorselektiert,
- E-Recruiting,
- Einschaltung von Personalvermittlern etc.

Die Projekte zur Realisierung dieser Ideen sind in Kapitel 4.5.1 beschrieben.

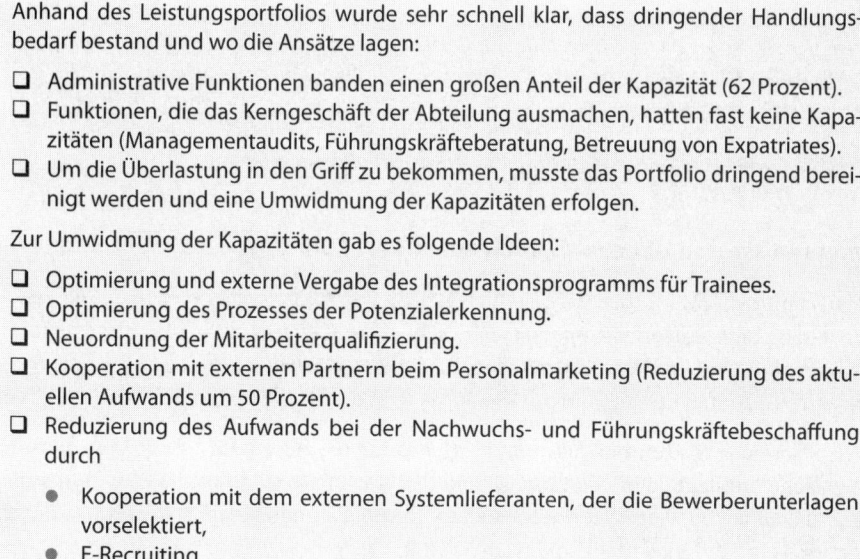

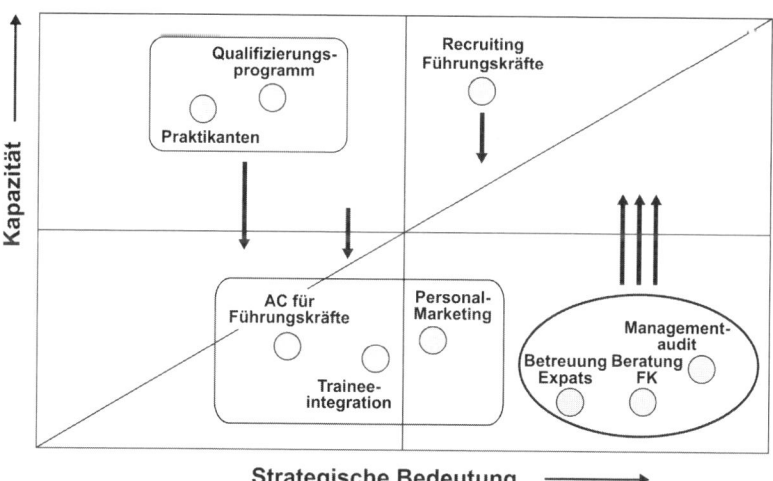

Bild 4-16: Maßnahmen zur Optimierung des Leistungsportfolios (PE-Abteilung)

Zusammenfassend lässt sich feststellen, dass die Erstellung des Leistungsportfolios einen sehr großen praktischen Nutzen für die Abteilungsleiterin und ihr Team hatte. Damit wurde eine Grundlage für die Entwicklung konkreter Ideen und Maßnahmen geschaffen, um die aktuellen Schwierigkeiten kurz- und mittelfristig zu lösen.

Für die Ideen zur Portfoliobereinigung bekam die neue Abteilungsleiterin auch von ihrem Vorgesetzten viel Anerkennung. Insgesamt hat sich durch diese Maßnahme ihre eigene Anlaufkurve deutlich verbessert und ihre Rolle als Abteilungsleiterin stabilisiert. Außerdem hat sich der ursprüngliche Widerstand im Team zunehmend in eine verhaltene Begeisterung gewandelt, da aufgrund des Leistungsportfolios für alle sichtbar wurde, „wohin die Reise gehen soll" und welche Vorteile die Mitarbeiter davon haben.

Erkenntnisse und Übertragbarkeit auf andere Führungswechselsituationen

Das Teamportfolio im hier vorgestellten Beispiel umfasst acht Mitarbeiter. Die Systematik der Kapazitätserfassung lässt sich nicht ohne Weiteres auf größere Teams (zum Beispiel ab 20 Mitarbeitern) übertragen, da dafür der Arbeitsaufwand zu groß wäre. In diesem Fall sollten die Ressourcen geschätzt werden.

Der besondere Nutzen des *Leistungsportfolios* für die Abteilung in unserem Beispiel zeigt sich vor allem dann, wenn sie sich in der Startphase (Pionierphase) befindet. Bei bereits etablierten Teams ist die Kapazitäts- und Leistungstransparenz des Leistungsportfolios in der Regel nicht so aussagekräftig.

In Fällen wie in unserem Musterbeispiel jedoch wird den Mitarbeitern oft erst aufgrund der differenzierten Betrachtung der einzelnen Aktivitäten klar, wie stark die eingesetzten Kapazitäten in ihrer Abteilung variieren. Oft wollen sie es zunächst nicht glauben. Die Bewertung der strategischen Bedeutung der Aktivitäten für einzelne Mitarbeiter kann mitunter sehr schmerzhaft sein, vor allem, wenn sie erkennen, dass ihre Tätigkeit weniger wichtig ist oder mittelfristig dramatisch verändert werden muss (zum Beispiel durch Reduktion des Arbeitsaufwands oder durch Verlagerung).

Der Aufwand zur Erstellung des Leistungsportfolios lohnt sich, auch wenn viele Führungswechsler ihn zunächst scheuen. Wenn sie sich jedoch dazu durchringen, haben sie eine gute Transparenz über die eingesetzten Kapazitäten und die Leistungsverteilung in ihrem Team. Sie verfügen damit über eine gute Orientierungshilfe für die strategische Ausrichtung der Abteilung.

Reflexionsfragen zur Erstellung und Deutung des Leistungsportfolios

- ❑ Was sind die Hauptaufgaben im Team/in der Abteilung?
- ❑ Welche Kapazitäten werden zur Erledigung dieser Hauptaufgaben verwendet?
- ❑ Welche weiteren Aufgaben/Aktivitäten fallen an?
- ❑ Welche strategische Bedeutung kommt den einzelnen Hauptaufgaben zu?
- ❑ Welche Schlüsse lassen sich aus den im Portfolio abgebildeten Aktivitäten ziehen?
- ❑ Was sagen die Mitarbeiter und Vorgesetzten zum Leistungsportfolio? Womit sind sie einverstanden, wo sind sie anderer Meinung?
- ❑ Wo muss das Portfolio eventuell noch nachgebessert werden?
- ❑ Welcher Handlungsbedarf lässt sich aus dem Portfolio ableiten?

4.4.6 Geschäftsprozesse

Dieser Teil des Businessplans ist für Führungswechsler nur dann wichtig, wenn der neue Verantwortungsbereich optimiert oder reorganisiert werden muss. Empirische Erhebungen zeigen, dass in drei von vier Führungswechseln sozusagen „der unternehmerische Ausnahmezustand" herrscht, das heißt, dass das neue Geschäft reorganisiert, optimiert, neu gegründet oder sogar saniert werden muss (Seipel 2009, S. 19). In solchen Situationen ist die Darstellung und Optimierung der *Geschäftsprozesse* ein mächtiges Instrument.

Ein Geschäftsprozess beschreibt eine Folge von Einzeltätigkeiten, die nacheinander ausgeführt werden, um ein bestimmtes geschäftliches Ergebnis zu erreichen, das für den Leistungsempfänger beziehungsweise den Kunden des Prozesses nützlich ist. Im Gegensatz zum Projekt kann der Prozess öfter durchlaufen werden (Strohhecker und Gerberich 2009). Ein Geschäftsprozess kann Teil eines anderen Geschäftsprozesses sein oder andere Geschäftsprozesse enthalten beziehungsweise diese anstoßen. Prozesse erfolgen auf mehreren Ebenen und gehen oft über die Grenzen eines Teams oder einer Abteilung hinweg. Sie gehören zur Ablauforganisation des Unternehmens (Bild 4-17).

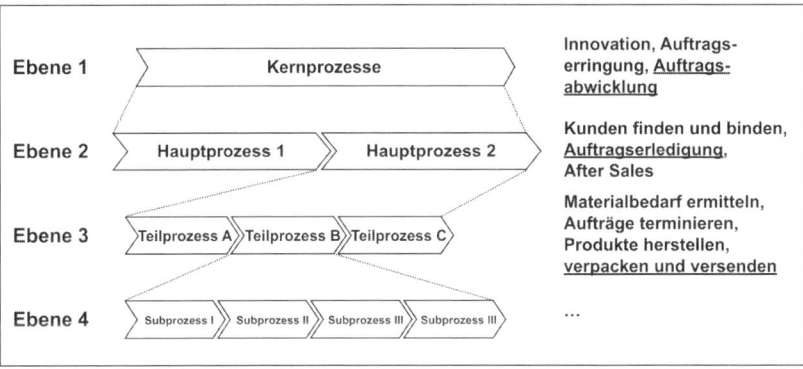

Bild 4-17: Prozesshierarchie in einem Produktionsunternehmen (nach Strohhecker und Gerberich 2002, S. 12)

Diese Systematik erlaubt es, komplexe Zusammenhänge relativ leicht und übersichtlich darzustellen und schnell zu analysieren. Sie bietet dem Führungswechsler bereits nach kurzer Zeit einen systematischen und tiefen Einblick in die Ablauforganisation seines Teams oder seiner Abteilung.

Geschäftsprozesse sind auf vielerlei Weise darstellbar. Wir schlagen eine einfache und übersichtliche Systematik vor: die sogenannte Spaghetti-Darstellung (Thonemann 2005, S. 152).

Schritte bei der Prozessbeschreibung

Die Prozesse werden in folgenden Schritten beschrieben (vgl. Bild 4-18):

❏ Schritt 1

- Darstellung aller Teilaktivitäten, die zu diesem Thema gehören.
- Schaffen einer Grundordnung und Überprüfung der inneren Logik.

❏ Schritt 2

- Beschreibung der Aktivitäten pro Teilprozess.
- Berücksichtigung von Abstimmungsschleifen und Kontrollpunkten.

❏ Schritt 3

- Definition der am Prozess beteiligten Personen oder Abteilungen.
- Visualisierung der Ablauflogik.

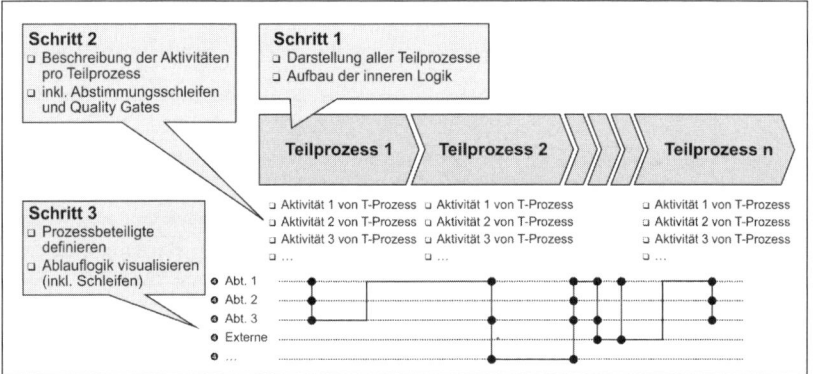

Bild 4-18: Schritte bei der Prozessbeschreibung

Wir empfehlen Führungswechslern, die Prozesse gemeinsam mit ihrem neuen Team zu erarbeiten, anhand der Metaplantechnik zu visualisieren und später gegebenenfalls mithilfe eines Grafikprogramms zu dokumentieren (Bild 4-19).

Vor dem Beginn der Analyse und Optimierung der Geschäftsprozesse empfehlen wir Führungswechslern, sich einen Überblick über die wichtigen Abläufe der neuen Abteilung zu verschaffen. Dies ist ein notwendiger Zwischenschritt, da diese Prozesse oft nicht auf den ersten Blick erkennbar sind. Um diese herauszufiltern, ist es ratsam, gemeinsam mit den Mitarbeitern alle Abläufe der Abteilung aufzulisten und nach verschiedenen Kriterien zu bewerten (siehe Bild 4-20). Nach Maßgabe dieser Bewertungskriterien wird deutlich, welche Prozesse den wichtigsten zuzuordnen sind und einer genaueren Betrachtung bedürfen.

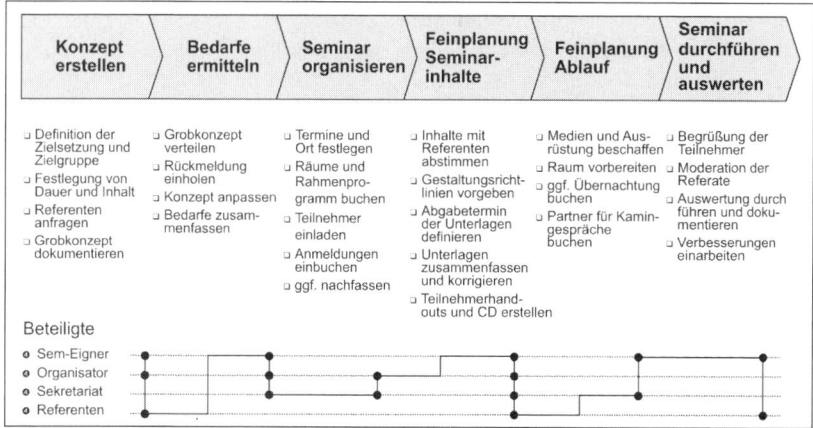

Bild 4-19: Beispiel Prozessdarstellung: Planung und Durchführung eines Seminars

Bezeichnung des Prozesses	Budget [in T €]	Häufigkeit	Kundenzufriedenheit			...
			Top M	Middle M	TN	
1. Personalmarketing	250		(+)		(++)	
1.1 Hochschulmessen		7				
1.2 Kampagnen		12				
1.3 Aushänge		47				
2. Auswahl und Einstellung neuer Mitarbeiter	320		(--)	(-)	(++)	
2.1 Bedarfsermittlung		1				
2.2 Anzeigenschaltung		77				
2.3 Auswahlprozess						
Mini-Prozess (Praktikanten)		150				
Normal Prozess		60				
2.4 Einstellprozess (nur Praktikanten)		150				
2.5 Bewerbersteuerung		1.750				
3. Integration neuer Mitarbeiter	80		(+-)	(++)	(+++)	
3.1 Betreuung neue MA		60				
3.2 Integrationsprogramm		2				
4. Leistungs-und Potenzialförderung	350		(-)	(--)	(+)	
4.1 Potenzialrunden		8				
4.2 Managementaudit		8				
4.3 Führungskräfte ACs		27				
4.3.1 Meister AC		12				
4.3.2 Gruppenleiter AC		10				
4.3.3 Abteilungs-/Bereichsleiter AC		5				
5. Qualifizierungsprogramm	800		(+)	(+)	(+++)	
5.1 Bildungsbedarfserhebung		1				
5.2 Planung und Abwicklung Qualifizierungsprogramm		62				
6. ...						
6.1 ...						

Bild 4-20: Übersicht und Bewertung der Prozesse PE-Abteilung

Die Betrachtung des neuen Verantwortungsbereiches aus der Prozessperspektive bringt für den Führungswechsler folgende Vorteile mit sich:

1. Schnelle *Transp arenz* und *Übersicht* über komplexe Abläufe und Vorgänge. Einzelne Prozesse lassen sich auch sehr gut im Team erarbeiten oder präsentieren.

2. *Qualitätssteigerung* durch Definition der Kernprozesse, da sich das Team auf diese Prozesse konzentrieren und diese optimieren kann.

3. Großes *Einsparpotenzial* bei Supportprozessen durch eine effizientere Organisation dieser Prozesse oder Outsourcing.

4. *Steuerungs-* und *Koordinationsvorteil* durch Benennung von Prozessverantwortlichen, womit für jeden Prozess eine Person verantwortlich ist.

5. *Motivationsvorteil* für Mitarbeiter, da ihre Arbeitsleistung direkt am Prozess gemessen werden kann.

6. Mittel- und langfristig *schlankere* und *übersichtlichere Kern-* und *Supportprozesse*, da kontinuierlich an der Verbesserung gearbeitet werden kann.

Geschäftsprozesse am Beispiel „Neue Abteilung PE"

Nach der Erstellung des Kapazitätsportfolios war der neuen Abteilungsleiterin relativ schnell klar, dass auch in ihrer Abteilung die Geschäftsprozesse genauer untersucht werden mussten. Dafür hat sie mit ihren Mitarbeitern zunächst alle Abläufe ermittelt und nach verschiedenen Kriterien bewertet (vgl. Bild 4-20). Daraus wurde eine Prioritätenliste für die Untersuchung der Prozesse erstellt.

Als erster Prozess wurde die Praktikantenbeschaffung genauer „unter die Lupe genommen". Es ging um die Frage, wie sich mittelfristig der Aufwand für die Gewinnung und Betreuung von Praktikanten, Diplomanden und Doktoranden – ohne gravierende Einbußen in der Zufriedenheit bei den betroffenen Studenten und den internen Kunden – signifikant reduzieren ließe.

Eine genauere Analyse ergab, dass eine Fülle von Einspar- und Verbesserungsansätzen sofort umgesetzt werden konnte. Dadurch konnte der Bearbeitungsaufwand drastisch reduziert werden.

 Reflexionsfragen zur Darstellung und Optimierung der Geschäftsprozesse

❑ Was sind die Kernprozesse im Team/in der Abteilung?

❑ Nach welchen Kriterien sind die Prozesse zu bewerten, um Erkenntnisse über ihre Qualität und ihre Effizienz zu gewinnen?

❑ Wo liegt der stärkste Handlungsbedarf zur Optimierung der Prozesse?

4.5 Realisierung: Die Veränderungsmaßnahmen umsetzen

In der *Realisierungsphase* setzt der Führungswechsler die Ideen, die er bisher bei der Analyse und Beschreibung seines neuen Verantwortungsbereiches entwickelt hat, zügig in die Tat um.

Dafür schlagen wir eine Vorgehensweise in zwei Schritten vor.

1. Planung aller Themen in Form von Kleinprojekten und Erstellen einer Projektübersicht, in der alle wichtigen Vorhaben übersichtlich dargestellt, kurz erläutert und mit Terminen versehen sind.
2. Übersichtliche Zusammenfassung aller Aktivitäten zur Umsetzung des Businessplans in einem Masterplan, um regelmäßig den Stand der Dinge kontrollieren und den Fortschritt feststellen zu können.

Ein weiterer, in diesem Zusammenhang wichtiger Aspekt ist, ob die Leistung und das Verhalten der Mitarbeiter dem neuen Anforderungsprofil entsprechen, damit die geplanten Veränderungsmaßnahmen auch umgesetzt werden können, oder ob sie zunächst Qualifizierungsmaßnahmen durchlaufen müssen, um den neuen Ansprüchen zu genügen. Dieser Aspekt ist im sechsten Kapitel detailliert beschrieben.

4.5.1 Projektmanagement

Projektmanagement ist für den Führungswechsler ein ideales Instrument, um alle größeren und kleineren Vorhaben seiner neuen Abteilung in einer strukturierten Form zu bearbeiten.

Die Grundidee besteht darin, den Anwachsprozess des Führungswechslers zu beschleunigen, indem er seine Mitarbeiter systematisch und aktiv in die Projekterarbeitung einbindet und somit seinem Vorgesetzten zeigt, dass er seinen Verantwortungsbereich gut „im Griff" hat. Mit dem Projektmanagement verleiht er seinem Geschäft eine neue Struktur und schafft „en passant" die Grundlagen, um die Resultate seiner neuen Abteilung nach außen gut zu verkaufen.

Dabei ist anzumerken, dass es hier weniger um (Groß-)Projekte im herkömmlichen Sinne geht, sondern eher um das Management von Kleinprojekten. Sie sind nicht nur darauf angelegt, die vorgegebenen Sachziele zu erreichen, sondern auch einen Gesinnungswandel (Change) und Verhaltensänderungen bei den Mitarbeitern zu bewirken, um sie „mitzunehmen" und auf die bevorstehenden Aufgaben einzuschwören. Diesem Verständnis nach ist ein Projekt für den Führungswechsler

❑ eine zeitlich und inhaltlich klar definierte Aufgabenstellung
❑ mit einer konkreten Zielsetzung, die in den Gesamtplan der strategischen Ausrichtung des neuen Verantwortungsbereiches passt,

❑ die eine intensive Zusammenarbeit zwischen verschiedenen Teilen oder Mitarbeitern seines Teams erfordert

❑ und mit bestimmten, einfachen Instrumenten bearbeitet wird.

Aus unserer Sicht sind für so verstandenes Projektmanagement drei Instrumente maßgeblich:

1. Der *Projektauftrag* mit
   ❑ Projektname,
   ❑ Projektziele,
   ❑ Projektteam,
   ❑ gegebenenfalls Besonderheiten und Rahmenbedingungen,
   ❑ zeitlicher Rahmen (vgl. Bild 4-21).
2. Eine *Projektübersicht,*
   in der alle im Verantwortungsbereich des Führungswechslers durchzuführenden Projekte in übersichtlicher Form mit Namen, Zielen und Zeitplan zusammengefasst sind (vgl. Bild 4-22).
3. Der *Projektzeitplan,*
   in dem alle Projekte grafisch dargestellt sind (vgl. Bild 4-23).

Interner Projektauftrag

Reduzierung Praktikanten Aufwand

Stand: 14. Oktober 0X

Ausgangssituation/Problemstellung:

Praktikanten, Diplomanden und Doktoranden sind ein wichtiger Ansatz, um langfristig akademischen Nachwuchs an das Unternehmen zu binden und frische Ideen ins Unternehmen zu bekommen.
Aufgrund de Entwicklung der letzten Jahre hat sich der interne Aufwand zu Gewinnung, Einstellung, Betreuung und Freisetzung dieser befristeten Mitarbeiter dramatisch erhöht. Jetzt stellt sich die Frage, wie wir den Nutzen für die Bereiche und für uns als Unternehmen erhalten und gleichzeitig unseren internen Betreuungsaufwand reduzieren können.

Ziele des Projektes

Reduzierung des internen Aufwands der Praktikanten-, Diplomanden- und Doktorandenbetreuung von derzeit 2,0 AK auf unter 1,0 AK bei gleichzeitiger Aufrechterhaltung unserer Servicequalität und des Nutzens für das Unternehmen:

1. Reduzierung des Betreuungsaufwands um mindestens 50 Prozent
2. Reduzierung der Durchlaufzeit bei der Gewinnung, der Betreuung und der Nachsorge (Zeugniserstellung usw.)
3. Verbesserung der Servicequalität für die nachfragenden Fachbereiche
4. Erhaltung der Servicequalität für die akademischen Zielgruppen
5. Durchgängige Prozessorientierung und Unterstützung durch DV-Tools bzw. Workflows
6. Verbesserung des Außenbildes unseres Unternehmens als innovativer und attraktiver Arbeitgeber mit guten Entwicklungsmöglichkeiten

Rahmenbedingungen

1. Optimierung im laufenden Prozess
2. Das neue Konzept passt nahtlos in unser ganzheitliches PE-Konzept
3. Praktikanten, Diplomanden und Doktoranden sind weiterhin ein wichtiger Baustein bei unserer Nachwuchsgewinnung und Nachwuchssicherung

Organisatorisches:

Beginn:	November 0X
Projektgruppe:	Frau Bentz/Frau Bühl
Zeitfenster:	8 Monate
Auftraggeber:	Frau Dr. Bögelein

Bild 4-21: Beispiel Projektauftrag für Kleinprojekte (PE-Abteilung)

Bei der Planung der einzelnen Instrumente zur Umsetzung des Businessplans raten wir, nicht nur an die zu erledigenden Sachaufgaben zu denken, sondern auch an die Gestaltung des sozialen Prozesses, das heißt die Einbindung und Motivation der Mitarbeiter (Projektmanagement 2009). Denn wie immer, wenn Veränderungen anstehen, gehören aktiver oder passiver Widerstand der Betroffenen, Unverständnis oder schlichte Bummelei zu den ständigen Wegbegleitern des Führungswechslers. Dieser Widerstand umso größer, je weniger ein Team in den Erarbeitungsprozess mit eingebunden ist und je größer der Veränderungsbedarf in seinem Arbeitsbereich ist.

Dieser Umstand sollte auch bei der Zeit- und Ressourcenplanung berücksichtigt werden. Beim „normalen" Projektmanagement ist es üblich, sämtliche Teilaufgaben und Arbeitspakete eines Projektes einschließlich der für die Umsetzung erforderlichen Zeit zusammenzustellen und daraus den Zeit- und Ressourcenbedarf zu berechnen.

Bei den hier beschriebenen Projekten indes ist dies deutlich schwieriger. Zum einen haben weder der Führungswechsler noch seine Mitarbeiter Erfahrungswerte mit den anstehenden Veränderungsprojekten. Zum anderen bergen umstrukturierungsbedingte Startphasen, in welchen sich Führungswechsler in den meisten Fällen wiederfinden, derart viele Unwägbarkeiten, dass allein schon bei der Zeitplanung eher „der gesunde Menschenverstand" als schlichte Terminsetzung angebracht ist. Alles andere wäre unrealistisch und wirklichkeitsfremd. Wir raten Führungswechslern auch, sich mit ihren Projekten nicht unnötig unter Druck zu setzen und „genügend Luft" einzuplanen, um reagieren zu können, wenn sich beispielsweise aufgrund von inhaltlichen Schwierigkeiten oder Kapazitätsengpässen die Fertigstellung verzögert.

Hinzu kommt noch ein weiterer Aspekt, der im fünften Kapitel eingehend beschrieben wird: die Einbindung von wichtigen Mitstreitern beim Führungswechsel als weiterer zentraler Stellhebel. Hierfür sind die erstellten Projektunterlagen sehr hilfreich.

Erläuterung am Beispiel „Neue Abteilung PE"

Aufgrund der intensiven Einbindung der Mitarbeiter bei der Erarbeitung des Businessplans hatte die Leiterin der neuen Personalentwicklungsabteilung die Basis für die Umsetzung praktisch schon gelegt. Zunächst erstellte sie eine Projektliste mit einer Übersicht über alle Vorhaben. Anschließend teilte sie die Vorhaben unter ihren Mitarbeitern auf mit dem Auftrag, diese in Form von Kleinprojekten zu bearbeiten (siehe Bild 4-21). Bei der Definition der inhaltlichen und zeitlichen Planung der Projekte achtete sie besonders darauf, als Erstes diejenigen Themen anzugehen, die eine große Entlastung für die Abteilung bringen und einen möglichst geringen Aufwand erfordern (siehe Systematik in Bild 4-22).

Dieser Aspekt war besonders wichtig, da die Mitarbeiter ohnehin bereits sehr stark ausgelastet waren und durch die intensive Beteiligung bei der Entwicklung des Geschäftsmodells noch zusätzlich belastet wurden. Zusätzliche Projekte würden sie daher überfordern.

Projektname	Ziele	Dauer
Reduzierung Praktikanten-Aufwand	❑ durchgängige Prozessorientierung ❑ Reduzierung Aufwand, Durchlaufzeiten ❑ bessere Qualität	Nov 0X – Jun 0Y
Outsourcing Betreuung Trainee-Programm	❑ Reduzierung Aufwand ❑ Bündelung von Kompetenzen	Nov 0X – Aug 0Y
Outsourcing Führungskräfte-AC	❑ durchgängige Prozessorientierung ❑ Reduzierung Aufwand, Schnittstellen	Nov 0X – Mai 0Y
Umsetzung neues NWK-Konzept	❑ Qualitativ besserer Auswahlprozess ❑ Reduktion Frühfluktuation, Fehlbesetzung ❑ Verkürzung Auswahlprozess	Nov 0Y – Sep 0Z
Umsetzung Online- Qualifizierungsprogramm	❑ Stärke Kundenorientierung Angebot ❑ Reduzierung offener Plätze ❑ Webbasiertes Angebot und Abwicklung	Apr 0Y – Nov 0Y
Neuausrichtung Personal-Marketing	❑ Bündelung PM-Aktivitäten ❑ Reduzierung Aufwand ❑ Verbesserung Qualität	Okt 0Y – Mai 0Z
Aktive Einbindung Entscheider, MA und interne Kunden in den Strategieprozess	❑ Starke Beteiligung GL, Management ❑ Verprobung mit internen Kunden ❑ Beteiligung der betroffenen Mitarbeiter	Sep 0X – Sep 0Z

Bild 4-22: Projektübersicht (PE-Abteilung)

Eine Übersicht über alle Aktivitäten (Projekte, Strategieprozesse und Teamentwicklungs- und Qualifikationsmaßnahmen) ist in Bild 4-23 dargestellt.

◤ Reflexionsfragen für die Realisierung

❑ Stehen Themen und Vorhaben an, die nicht zum Tagesgeschäft der Mitarbeiter gehören? Wenn ja, welche?
❑ Welche davon werden als Projekte definiert?
❑ Wie hoch ist der Aufwand für die Umsetzung der einzelnen Projekte?
❑ Welche zeitlichen und sachlichen Abhängigkeiten bestehen zwischen den einzelnen Projekten?
❑ Gibt es zwingende „Deadlines" für die einzelnen Projekte?
❑ Welche Meilensteine müssen bei den einzelnen Projekten definiert werden?
❑ Können Maßnahmen unterschiedlicher Projekte parallel ausgeführt werden? Wo bestehen Abhängigkeiten?
❑ Welche Ausfallzeiten (Urlaubszeit, Sommerloch, Jahreswechsel) müssen bei der Konzeption der Projektumsetzung berücksichtigt werden?
❑ Welche Themen müssen aufgrund politischer Brisanz sorgfältig betreut und bearbeitet werden?

4.5.2 Masterplan

Der *Masterplan* ist eine Landkarte mit einer übersichtlichen grafischen Darstellung aller wichtigen Stationen „der Reise" zur Umsetzung des Businessplans in die Praxis. Er ist eine Kombination von *Projektplan*, der zur übersichtlichen Darstellung von Projekten und Vorhaben dient, und *Veränderungsplan*, der neben den Projekten auch die

Reorganisations- und Qualifizierungsvorhaben darstellt. Ein Masterplan dient zur Planung aller Vorhaben sowie zu ihrer Außendarstellung, Kommunikation und Kontrolle der Durchführung.

Hinweise zur Erstellung eines Masterplans

Bei der Projektplanung muss der Führungswechsler in erster Linie darauf achten, dass er seinen Mitarbeitern den groben Rahmen und die Richtung vorgibt. Denn wenn sie nicht genau wissen, „wohin die Reise geht", was von ihnen erwartet wird und welche Zielvorgaben künftig gelten, geht die Stimmung „den Bach runter" und sinkt die Effizienz ihrer Arbeit (nach Heinemann 2008).

Projekte mit starkem Veränderungscharakter sind immer schwerer zu planen als „normale" Projekte und erzeugen einen stärkeren Widerstand bei den Betroffenen. Wir empfehlen deshalb, solche Veränderungsprojekte nicht bis ins letzte Detail zu planen und nicht zu viel Zeit dafür zu verwenden, sie aber trotzdem so vorausschauend zu gestalten, dass sie allen Beteiligten als Orientierungshilfe dienen.

Jede Projektplanung sollte auch genügend Reserven für Unwägbarkeiten vorsehen. Ausreichend Zeitreserven sollten außerdem auch für die Kommunikation aller Beteiligten untereinander und – falls erforderlich – die Qualifikation der Mitarbeiter eingeplant sein. Hierzu gehört die Kommunikation mit dem Vorgesetzten, dem Team und den von den Veränderungen betroffenen Leistungspartnern, die ihre Leistungen nicht mehr wie bisher erhalten werden.

Masterplanerstellung am Beispiel „Neue Abteilung PE"

Der Masterplan für die neue Personalentwicklungsabteilung war auf knapp zwei Jahre angelegt und wies die drei Planungsebenen auf (siehe Bild 4-23):

❑ *Strategieebene*
Auf der Strategieebene stellte die neue Abteilungsleiterin den Gesamtprozess der strategischen Neuausrichtung in seinen wesentlichen Bestandteilen dar. Wichtig war ihr in diesem Zusammenhang, aufgrund der hohen Auslastung und teilweisen Überlastung ihrer Mitarbeiter zunächst einmal einen Notbetrieb „zu fahren". Damit wollte sie den Tagesbetrieb notdürftig aufrechterhalten und gleichzeitig nach Optimierungspotenzial suchen, um die Kapazitätsmisere zu überwinden.

❑ *Projektebene*
Auf der Projektebene sind alle Projekte und Veränderungsvorhaben in der zeitlichen Reihefolge ihrer Erledigung aufgeführt. Die Darstellung orientiert sich an der Projektübersicht, die die neue Abteilungsleiterin zuvor gemeinsam mit ihrem Team aufgestellt hatte (vgl. Bild 4-22).

❑ *Qualifizierungs- und Teamentwicklungsebene*
Es hatte sich schnell gezeigt, dass ohne umfassende Qualifizierung der Mitarbeiter für ihre neuen Tätigkeiten und eine systematische Entwicklung des Teams die neuen Herausforderungen der Abteilung nicht zu bewältigen waren. Als besonders wirkungsvoll haben sich die zweimal pro Jahr durchgeführten Teamworkshops erwie-

sen, zu denen die neue Abteilungsleiterin alle Beteiligten eingeladen hatte. Diese zweitägigen Workshops fanden jeweils an einem Freitag und Samstag statt, um den Stand der Umsetzung der einzelnen Projekte und Vorhaben zu überprüfen (Projektcontrolling) und die anstehen Herausforderungen zu klären. Parallel dazu wurde am neuen Selbstverständnis der Abteilung als „Manager von Personalentwicklung" und am Teamzusammenhalt gefeilt. Im Nachhinein waren sich alle Beteiligten darüber einig, dass ohne diese flankierenden Maßnahmen – Qualifizierung der Mitarbeiter und des Teams – das ehrgeizige und komplexe Vorhaben der Zentralisierung der Personalentwicklung von der neuen Abteilungsleiterin und ihren Mitarbeitern nicht innerhalb von 18 Monaten hätte realisiert werden können.

Daneben gab es noch andere flankierende Maßnahmen, zum Beispiel ein Konzept „Verbesserung der Kommunikation mit den internen Kunden", die durch das neue Geschäftsmodell und das daraus resultierende neue Kundenverständnis besonders betroffen waren. Dieses detailliert vorzustellen würde den Rahmen dieses Kapitels sprengen.

	200X					200Y												200Z								
	08	09	10	11	12	01	02	03	04	05	06	07	08	09	10	11	12	01	02	03	04	05	06	07	08	09
Strategie-prozess	Notbetrieb + Bestandaufnahme																									
					Visions- + Strategieentwicklung																					
													Strategieumsetzung												
Projekte					Reduzierung Praktikanten-Aufwand																				
					Outsourcing Betreuung Trainee-Programm																				
					Outsourcing Führungskräfte-AC																				
																	Neues Nachwuchskräfte-Beschaffungs-Konzept								
								Umsetzung Online Qualifizierungs-Pr.																	
																Neuausrichtung Personal-Marketing								
Teamentw. und Qualifizierung	●					●						●					●								

Bild 4-23: Masterplan (PE-Abteilung)

4.5.3 Anhang des Businessplans

Im Anhang des Businessplans sind vertiefende Unterlagen zur Erläuterung von einzelnen Themen für interessierte Leser zusammengefasst. Der Umfang dieses Anhangs hängt ab von den Vorlieben des Verfassers und dem Bedarf der Empfänger der Unterlage.

Der Anhang fällt umso „dünner" aus, je hochrangiger (fachfremder) die Zielgruppe ist. Auf jeden Fall sollte der Anhang den Umfang des Businessplans nicht überschreiten.

Anhang des Businessplans am Beispiel „Neue Abteilung PE"

Der Anhang des Businessplans der neuen Abteilungsleiterin in unserem Musterbeispiel „Neue Abteilung PE" beinhaltete folgende Themen:

❏ Darstellung der Ergebnisse der Kapazitätserfassung, die auf Basis der Einzelgespräche der Abteilungsleiterin mit den Mitarbeitern erstellt wurde.

❏ Zusammenfassung der Kapazitäten in einer Aufgaben-/Kapazitätsmatrix, um die Aktivitäten im Quervergleich sehen zu können.

❏ Prozessübersicht mit einer Zusammenfassung und nach verschiedenen Kriterien erstellten Bewertung aller wichtigen Prozesse der Personalentwicklung.

❏ Prozessdarstellungen der wichtigen Prozesse zur Prozessoptimierung.

❏ Einordnung der Mitarbeiter in einem Mitarbeiterportfolio (siehe Kapitel 6.1.2), in dem jeder Mitarbeiter anhand seiner in der Anfangsphase gezeigten Leistungen und seinem Verhalten eingeordnet wird.

Die Erstellung des Mitarbeiterportfolios war in unserem Musterbeispiel besonders wichtig, da die Mitarbeiter am Anfang nicht einschätzen konnten, wie ihre neue Chefin ihre Kompetenzen und Verhaltensweisen bewertete.

Bild 4-24 stellt die einzelnen Teile des Anhangs nochmals übersichtlich dar.

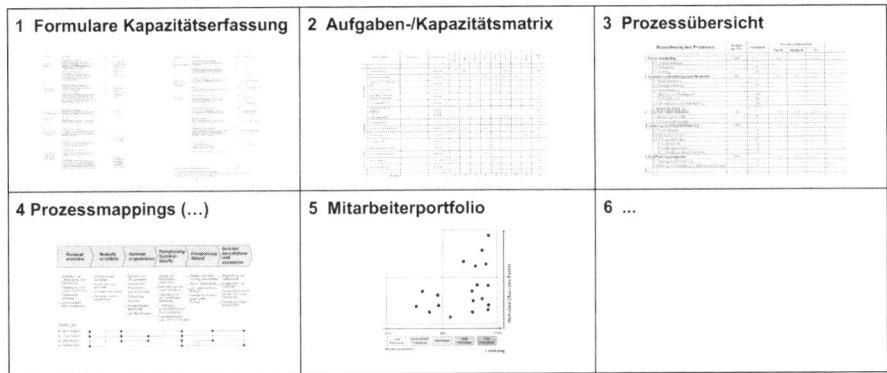

Bild 4-24: Der Anhang im Beispiel PE

4.6 Praktische Erfahrungen bei der Erstellung von Businessplänen

Der Businessplan ist das Herzstück für einen erfolgreichen Führungswechsel. Seine Erstellung ist anspruchsvoll und stellt sehr hohe Anforderungen an den Manager. Im Rahmen der von uns durchgeführten Transition Coachings sind sehr unterschiedliche Varianten von Businessplänen entstanden, die sich auch vom Aufwand her erheblich unterschieden. Im Folgenden möchten wir auf diese Erfahrungen genauer eingehen und dabei unser Augenmerk richten auf die

❑ Anforderungen an die Ersteller von Businessplänen und
❑ Ausprägungen und Varianten von Businessplänen.

4.6.1 Anforderungen an die Ersteller von Businessplänen

Für die Erstellung eines Businessplans benötigt der Führungswechsler insbesondere (siehe Bild 4-25)

❑ eine hohe analytische und konzeptionelle Kompetenz und
❑ die Durchdringung des Geschäfts, abhängig vom Managementlevel (vgl. Kapitel 3.2).

Analytische und konzeptionelle Kompetenz

Wir beobachten beim Training und Coaching immer wieder, dass die Erstellung von Businessplänen solchen Führungskräften leichter fällt, die in der Lage sind,

❑ analytisch und konzeptionell zu denken und hilfreiche Analyseverfahren und Modelle zu nutzen,
❑ bei der Erarbeitung von unbekannten Themenfeldern systematisch vorzugehen,
❑ Wichtiges von Unwichtigem zu unterscheiden und in unübersichtlichen Lagen die Übersicht zu behalten (Komplexitätsreduktion) und
❑ Sachverhalte auf den Punkt zu bringen.

Wir haben diese Fähigkeiten als *analytische* und *konzeptionelle Kompetenz* zusammengefasst.

Durchdringung des Geschäfts im jeweiligen Managementlevel

In Kapitel 3.1 („Zentrale Webfehler und Risikoanalyse") haben wir dargestellt, dass die Anforderungen an Führungswechsler je nach Managementlevel sehr unterschiedlich sein können. Erfolgreiche Führungskräfte sind in der Lage, ihren Verantwortungsbereich auf ihrem Managementlevel passgenau zu durchdringen.

Das bedeutet, dass zum Beispiel ein neuer Team Manager als Leiter der Verkaufsregion Süd sein Hauptaugenmerk auf die Aufgaben richtet, die üblicherweise in den Verantwortungsbereich von Team Managern fallen: die strategische Ausrichtung des Teams und der teaminternen Arbeitsorganisation, die Vorgabe und Kontrolle der Leistungen und die Führung der Verkäufer.

Ganz anders dagegen würden sich die Anforderungen an den Function Manager darstellen. Er müsste zum Beispiel als Verkaufsleiter seine vier Regionalleiter (Team Manager) führen und dafür sorgen, dass der Verkauf sich insgesamt gut weiterentwickelt. Für ihn wären vor allem Fragen wie diese relevant:

❑ Wie entwickelt sich der Markt?
❑ Wie heben wir uns durch unsere Produkte von den Wettbewerbern ab?
❑ Werden die Strukturen im Unternehmen noch seinen Aufgabenstellungen gerecht?
❑ Welche Maßnahmen sind erforderlich, um die angestrebten Deckungsbeiträge zu realisieren und zu sichern?
❑ Wie sieht unsere Vertriebsstrategie aus und auf welche Trends müssen wir uns einstellen?

Außerdem braucht der Function Manager ein unternehmensexternes Netzwerk, um über für seinen Aufgabenbereich relevante Trends immer auf dem Laufenden zu sein. Dieses Beispiel zeigt, dass die Schwerpunkte und Aufgaben, mit denen sich ein Führungswechsler beschäftigen muss, je nach Managementlevel sehr stark variieren können. Entsprechend benötigen sie unterschiedliche analytisch-konzeptionelle Kompetenzen und Fähigkeiten, um ihr neues Business zu durchdringen. Die Führungskräfte, die wir bei der Erstellung ihres Businessplans begleitet haben, lassen sich in vier Gruppen einteilen (vgl. Bild 4-25):

❑ *Gruppe I*
weist eine geringe analytische und konzeptionelle Kompetenz sowie eine geringe Businessdurchdringung auf. Führungskräfte aus dieser Gruppe tun sich beim Einarbeiten in ihre neue Funktion oft sehr schwer beziehungsweise sind überfordert. Diese Gruppe ist nicht in der Lage, selbstständig einen Businessplan zu erstellen. Sie benötigt dafür Unterstützung, zum Beispiel vom Vorgesetzten, einem Kollegen oder einem (externen) Coach.

❑ *Gruppe II*
hat eine zwar geringe analytische und konzeptionelle Kompetenz, dafür aber eine sehr hohe Businessdurchdringung.
Zu dieser Gruppe gehören in der Regel Führungskräfte, die aus den eigenen Reihen aufgestiegen sind oder im gleichen Arbeitsgebiet das Unternehmen oder den Bereich gewechselt haben. Sie stehen häufig vor dem Problem, dass sie „den Wald vor lauter Bäumen nicht sehen", sich zu sehr ins Detail vertiefen und nicht in der Lage sind, sich einen Überblick zu verschaffen. Für diese Gruppe ist die in Kapitel 4.4 („Positionierung: Eine mittelfristige Strategie entwickeln") vorgestellte Syste-

matik hilfreich. Gespräche mit fachfremden Vertrauten oder früheren (Studien-) Kollegen helfen bei der Erstellung des Businessplans.

❑ *Gruppe III*
hat eine hohe analytische und konzeptionelle Kompetenz, aber eine geringe Businessdurchdringung.

Führungskräfte dieser Gruppe sind aufgrund ihrer Ausbildung und/oder ihrer bisherigen Tätigkeit bestens im analytischen und konzeptionellen Denken geschult und können sich sehr schnell in ein neues Aufgabengebiet hineindenken und einarbeiten. Ihr Problem liegt eher darin, dass sie die Realität als langwierig und zäh erleben, weil sie sich bei der Planung die Dinge einfacher vorgestellt haben, als sie sich in Wirklichkeit darstellen.

❑ *Gruppe IV*
hat sowohl eine hohe analytische und konzeptionelle Kompetenz als auch eine hohe Businessdurchdringung.

Die Führungskräfte dieser Gruppe erstellen ihre Businesspläne sozusagen im Schnelldurchgang. Sie können sich sehr schnell in ein neues Verantwortungsgebiet einarbeiten und brauchen dafür in der Regel keine weitere Unterstützung. Die meisten haben schon mehrere Führungswechsel erlebt und sind in der Lage, ihre Energie auf die wesentlichen Punkte zu fokussieren.

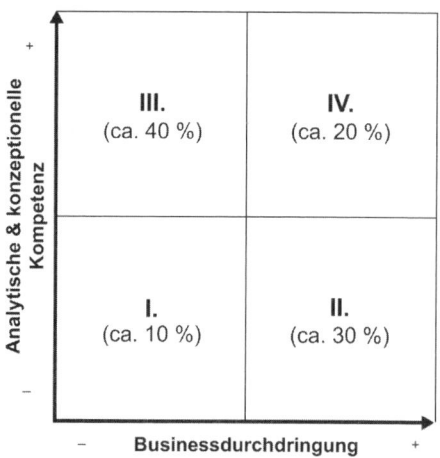

Bild 4-25: Anforderungen an die Erstellungen eines Businessplans und Ausprägungen in der Praxis

Die Schwierigkeit besteht darin, einen Businessplan zu erstellen, der nicht nur zum Managementlevel des Führungswechslers passt, sondern auch vom Unternehmen „verkraftet" wird. Wir meinen damit, dass jedes Unternehmen seine eigenen Vorstellungen hat, wie strukturiert und methodisch seine Führungskraft ihr Geschäft, für das sie verantwortlich ist, beschreiben soll. Wir bezeichnen dieses Verständnis als *Formalisierungsgrad*. Im Allgemeinen hängt der Formalisierungsgrad ab von

❑ ... der *Größe:* Je größer ein Unternehmen ist, desto höher ist auch der Formalisierungsgrad.

❑ ... der *Branche:* Technisch beziehungsweise naturwissenschaftlich geprägte Branchen neigen zu einem höheren Formalisierungsgrad als nicht technisch ausgerichtete.

❑ ... dem *Leistungsdruck* beziehungsweise *-anspruch:* Je höher der (wirtschaftliche) Leistungsdruck beziehungsweise der Leistungsanspruch an die Mitarbeiter und Führungskräfte ist, desto höher ist auch der Formalisierungsgrad.

4.6.2 Varianten von Businessplänen

Je nach Managementlevel unterscheiden sich die Ansprüche an Businesspläne, ihre Grundstruktur (Orientierung, Positionierung, Realisierung) bleibt aber im Wesentlichen erhalten. Bild 4-26 gibt einen Überblick darüber, welche inhaltlichen Schwerpunkte für Businesspläne auf den verschiedenen Managementlevels kennzeichnend sind.

Managementlevel	Fokus im Businessplan
Team Manager	❑ Teamausrichtung ❑ Leistungstransparenz ❑ Geschäftsprozesse ❑ Mitarbeiter-Portfolio
Function Manager	❑ Strategische Ausrichtung der Funktion ❑ Geschäftsmodell ❑ Kernprozesse
Business Manager	❑ Strategische Ausrichtung ❑ Geschäftsmodell ❑ Zielgruppen ❑ Leistungsportfolio ❑ Wirtschaftlichkeitsbetrachtung und betriebsw. Kennzahlen

Bild 4-26: Inhaltliche Schwerpunkte von Businessplänen

Die nachfolgende Übersicht zeigt die wichtigsten inhaltlichen Schwerpunkte für die einzelnen Managementlevels und die dazugehörigen Fragestellungen auf.

Businessplan für Team Manager

Beim Businessplan für Team Manager liegt das Hauptaugenmerk auf der Beschreibung des Teams, seiner Ausrichtung und der transparenten Darstellung der von ihm zu erbringenden Leistungen. Die wesentlichen Inhalte sind:

❑ *Teamausrichtung*
Wohin soll sich das Team entwickeln? Was muss angepasst, geändert oder beibehalten werden?

❑ *Leistungstransparenz*
Wer erbringt welche Leistungen? Welcher Aufwand steckt in den einzelnen Aktivitäten?

❑ *Geschäftsprozesse*
Wie und anhand welcher Leistungsindikatoren (Key Performance Indicators)
lassen sich die Arbeitsabläufe des Teams beschreiben und messen?

❑ *Mitarbeiterportfolio*
Wer erbringt welche Leistung? Welche Verhaltensweisen zeigen die Mitarbeiter?
Wo liegen ihre Stärken und Schwächen? Wo ist Entwicklungs-, Trainings- oder
Veränderungsbedarf erkennbar?

❑ *Veränderungsbedarf (nur falls erforderlich)*
Was muss im Team verändert und angepasst werden? Welche besonderen Herausforderungen müssen aktuell angegangen und bewältigt werden?

Businessplan für Function Manager

Businesspläne für Function Manager beschreiben schwerpunktmäßig die Funktion
der Organisationseinheit, ihre internen Mechanismen und den Grad der Zielerreichung, das heißt, welchen Beitrag sie zum Gesamterfolg des Gesamtunternehmens
leisten. Zu den wichtigsten Inhalten gehören:

❑ *Strategische Ausrichtung der Funktion*
Welche Funktion hat die Organisationseinheit innerhalb des Unternehmens? Werden die verwendeten Modelle, Werkzeuge und Abläufe dieser Funktion noch gerecht?

❑ *Geschäftsmodell*
Wie lässt sich das Geschäft der Organisationseinheit beschreiben? Erfüllt sie die
Anforderungen der internen und externen Kunden beziehungsweise Leistungs-
partner in vollem Maße?

❑ *Leistungstransparenz/Kunden*
Welche Organisationseinheiten erbringen welche Leistungen? Welcher Aufwand
ist für die einzelnen Aktivitäten erforderlich? Wie zufrieden sind die Kunden?

❑ *Kernprozesse*
Welche Kernprozesse benötigt die Organisationseinheit zur Ausübung ihrer Funktion? Wie ökonomisch, funktional und flexibel sind diese Prozesse gestaltet? Anhand welcher Leistungsindikatoren (Key Performance Indicators) werden der
Output und seine Qualität gemessen?

❑ *Veränderungsbedarf (nur falls erforderlich)*
Welcher Anpassungs- beziehungsweise Veränderungsbedarf besteht, damit die
Organisationseinheit ihre Funktion ausüben kann? Welche besonderen Herausfor-
derungen müssen dafür angegangen und bewältigt werden?

Businessplan für Manager, die sowohl Team als auch Function Manager sind

Führungswechsler, die sowohl Team als auch Function Manager sind, müssen in ihren Businessplänen beide genannten Schwerpunkte berücksichtigen. Sie müssen zum einen die Funktion der Organisationseinheit, ihre internen Mechanismen sowie den Grad der Zielerreichung und damit ihren Beitrag zum Gesamterfolg des Unternehmens beschreiben. Aber auch die Beschreibung des Teams sowie dessen Ausrichtung und Leistungstransparenz darf nicht zu kurz kommen. Die wesentlichen Inhalte lassen sich wie folgt skizzieren:

❑ *Strategische Ausrichtung der Funktion*
Welche Funktion kommt der Organisationseinheit innerhalb des Unternehmens zu? Sind die verwendeten Modelle, Werkzeuge und Abläufe auf diese Funktion zugeschnitten?

❑ *Geschäftsmodell*
Wie lässt sich das Geschäft der Organisationseinheit beschreiben? Wird sie den Ansprüchen der internen und externen Kunden beziehungsweise Leistungspartner in vollem Maße gerecht?

❑ *Leistungstransparenz/Kunden*
Welche Organisationseinheiten erbringen welche Leistungen? Welcher Aufwand ist für die Erbringung dieser Leistungen erforderlich? Wie zufrieden sind die Kunden?

❑ *Kernprozesse*
Welche Kernprozesse sind zur Ausübung der Funktion der Organisationseinheit erforderlich? Wie ökonomisch, funktional und flexibel sind diese Prozesse? Welche Leistungsindikatoren (Key Performance Indicators) werden zur Messung des Outputs und seiner Qualität herangezogen?

❑ *Teamausrichtung*
In welche Richtung soll sich das Team entwickeln? Was muss dafür angepasst, geändert oder beibehalten werden?

❑ *Mitarbeiterportfolio*
Welche Mitarbeiter erbringen welche Leistungen? Wie verhalten sie sich? Welche Stärken und Schwächen weisen sie auf? Wo ist Entwicklungs-, Trainings- oder Veränderungsbedarf erkennbar?

❑ *Veränderungsbedarf (nur falls erforderlich)*
Was muss in der Funktion der Organisationseinheit und bei den Mitarbeitern verändert und angepasst werden? Wo liegen die besonderen Herausforderungen, die bewältigt werden müssen?

Businessplan für Business Manager

Businesspläne für Business Manager beschreiben vorrangig ein Geschäft oder eine Geschäftseinheit (Business Unit), ihre internen Mechanismen sowie den Grad an Zielerreichung und damit ihren Beitrag zum Gesamterfolg des Unternehmens. Die wichtigsten Inhalte sind:

❏ *Strategische Ausrichtung der Business Units*
Wie ist dieses Geschäft am Markt aufgestellt? Wie zeitgemäß sind die verwendeten Konzepte und Ansätze?

❏ *Geschäftsmodell*
Wie lässt sich das Geschäft erklären? Sind die Wünsche der externen Kunden darin umfassend berücksichtigt? Worin unterscheidet sich das eigene Geschäftsmodell von Geschäftsmodellen der Wettbewerber? Wo hebt es sich von diesen ab?

❏ *Leistungstransparenz/Kunden*
Welche Geschäftseinheit erbringt welche Leistungen? Welchen Aufwand benötigen sie dafür? Wie zufrieden sind die Kunden?

❏ *Kernprozesse*
Was sind die Kernprozesse der Business Units und wie ökonomisch, funktional und flexibel sind diese Prozesse gestaltet? Anhand welcher Leistungsindikatoren (Key Performance Indicators) werden der Output und seine Qualität gemessen?

❏ *Veränderungsbedarf (nur bei Bedarf)*
Was muss in den Business Units verändert und angepasst werden? Welche besonderen Herausforderungen müssen aktuell angegangen und bewältigt werden?

Hinweise zum Abschluss

Die hier vorgestellte Systematik zur Erstellung eines Businessplans für eine erfolgreiche Gestaltung des Führungswechsels hat sich als Hilfsmittel in der Praxis bestens bewährt. Sie befähigt den Führungswechsler, mit dem zur Erstellung dieses Plans gesammelten Wissen über den neuen Verantwortungsbereich seine Anlaufkurve in der neuen Führungsposition so steil wie möglich zu gestalten. Der letztendliche Umfang des Businessplans hängt von der Kompetenz des Verfassers und von den Rahmenbedingungen, die ihm das Unternehmen zur Ausübung der neuen Funktion bereitstellt, ab.

Das Wichtigste in Kürze

Der Businessplan dient Führungswechslern als „Bauplan" zur Entwicklung ihres neuen Verantwortungsbereiches. Sie können anhand dieses Plans Ideen systematisch durchdenken und leicht verständlich schriftlich darlegen. Er ist für Führungskräfte des mittleren Managements konzipiert, die in der Regel direkt Mitarbeiter führen und/oder für eine Funktion oder ein Business verantwortlich sind. Sein dreiteiliger Aufbau gliedert sich in die Bereiche „Orientierung", „Positionierung" und „Realisierung".

Im Orientierungsteil verschafft sich der Führungswechsler einen Überblick über sein neues Geschäft und seine neue Funktion. Im Steckbrief beschreibt er den aktuellen Zustand der neuen Abteilung, ihre wesentlichen Aufgaben, wichtigen Kennzahlen und Leistungsindikatoren sowie die aktuell kennzeichnenden Merkmale und Besonderheiten. Die SWOT-Analyse bietet ihm Erkenntnisse über die internen Stärken und Schwächen sowie die externen Chancen und Risiken seines neuen Verantwortungsbereiches.

Im Bereich Positionierung entwickelt der Führungswechsler seine Strategie für die nächsten drei Jahre, beginnend mit seiner Vision, die eine klare Vorstellung über die zukünftige Entwicklung seiner neuen Abteilung vorgibt. Die strategischen Handlungsfelder beschreiben die erforderlichen Initiativen und Aktivitäten zur Schließung der Lücke zwischen der im Orientierungsteil beschriebenen Ist-Situation und der in der Vision formulierten Zukunftsvorstellung, zum Beispiel in Bezug auf die Produkte, die Technologien, Verfahren und Werkzeuge, die Haltung und das Selbstverständnis, die internen Strukturen oder die Abläufe und Vorgehensweisen. Im nächsten Schritt beschreibt der Führungswechsler sein Geschäftsmodell. Indem er sein neues Geschäft schematisch darstellt, lernt er es in kurzer Zeit verstehen, erkennt dessen Besonderheiten, aber auch Schwachstellen und Verbesserungsmöglichkeiten. Große Bedeutung kommt der genauen Betrachtung des internen Kundenspektrums zu. Anhand der ABC-Analyse lassen sich umsatzstarke Schlüsselkunden, B-Kunden mit mittleren Umsätzen und C-Kunden mit geringen Umsätzen feststellen. Des Weiteren werden interne Kunden auch nach mächtigen, Dauer- und Gelegenheitskunden unterschieden.

Die Portfoliotechnik ermöglicht dem Führungswechsler, die Aktivitäten (Leistungen) der Abteilung und die zur Unterstützung der Unternehmensstrategie eingesetzten Ressourcen zu bewerten. Zur Erstellung des Leistungsportfolios definiert er mit seinem Team die abteilungsrelevanten Leistungen, ermittelt die dafür verwendeten Kapazitäten und bewertet den Strategiebeitrag der Leistungen. Wechselt der Manager in einen neuen Verantwortungsbereich, der optimiert oder reorganisiert werden muss, empfiehlt sich die Beschreibung der Geschäftsprozesse. Deren Darstellung in einer Prozesshierarchie erlaubt, es, die komplexen Zusammenhänge der Geschäftsabläufe relativ leicht und übersichtlich darzustellen und schnell zu analysieren.

In der Realisierungsphase setzt der Führungswechsler die bei der Analyse und Beschreibung seines neuen Verantwortungsbereiches entwickelten Ideen in die Tat um. Zur strukturierten Bearbeitung aller größeren und kleineren Vorhaben seiner neuen Abteilung bietet sich das Projektmanagement an. Es handelt sich hierbei größtenteils um das Management von Kleinprojekten, das nicht nur darauf angelegt ist, die vorgegebenen Sachziele zu erreichen. Ziel ist auch, bei den Mitarbeitern einen Gesinnungswandel und Verhaltensänderungen zu bewirken, um sie „mitzunehmen" und auf die bevorstehenden Aufgaben einzuschwören. Zur übersichtlichen Darstellung von Projekten dient der Masterplan. Er ist sozusagen eine Landkarte, die alle wichtigen Stationen „der Reise" zur Umsetzung des Businessplans in die Praxis grafisch übersichtlich darstellt. Dieser Masterplan sollte auch den Mitarbeitern einen groben Rahmen und die Richtung vorgeben, damit sie wissen, was von ihnen erwartet wird und welche Zielvorgaben künftig gelten.

Der Anhang des Businessplans enthält vertiefende Unterlagen zur Erläuterung von einzelnen Themen für Interessierte. Dazu gehören zum Beispiel Prozessdarstellungen, Ergebnisse der Kapazitätserfassung oder die Einordnung der Mitarbeiter in einem Mitarbeiterportfolio.

Die Erstellung des Businessplans ist anspruchsvoll und stellt sehr hohe Anforderungen an den Manager, insbesondere an seine analytische und konzeptionelle Kompetenz. Sie können je nach Managementebene sehr unterschiedlich sein. Es kommt darauf an, den Businessplan so zu erstellen, dass er zum Managementlevel des Führungswechslers passt, aber auch dem Formalisierungsgrad des Unternehmens – seinen Vorstellungen über die Struktur und Methodik bei der Beschreibung des Geschäfts – entspricht. Seine Systematik befähigt den Führungswechsler, mit dem bei der Erstellung dieses Plans gesammelten Wissen über seinen neuen Verantwortungsbereich seine Anlaufkurve in der neuen Führungsposition möglichst steil zu gestalten und seine Anwachskurve auf einem hohen Niveau zu halten.

5

Mitstreiter gewinnen: Einbindung von Vorgesetzten und wichtigen Leistungspartnern

MIT DER RISIKOANALYSE und der Erstellung des Businessplans sind die Instrumente zur Steigerung der Leistung des Führungswechslers und zur schnelleren Durchdringung seines neuen Geschäfts erarbeitet. Neben diesen Zielen ist aber auch die Zusammenarbeit mit den Akteuren im neuen Arbeitsumfeld des Führungswechslers von zentraler Bedeutung für einen gelingenden Einstieg. Dies gilt insbesondere für die Gestaltung der Beziehungen mit dem neuen Vorgesetzten und den wichtigen Leistungspartnern innerhalb und außerhalb des Unternehmens. Dieses Kapitel beschreibt,

❑ wie Führungswechsler ihren neuen Vorgesetzten und
❑ wichtige Leistungspartner einbinden können sowie
❑ die wichtigsten Ziele und Maßnahmen zur Gewinnung von Mitstreitern.

5.1 Einbindung des Vorgesetzten: Gespräche vereinbaren und führen

Die erstrangigen Ziele beim Führungswechsel sind: Steigerung der Leistung, Erhöhung des Vernetzungsgrades zum schnelleren Anwachsen im neuen Geschäft und Festigung des Führungsanspruchs gegenüber den Mitarbeitern. Wir haben es schließlich mit Managern zu tun. In den beiden vorangehenden Kapiteln wurden mit der Risikoanalyse und dem Erstellen des Businessplans die Voraussetzungen für eine schnelle Durchdringung des neuen Geschäfts geschaffen. Ab diesem Kapitel stellen wir die Instrumente vor, die Transition Coaching zum Umgang mit den Akteuren im neuen Umfeld des Führungswechslers bietet, beginnend mit der Einbindung des Vorgesetzten und der wichtigsten Leistungspartner. In den nachfolgenden Kapiteln beschreiben wir Möglichkeiten zur Formierung des Teams und zum Umgang mit Krisen und Spannungsfeldern.

Die Entscheidung des Vorgesetzten zugunsten des Führungswechslers bei der Neubesetzung der Position beinhaltet immer auch einen Vertrauensvorschuss. Ohne diesen hätte sich der Vorgesetzte auch für jemand anderen entscheiden können. Um diesen Vertrauensvorschuss nicht leichtfertig aufs Spiel zu setzen, empfehlen wir Führungswechslern, bereits beim *Auftaktgespräch* mit ihrem neuen Chef die Ausgangslage zu besprechen und dessen Erwartungen und Ziele, die er mit dem Führungswechsel verbindet, in Erfahrung zu bringen. In den nachfolgenden *Startgesprächen* sollte der Führungswechsler versuchen herausfinden, welche Positionen sein Vorgesetzter vertritt und welche Informationen für den Start unabdingbar wichtig sind. Es muss nicht betont werden, dass diese Gespräche auch den Aufbau einer tragfähigen Beziehung für die weitere Zusammenarbeit fördern. Um die einzelnen Phasen des Übergangs nicht dem Zufall zu überlassen, sollten Führungswechsler mit ihren Vorgesetzten insbesondere

- ❑ die Engpässe und Ressourcen abklären,
- ❑ ihre Führungs- und Kommunikationsstile abgleichen,
- ❑ die Businessperspektive abstimmen und
- ❑ zwischenzeitlich Bilanz ziehen und die weitere Entwicklung skizzieren (vgl. auch Watkins 2007, S. 107).

Diese Gespräche sollten nicht „zwischen Tür und Angel", sondern nach zuvor erfolgter Terminvereinbarung stattfinden. Der Führungswechsler ist gut beraten, sich sorgfältig auf diese Besprechungen vorzubereiten. Die Abfolge und inhaltliche Ausgestaltung der im Folgenden beschriebenen Themen sollte er flexibel und der Situation angepasst handhaben.

5.1.1 Ermittlung der Erwartungen des Vorgesetzten

In der Praxis gehen Vorgesetzte in der Regel nicht von sich aus auf einen Führungs-wechsler zu, um ihm detailliert mitzuteilen, welche Anforderungen sie an ihn stellen und was sie von ihm erwarten. Deshalb sollte er den aktiven Part selbst übernehmen und sicherstellen, dass sein Chef mit seinem Entwicklungsstand bei der Wahrneh-mung der neuen Aufgaben zufrieden ist. Dafür aber muss der Manager erst einmal wissen, was sein Chef von ihm erwartet und welche Bemessungsgrundlagen er für ei-nen gelungenen Start zugrunde legt. Auch hier hängen die Anforderungen an die Auf-gaben und die Zusammenarbeit mit dem Chef von der jeweiligen Führungsebene und Businesssituation ab.

In einer *Neugründungs-/Aufbauphase* beispielsweise benötigt der Führungswechsler ein schlagkräftiges Team, die erforderlichen Ressourcen und einen Vorgesetzten, der ihm bei der Durchsetzung seiner Interessen den Rücken freihält. Bei einem *Sanierungsvorha-ben* mit harten Schnitten und schwierigen Personalentscheidungen hingegen braucht er einen Chef, der ihn darin bestärkt, auch unangenehme Entscheidungen zu treffen. Vor einer *strategischen Neuausrichtung* wiederum sollte er von seinem Vorgesetzten erwarten können, dass er ihm den Weg für erforderliche Veränderungen frei macht.

 **Tipp**

Entsprechend empfehlen wir Führungswechslern, sich anhand folgender Fragen auf das Auftaktgespräch mit ihrem neuen Chef vorzubereiten:

☐ Was sind in der aktuellen Businesssituation mein Schlüsselauftrag und meine Rolle?
☐ Welche Unterstützung brauche ich von meinem Vorgesetzten, um erfolgreich zu starten und meine Ziele zu erreichen?
☐ Welche (drei bis fünf) Veränderungsziele und strategischen Herausforderungen stehen ak-tuell im Bereich an? Welchen Beitrag erwartet er von mir? Welche Rolle misst er mir bei?
☐ Welche Projekte, Sonderaufgaben und wichtigen Querschnittsthemen stehen aktuell an?
☐ Welche Dinge sollen bewahrt werden (*Stabilitätsziele*)?
☐ Welches sind die schwierigen, unerledigten, aufgeschobenen Themen? Seit wann sind sie auf der Tagesordnung und warum konnten sie bisher nicht gelöst werden?
☐ Auf welche Spielregeln für die interne Führung und Zusammenarbeit und für die Ko-operation nach außen legt mein Vorgesetzter besonderen Wert? Welche sind für mich wichtig?
☐ Über welche Themen muss ich meinen Chef informieren und worüber mich mit ihm ab-stimmen?

Nach Beantwortung dieser Fragen empfehlen wir Führungswechslern, die wichtigsten Er-wartungen ihres Vorgesetzten an ihre neue Funktion zusammenzufassen:

Erwartungen des Vorgesetzten:

☐ 1. …
☐ 2. …
☐ 3. …

5.1.2 Klärung von Engpässen und Ressourcen

Es kommt vor, dass Führungswechsler aufgrund der vielfältigen Erwartungen ihres Vorgesetzten den Überblick darüber verlieren, welchen Zielen sie sich zuerst zuwenden sollen. Denn die vielen Hinweise, die sie erhalten, erscheinen auf den ersten Blick alle gleich interessant und wichtig. Bei näherer Betrachtung jedoch kristallisieren sich nicht nur Präferenzen, sondern auch Widersprüche heraus: zum Beispiel, dass sich manche Zielvorstellungen unter gegebenen Umständen aufgrund fehlender Ressourcen nicht realisieren lassen. Treten solche Widersprüche auf, sind Führungswechsler gut beraten, ihren Chef darüber zu unterrichten und mit ihm gemeinsam Möglichkeiten zur Beseitigung von Engpässen beim Ressourceneinsatz abzustimmen.

Hier nehmen wir wieder Bezug auf das im zweiten Kapitel beschriebene Engpassmodell, wonach es beim Führungswechsel darauf ankommt, den Blick auf das Wesentliche zu richten und zu erkennen, welcher Engpass die Durchdringung des Geschäfts am stärksten behindert. Nur stellt sich in der Praxis nicht selten heraus, dass der Chef eine andere Sicht der Dinge hat und den Engpass an einer anderen Stelle des Systems festmacht. In Krisenzeiten wird er diesen schnell in den Kosten sehen und deren Reduzierung erwarten oder im Mitarbeiter- und/oder Materialeinsatz, der seiner Meinung nach tunlichst auf den Prüfstand zu stellen ist. Ein Führungswechsler, der unter solchen Umständen zur Realisierung seiner Ziele zusätzliche Forderungen vorbringt, kann sich angesichts des „Reduktionsdenkens" seines Chefs in der Regel auf schwierige Gespräche und Verhandlungen einstellen.

Um diese erfolgreich zu bestreiten, benötigt er zunächst einmal ein gewisses Maß an Hartnäckigkeit, mit der er immer wieder den Finger auf die Wunde legt, die seiner Meinung nach als erste geheilt werden müsste, und sich um die Mittel kümmert, die dafür erforderlich sind. Aber Vorsicht: Hartnäckigkeit ist nicht gleichzusetzen mit Sturheit. Wer meint, mit dem Kopf durch die Wand gehen zu müssen, um seine Ziele zu erreichen, läuft Gefahr, Schiffbruch zu erleiden: Jeder Führungswechsler wird scheitern, wenn er gegen den Willen seines Vorgesetzten agiert. Es kommt vielmehr darauf an, in Kenntnis der Ziele und Erwartungen des Chefs Übereinstimmung über die erforderlichen Maßnahmen zu erzielen und ihm anhand von Zahlen, Daten und Fakten vor Augen zu führen, was als Erstes getan werden sollte.

Dies gelingt nur, wenn der Führungswechsler seine aktuell verfügbaren Ressourcen kennt und nachvollziehbar darlegen kann, welche er zusätzlich benötigt, um seine Aufgaben erfüllen zu können. Es zahlt sich aus, die Situation schonungslos offen zu analysieren und dem Chef vorzurechnen, welcher Mitteleinsatz erforderlich ist, um die gesteckten Ziele zu erreichen. Dies gilt nicht nur für monetäre, personelle und sachliche Ressourcen, sondern auch für die benötigte Zeit und wichtige Spielregeln, die für die Umsetzung gelten müssen. Eines sollten Führungswechsler dabei tunlichst vermeiden: wiederholte Nachverhandlungen. Diese bergen die Gefahr unnötiger Konflikte und zehren an ihrer Glaubwürdigkeit.

5.1.3 Abgleich des Entscheidungsspielraums und der Kommunikationsstile

Viele Vorgesetzte handeln nach dem Motto „Ich entscheide über das *Was* und überlasse meinen Mitarbeitern, *wie* und auf welchem Weg sie das machen." Diese Botschaft suggeriert, dass sie auf den persönlichen Stil, wie geführt, kommuniziert und entschieden wird, eher weniger Wert legen. Aber Vorsicht: Führungswechsler sollten sich davor hüten, auf diese Annahme zu vertrauen. Denn wenn ihr Führungs- und Kommunikationsstil zu stark von dem ihres Chefs abweicht, können Irritationen und Konflikte auftreten. Deshalb empfehlen wir Führungswechslern, mit ihrem Vorgesetzten als Erstes den Gestaltungsrahmen, innerhalb dessen sie sich bewegen und entscheiden können, abzustimmen. Denn es ist ineffektiv und frustrierend, sich mit ihm auf überflüssige Diskussionen über Fragen einzulassen, die möglicherweise schon längst auf höherer Ebene entschieden worden sind. Deshalb ist es wichtig, den Entscheidungsrahmen für die anstehenden Veränderungsmaßnahmen genau auszuloten (vgl. Bild 5-1).

„Ich habe entschieden/ Es ist entschieden …	… und Sie sind eingeladen …	
1. gar nichts	1. mit mir zu besprechen, ob etwas gemacht werden soll	**Beteiligung**
2. dass etwas gemacht werden soll	2. mit mir zu besprechen, was gemacht werden soll	
3. was gemacht werden soll	3. mit mir zu besprechen, wann, wie, wo und von wem es gemacht werden soll	
4. wann, wie, wo und von wem es gemacht werden soll	4. mit mir zu besprechen, welches die Beweggründe für die Entscheidung und welche Konsequenzen für Sie damit verbunden sind	
5. alles	5. sich von mir informieren zu lassen	**Entscheidung**

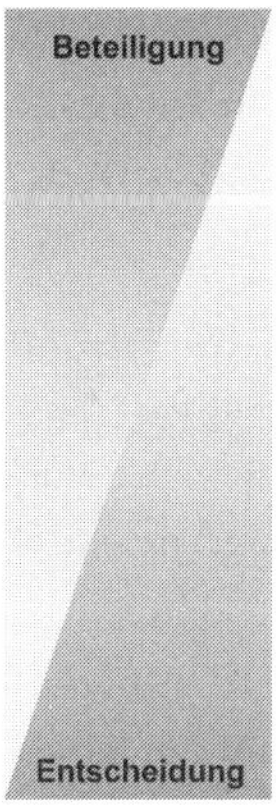

Bild 5-1: Stufen der Einbeziehung

Die fünf Stufen der Einbeziehung reichen von kompletter Entscheidungsfreiheit des Führungswechslers in der ersten Stufe bis hin zur Rolle des Befehlsempfängers ohne jegliche Entscheidungsfreiheit, der als „verlängerter Arm" die Weisungen seines Vorgesetzten umzusetzen hat (fünfte Stufe).

Neben der Klärung des Entscheidungsspielraums ist die Abstimmung der Spielregeln für die Kommunikation – insbesondere mit dem Vorgesetzten und den Kollegen – für einen gelingenden Führungswechsel wichtig. Je nach Ausgangslage bieten sich vier Kommunikationsarten an:

❑ Ist eine dringende Antwort oder Entscheidung vonnöten, empfiehlt sich die *Ad-hoc-Kommunikation*. Hier kann der Führungswechsler auch einmal „zwischen Tür und Angel" schnell seinen Chef zur Sache befragen oder mit ihm die Entscheidung abstimmen.

❑ Bei unvorhergesehenen Ereignissen oder Gefährdung wichtiger Vorhaben ist eine schnelle *Krisenkommunikation* geboten. In solchen Fällen sollte erst einmal alles hintangestellt und der Vorgesetzte zu einem kurzfristigen Gespräch gebeten werden, um mit ihm geeignete Gegenmaßnahmen abzustimmen.

❑ Ganz anders verhält es sich bei der *Regelkommunikation* oder dem *Jour fixe*. Beide gehören mittlerweile zum Standardrepertoire der Führungskräfte aller Führungsebenen. Hier werden turnusmäßig (an festgelegten Tagen und Uhrzeiten) aktuelle Themen besprochen, Maßnahmen abgestimmt und Entscheidungen getroffen.

❑ Gespräche mit dem Chef und/oder den Kollegen außerhalb der Regelkommunikation, insbesondere zur Vereinbarung neuer Ziele oder der strategischen Ausrichtung, sind Teil der *strategischen Kommunikation*. Weil diese für gewöhnlich „außer der Reihe" stattfinden, belasten sie zusätzlich das Zeitbudget der Teilnehmer.

Für Führungswechsler ist es wichtig herauszufinden, wie ihr Chef kommuniziert: Bevorzugt er zum Beispiel das Prinzip der offenen Tür oder legt er Wert darauf, dass Gesprächstermine über seine Sekretärin angemeldet werden? Neigt er dazu, sich bei Entscheidungen zusätzlichen Rat von außen zu holen oder vertraut er darauf, was seine Mitarbeiter ihm sagen? Wie hält er es mit der Anwesenheit bei Besprechungen? Besteht er auf Anwesenheitspflicht und Begründung bei Nichtteilnahme oder überlässt er es jedem Einzelnen, ob er an der Besprechung teilnimmt?

5.1.4 Abstimmung der Businessperspektive

Entscheidend für einen erfolgreichen Führungswechsel ist, dass der Manager sein neues Business schnell durchdringt. Das zentrale Instrument dafür ist der Businessplan (vgl. Kapitel 4). Erfolgreiche Führungswechsler beschreiben ihrem Vorgesetzten anhand des Businessplans detailliert die aktuelle Businesssituation und leiten mit ihm die erforderlichen Interventionen und Maßnahmen ab. Dabei sind sie flexibel genug, die Prioritäten ihres Chefs mitzuberücksichtigen. Sie stellen damit ihrem Vorgesetzten unter Beweis, dass sie gut vorbereitet, eingearbeitet und bereits mit ihrem neuen Business sehr gut vertraut sind. Aber sie sind auch in der Lage, mit ihm auf Augenhöhe zu kommunizieren und sich mit seiner Einschätzung über die Situation sowie die seiner Ansicht nach wichtigen Stellhebel für erforderliche Veränderungen auseinanderzusetzen. Unter diesen Voraussetzungen wird er sicherlich auch verraten, ob auch er einen Plan für die anstehenden Veränderungen hat.

Spätestens an dieser Stelle empfehlen wir Führungswechslern, sich mit ihrem Chef über die Eckpunkte eines Businessplans zu verständigen. Je nach Unternehmenskultur sind manche Vorgesetzte anfangs irritiert, wenn ein neuer Manager sie mit einem bereits ausgearbeiteten Businessplan konfrontiert, andere begrüßen dies spontan ausdrücklich. In allen Fällen jedenfalls hat sich der Businessplan als ideale Grundlage sowohl zur Bestimmung der aktuellen Businesssituation als auch zur Abstimmung der Businessperspektive bewährt.

Zur Vorbereitung darauf schlagen wir vor, den Businessplan nach den nachfolgend aufgeführten fünf Themenkomplexen zu hinterfragen. Dabei sollte der Führungswechsler versuchen, sich bei der Beantwortung dieser Fragen in die Sichtweise seines Vorgesetzten hineinzuversetzen: Wo würde dieser seine Schwerpunkte setzen? Korrespondieren seine Anforderungen an das Geschäft mit den im Businessplan aufgeführten?

 Wichtige Orientierungsfragen

1. Der Beitrag zum Erfolg des Unternehmens/des Bereiches
   - ❑ Berücksichtigt der Businessplan die definierten Stoßrichtungen der übergeordneten Strategie, das heißt die der Vorgesetzten?
   - ❑ Beschreibt er die aktuelle Businesssituation klar und präzise?
   - ❑ Stellt er die Stärken und Schwächen sowie die Chancen und Risiken transparent gegenüber?
   - ❑ Gibt er eine klare Zukunftsperspektive für den Bereich vor, und zwar so, dass sie in fünf Minuten erklärt werden kann (Rolle und Selbstverständnis, Mission und Vision etc.)?
   - ❑ Ist der Benchmark beziehungsweise der beste Wettbewerber bekannt?

2. Ziele und Zielerreichung
   - ❑ Sind die im Businessplan aufgeführten Ziele realisierbar und anspruchsvoll, aber auch nachvollziehbar, messbar und kompatibel mit den übergeordneten Zielen beschrieben?
   - ❑ Sind die Interdependenzen und Risiken berücksichtigt, die der Realisierung der Ziele entgegenstehen könnten (Ressourcen, Finanzen, andere Bereiche wie zum Beispiel Planung, Betriebsrat, Lieferanten etc.)?
   - ❑ Steht das Team hinter den Zielen? Ist es „auf Kurs" gebracht?
   - ❑ Sind innovative Optimierungen berücksichtigt?

3. Detaillierter Maßnahmenplan
   - ❑ Enthält der Businessplan einen detaillierten Maßnahmenplan mit Zeitleiste, Zuständigkeiten und Verantwortlichkeiten?
   - ❑ Sind operative Verbesserungsmaßnahmen detailliert beschrieben?
   - ❑ Sind die für die Realisierung notwendigen Ressourcen aufgeführt?

4. Plan „B"
   - ❑ Beschreibt der Businessplan einen Plan „B" für den Fall, dass die gesteckten Ziele und Maßnahmen nicht realisiert werden können?
   - ❑ Stellt er verschiedene Szenarien zur Realisierung der für den Plan „B" erforderlichen Maßnahmen vor?

5. Personen, Team und Kommunikation
   - ❑ Sind im Businessplan die für die Umsetzung der Ziele relevanten Personen benannt?

❑ Beschreibt er die wesentlichen Merkmale des klar strukturierten, breit angelegten Kommunikationsprozesses?

❑ Ist Commitment zur Umsetzung der Maßnahmen erkennbar („Der Chef nimmt sich regelmäßig Zeit")?

5.1.5 Bilanzierung und weitere Entwicklung

Führungswechsler setzen ihrem Vorgesetzten gegenüber ein starkes Zeichen, wenn sie ihn bitten, ihre offizielle Einarbeitungszeit mit einem *Bilanzierungs-* und *Entwicklungsgespräch* abschließen zu dürfen. Denn dieses Ritual findet in der Praxis nur in den seltensten Fällen statt. Meist lässt man die Übergangssituation einfach auslaufen und sie „plätschert" so dahin. Dabei lässt sich ein abschließendes Bilanzierungs- und Entwicklungsgespräch ideal als Feedbackgespräch in beiden Richtungen nutzen.

Für den Führungswechsler ist ein solches Gespräch aufschlussreich, weil er Hinweise erhält, welche Fähigkeiten er weiterentwickeln sollte und welche seiner Einstellungen und Verhaltensweisen seinem Vorgesetzten beim Einstieg positiv oder negativ aufgefallen sind. Umgekehrt könnte es den Chef beispielsweise interessieren, ob und in welchem Maße seine Unterstützung dem Führungswechsler in der Übergangszeit weiterhalf. Dieser ist gut beraten, wenn er seinem Chef signalisiert, dass er weiterhin offen und bereit ist, von ihm und seinen Kollegen zu lernen.

Beim Bilanzierungsgespräch geht es schwerpunktmäßig um die Bewertung, inwieweit der Führungswechsler die seinerzeit beim Einstiegsgespräch genannten Ziele und Erwartungen seines Vorgesetzten erfüllt hat. Hier stellen die Gesprächspartner die erreichten Ziele den nicht erreichten Zielen gegenüber und erörtern die Gründe für die nicht erfüllten Erwartungen. Wir empfehlen Führungswechslern, in diesem Gespräch auf die Engpasssituation einzugehen und dem Vorgesetzten zu erläutern, mit welchen Maßnahmen sie die in ihrem Verantwortungsbereich identifizierten Engpässe erfolgreich bewältigt haben. Nicht weniger wichtig ist es, ihm die Wünsche für die weitere Zusammenarbeit vorzutragen und mit ihm weitere Unterstützungsmöglichkeiten, Entwicklungsschritte und Qualifizierungsmaßnahmen zu vereinbaren. Zur Feststellung ihres Qualifizierungsbedarfs sollten Führungswechsler mit ihren Vorgesetzten folgende Kompetenzbereiche erörtern:

❑ Wie führe ich mich selbst? – Es geht um die Frage, wie ausgeprägt das persönliche Konfliktmanagement und die Gesprächs- und Verhandlungsführung des Führungswechslers sind, und um seine Fähigkeit, Koalitionen zu bilden (*Selbstführung*).

❑ Wie führe ich andere? – Der Führungswechsler hinterfragt, inwieweit es ihm gelingt, die Mitarbeiter so zu fordern und zu fördern, dass sie Höchstleistungen bringen, wie er Mitarbeiterentwicklung betreibt und wie er eine Kultur der vertrauensvollen Zusammenarbeit entwickelt (*personale Führung* beziehungsweise *Teamführung*).

❑ Wie führe ich mein Business? – Hier geht es darum, wie der Führungswechsler sein Handeln an Kunden und Märkten ausrichtet, Innovationen und Veränderung vorantreibt und wie es ihm gelingt, strategisch zu denken und Orientierung zu geben (*strategische Führung*).

Mit der Bearbeitung des Businessplans hat der Führungswechsler bereits eine konkrete Antwort auf die häufig gestellte Frage „Was heißt unternehmerisches Denken und Handeln?" und damit gleichzeitig einen Orientierungsrahmen für seinen Vorgesetzten, seine Kollegen und sein Team vorgegeben. Er ist gut beraten, seine Vorstellungen über unternehmerisches Denken und Handeln spätestens im Bilanzierungs- und Entwicklungsgespräch zur Abstimmung der Businessperspektive und Entwicklung seines Verantwortungsbereiches einzubringen.

5.2 Einbindung wichtiger Leistungspartner

Die meisten Führungswechsel scheitern, weil es den Managern nicht gelingt, in ihrer neuen Funktion *Schlüsselbeziehungen* aufzubauen und zu pflegen. Schlüsselbeziehungen sind alle wichtigen Beziehungen, die für eine reibungslose und erfolgreiche Übernahme einer neuen Funktion von entscheidender Bedeutung sind. Woran erkennen Führungswechsler, auf welche Mitstreiter es in ihrem neuen Business ankommt? Erste Ansprechperson ist naturgemäß der Vorgesetzte. Mit ihm sollten alle wichtigen Voraussetzungen und Befähiger für einen erfolgreichen Einstieg in den neuen Aufgabenbereich besprochen werden. Er wird auf Wunsch in den meisten Fällen auch Auskunft über wichtige Schlüsselpersonen innerhalb und außerhalb des Unternehmens geben und den Kontakt zu ihnen ermöglichen.

Führungswechsler können aber auch versuchen, die für sie wichtigen Schnittstellen zwischen ihrem Verantwortungsbereich und anderen Bereichen im und außerhalb des Unternehmens selbst ausfindig zu machen. Eine bewährte Möglichkeit ist, die Mitarbeiter nach wichtigen Schlüsselereignissen in der Vergangenheit und den daran beteiligten Akteuren zu befragen. Solche Gespräche bieten Aufschlüsse über wichtige Leistungspartner und auch darüber, welche „grauen Eminenzen" im Hintergrund ihre Fäden spinnen und für den Erfolg oder Misserfolg des Führungswechslers ausschlaggebend sein könnten. Gerade dieser Personenkreis ist nicht auf den ersten Blick ersichtlich, jedoch sehr nützlich – und bei Nichtbeachtung oder falscher Einschätzung bisweilen auch gefährlich.

5.2.1 Kraftfeldanalyse wichtiger Leistungspartner

Eine bewährte Methode, um sich schnell einen Überblick über förderliche und eher hinderliche Schlüsselpersonen zu verschaffen, ist die *Kraftfeldanalyse*, die sich grafisch anhand eines Vierfelderschemas veranschaulichen lässt (vgl. Bild 5-2).

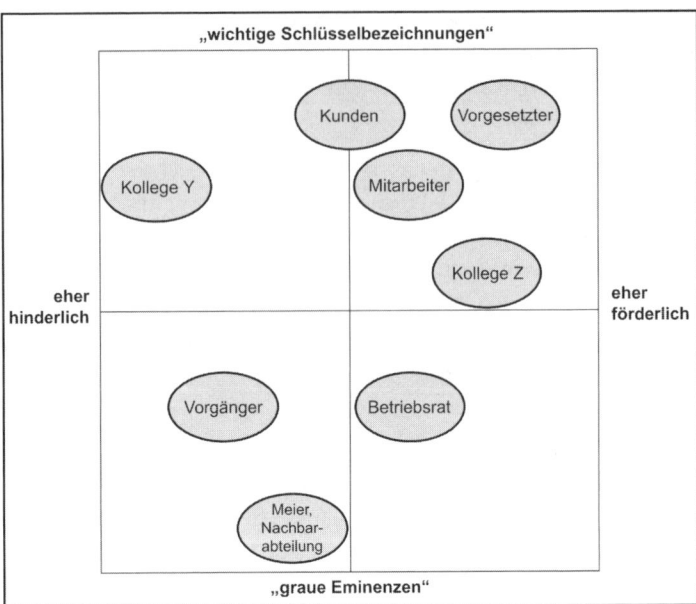

Bild 5-2: Beispiel einer Kraftfeldanalyse „Schlüsselbeziehungen"

An einem fiktiven Beispiel sind acht wichtige Schlüsselbeziehungen aufgeführt. Nach den ersten persönlichen Erfahrungen oder Gesprächen mit Mitarbeitern kristallisieren sich eher kritisch distanzierte oder hinderliche Beziehungen in den linken Feldern und eher zugewandte, förderliche Beziehungen in den rechten Feldern heraus. Beim ersten Nachdenken sind wichtige Schlüsselbeziehungen ganz bewusst in der oberen Hälfte und „graue Eminenzen", die sich häufig nicht auf den ersten Blick zeigen, in der unteren Hälfte des Quadrates aufgeführt. Werden diese aus der Integrationsarbeit ausgeklammert, können sich schnell Stolperfallen auftun. Oft sind es Betriebsratsmitglieder, die wertvolle Hinweise über die Zusammenarbeit im Bereich geben können. Im aufgeführten Beispiel ist es Herr Meier aus der Nachbarabteilung, der aufgrund von Meinungsverschiedenheiten mit dem Vorgänger aktuell Stimmung gegen die Abteilung macht. Welche „Kraftfelder" wie einwirken, hängt vom jeweiligen Bereich des Führungswechslers ab. Im Vertrieb beispielsweise wird er seine wichtigsten Kundengruppen, im Einkauf hingegen bestimmte Lieferanten als seine Schlüsselbeziehungen ausmachen.

5.2.2 Erwartungsanalyse wichtiger Leistungspartner

Bei der Neubesetzung einer Führungsposition ist es eher die Ausnahme, dass der neue Manager und seine Leistungspartner ihre gegenseitigen Erwartungen systematisch abklären und besprechen. Deshalb empfehlen wir Führungswechslern, von sich aus aktiv zu werden und auf „Erwartungstour" zu gehen, das heißt, die identifizierten Schlüsselpersonen zu befragen, was sie von ihm und seiner neu eingenommenen Führungsposition erwarten. Denn hinter Erwartungen verbergen sich auch Hoffnungen, Wünsche, Anregungen und Ideen, die nicht zwangsläufig mit konkreten Projekten oder Veränderungsmaßnahmen in Verbindung stehen müssen, aber wichtige Einstellungen und Haltungen zum Ausdruck bringen oder Impulsgeber sind. Wichtig ist, nach diesen Gesprächen zu prüfen, aus welchen Erwartungen gemeinsame Aufgaben resultieren können. Bewährt hat sich, dafür eine *Erwartungsanalyse* nach der in Bild 5-3 dargestellten Grundstruktur durchzuführen.

von	Erwartungen	erfüllbar	berechtigt	Ziele und Maßnahmen, die Sie mit Ihren Mitarbeitern erreichen wollen	Meilensteine/ Verantwortung
		❑	❑		
Vorgesetzten		❑	❑		
		❑	❑		
		❑	❑		
Mitarbeitern		❑	❑		
		❑	❑		
		❑	❑		
Kollegen		❑	❑		
		❑	❑		
		❑	❑		
Leistungs- partnern		❑	❑		
		❑	❑		

Bild 5-3: Grundstruktur der Erwartungsanalyse zur Ermittlung der Ziele und Maßnahmen

Eine „Erwartungstour" ist aber auch ein probates Mittel, um Hintergründiges zu erfahren, zum Beispiel Interessantes über „nicht beglichene Rechnungen" des Vorgängers. Hier gilt es, die Gültigkeit beziehungsweise das Verfallsdatum solcher „offenen Rechnungen" abzuklären, um sich nicht unnötig mit „Schnee von vorgestern" zu befassen.

Die Abklärung von Erwartungen ist keine Einbahnstraße, auf der Erwartungen nur von oben nach unten oder in eine Richtung geäußert werden. Führungswechsler tun gut daran, mit den Schlüsselpersonen im wechselseitigen Dialog auf gleicher Augenhöhe ihre eigenen und die an sie gerichteten Erwartungen abzustimmen. Sie werden womöglich manche Zusammenhänge und Details nicht sofort verstehen, aber einiges über vergangene und aktuelle Konflikte und Widersprüche erfahren. Es lohnt sich nachzufragen und zu versuchen, Hintergründe zu verstehen. Gerade in der Orientierungsphase hat jeder Verständnis dafür, dass neue Führungskräfte viele Fragen stellen. Wegen der großen Bedeutung für den Führungswechsel gehen wir nachfolgend auf die Erwartungen der Mitarbeiter und Kollegen ein.

Die Erwartungen der Mitarbeiter

Die Mitarbeiter teilen ihrem neuen Chef in der Regel sehr schnell ihre Wünsche und Hoffnungen mit, die sie aktuell beschäftigen. In Übergangssituationen bewegt sie zum Beispiel, was alles liegen geblieben ist, welche Dauerthemen sich wiederholen oder welche Schwierigkeiten momentan bewältigt werden müssen. In Einzelgesprächen berichten sie unverblümter über die Hintergründe zu Themen aus der Vergangenheit und aktuelle Konfliktsituationen in und außerhalb der Abteilung. Obwohl zeitaufwendig, sind Einzelgespräche eine wichtige vertrauensbildende Maßnahme gerade in der Startphase. Auf die Erwartungen der Mitarbeiter gehen wir ausführlich in Kapitel 6.1.1 ein.

Die Erwartungen der Kollegen

Führungswechsler sehen sich zudem explizit geäußerten, aber auch unausgesprochenen Erwartungen ihrer Kollegen gegenüber. Es zahlt sich aus, sich die Zeit zu nehmen und mit ihnen über deren Erwartungen zu sprechen. Kollegen erwarten in der Regel, dass der „Neue" zuhört, sich an die Regeln hält und sich nicht zu schnell in den Vordergrund drängt. Die meisten gehen davon aus, dass er den Kontakt zu ihnen sucht und nicht umgekehrt. Im Wesentlichen kommt es darauf an, in den Gesprächen herauszufinden, was den Kollegen wichtig ist, um sich auf sie einstellen und eine gute Basis für die Zusammenarbeit finden zu können.

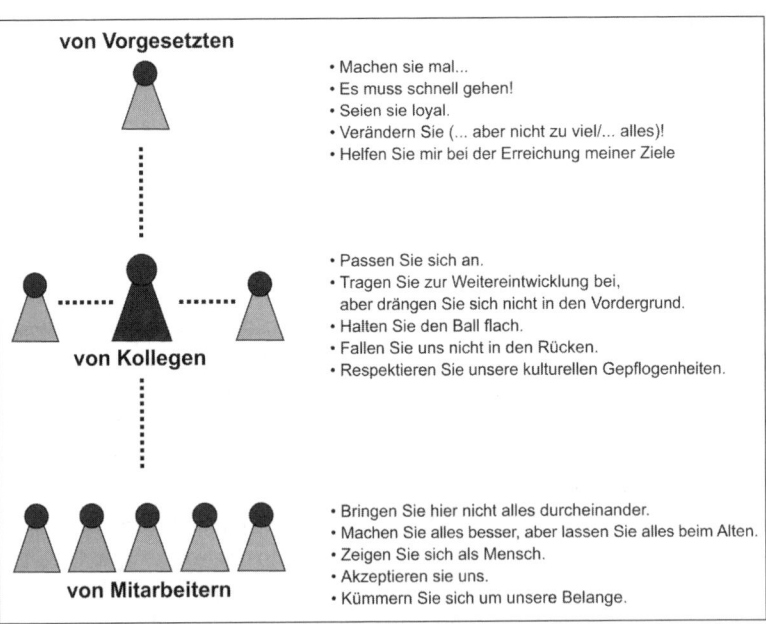

Bild: 5-4: Mögliche unausgesprochene Erwartungen im Führungswechsel

Dabei sind die Folgen von unausgesprochenen Erwartungen nicht zu unterschätzen: Sie können zu Enttäuschungen führen, deren Ursachen im Verborgenen bleiben. Deshalb empfehlen wir Führungswechslern, unbedingt auch die informelle Schiene zu nutzen und in vertraulichen Vieraugengesprächen mit den Kollegen auch deren Erwartungen anzusprechen, die sie in offizieller Runde nicht formulieren. In Bild 5-4 sind typische Wahrnehmungen aus durchgeführten Transition Coachings aufgeführt, die im Führungswechsel nicht explizit angesprochen werden. Es geht bei den Vieraugengesprächen darum, ein Gefühl für „Unausgesprochenes" von Vorgesetzten, Kollegen und Mitarbeitern zu bekommen, um „den Schleier zu lüften" und die Geheimnisse der neuen Umgebung zu ergründen.

5.3 Maßnahmen zur Gewinnung von Mitstreitern

Zur Ableitung der Ziele und Maßnahmen aus der Abklärung der Erwartungen mit dem Vorgesetzten, den wichtigen Leistungspartnern, den Kollegen und in Einzelgesprächen mit den Mitarbeitern empfehlen wir die in Bild 5-3 dargestellte Übersicht. Der Führungswechsler sieht sich einer Vielzahl unterschiedlichster Erwartungen gegenüber, die zwar berechtigt sein mögen, aber nicht immer erfüllbar sind. Beim Auflisten der Erwartungen empfehlen wir, sich auf die erfüllbaren und berechtigten Erwartungen zu beschränken und die erforderlichen Maßnahmen zu ergreifen, um diese zu erfüllen.

Manche Autoren (zum Beispiel Neuberger 1994) sind der Auffassung, dass für die erfolgreiche Ausübung einer Führungsposition nicht die formalen Phänomene, sondern die informellen Kontakte und Quellen ausschlaggebend sind. Wir teilen diese Ansicht, denn auch der Erfolg eines Führungswechsels hängt entscheidend davon ab, ob es dem Manager gelingt, ein informelles Netzwerk innerhalb und außerhalb des Unternehmens aufzubauen und diese Beziehungen zu pflegen. Wie lassen sich solche Netzwerke aufbauen? Worauf ist dabei zu achten?

5.3.1 Vernetzung und persönliche Beziehungspflege

Wichtigste Voraussetzung für den Aufbau dauerhafter *Beziehungsnetzwerke* ist es, Erstkontakte zu knüpfen. Wir beobachten, dass sich neue Führungskräfte in der Orientierungsphase stark auf ihren Vorgesetzten und die Mitarbeiter konzentrieren. Das ist ja auch verständlich, zumal sie gerade in dieser Phase permanentem Handlungsdruck und Aktionismus ausgesetzt sind. Viele jedoch neigen dazu, sich voll auf ihre neue Aufgabe zu stürzen und sich dabei so sehr auf Details zu fokussieren, dass sie andere wichtige Aufgaben wie die Beziehungspflege und Netzwerkbildung vernachlässigen.

Ein typischer Anfangsfehler von Führungswechslern ist, dass sie meinen, bei Antritt ihrer neuen Stelle bereits vorgefertigte Antworten im Koffer haben zu müssen. Dabei übersehen sie jedoch, dass ihre forsche und zupackende Art je nach Unternehmenskultur bei Vorgesetzten, Kollegen und Mitarbeitern nicht unbedingt gut ankommt und somit von vornherein zum Scheitern verurteilt ist. Was in der früheren Funktion ein Erfolgsmodell war, kann sich in der neuen Umgebung als Flop erweisen. Des Weiteren gilt: Eine Führungskraft, die zuhören kann und den anderen gegenüber aufmerksam ist, gewinnt schneller an Akzeptanz.

Kennzeichnend für erfolgreiche Manager ist: Sie investieren neben traditionellen Managementaufgaben, Routinekommunikation und HR-Management weitaus mehr Zeit (48 Prozent im Vergleich zu 19 Prozent bei allen Managern) in die *Beziehungspflege* (Luthans, Hodgetts und Rosenkrantz 2004). Sie nehmen sich also die Zeit, um Netzwerke zu schmieden, mikropolitische Themen innerhalb und außerhalb des Unternehmens einzuschätzen und die erforderliche Unterstützung für die Durchsetzung ihrer Entscheidungen zu erhalten.

Deshalb raten wir Führungswechslern, genau zu beobachten, wer für sie als Verbündeter wichtig werden könnte und zu wem sie deshalb Kontakt aufnehmen sollten. Wer ist beispielsweise bei Meetings an wichtigen Entscheidungen beteiligt? Wer hat ein Vetorecht? Wer kann in der Rolle des Skeptikers Entscheidungen zu Fall bringen? Wer will vor Sitzungen informiert sein? Wer kommt als Sparringspartner vor wichtigen Projektpräsentationen infrage? Welche Bündnisse sind erforderlich, um die angestrebten Ziele zu erreichen?

5.3.2 Wichtige Akteure im Netzwerk

Betriebsrat

Neben allen diesen Überlegungen sollten Führungswechsler hinterfragen, welche Personen, die sie noch nicht in Erwägung gezogen oder persönlich kennengelernt haben, für den Erfolg kritisch oder wichtig sein könnten. Zu den *erfolgskritischen Bezugspartnern* im Innenverhältnis zählt beispielsweise der Betriebsrat. Die Machtinstanz dieses Mitbestimmungspartners ist nicht zu unterschätzen. Wir haben nicht nur einmal erlebt, dass ein neu ernannter Bereichsleiter Schiffbruch erlitten hat, weil er den *Betriebsrat* übergangen hatte. Hierzu folgendes Beispiel:

Ein Bereichsleiter ist von seinem bisherigen Beurteilungssystem restlos überzeugt. In einer Abteilungsversammlung kündigt er ohne Abstimmung mit dem Betriebsrat dessen flächendeckende Umsetzung in seinem neuen Verantwortungsbereich mit weitreichenden Konsequenzen für die Mitarbeiter an. Von seinem Vorgesetzten wurde er ermuntert, schnell und konsequent zu handeln. Als er nach seiner Ankündigung auch noch die Versetzung eines Mitarbeiters „durchboxte" – ebenfalls ohne Abstimmung mit dem Betriebsrat – hatte er den Bogen überspannt und bekam die volle Wucht des Widerstands zu spüren: Bei der nächsten Betriebsversammlung stellte der Betriebsrat vor versammelter Belegschaft die Vertrauensfrage und bezweifelte, ob dieser Bereichsleiter angesichts seiner Vorgehensweise überhaupt noch haltbar sei. Vor allem, weil er sich darüber hinweggesetzt hatte, dass der Betriebsrat als gleichrangiger Gestaltungspartner ein volles Mitbestimmungsrecht hat, wenn Beurteilungsgrundsätze berührt sind, und eine Versetzung unter Benennung von Gründen die Maßnahme verweigern kann.

Die Missachtung solcher Beteiligungsrechte des Betriebsrats und die Verletzung der betrieblichen Gepflogenheiten können den Führungswechsler schnell in Schwierigkeiten bringen. Deshalb empfehlen wir, baldmöglichst Kontakte zum Mitbestimmungspartner aufzubauen.

Paten und Mentoren

Die Bedeutung von fachlichen Unterstützern *als Paten* und *Mentoren*, die sich in der Organisation gut auskennen, ist beim Führungswechsel nicht zu unterschätzen – gerade in der Orientierungsphase. Führungswechsler profitieren enorm, wenn sie sich mit fachlichen Fragen oder persönlichen Anliegen an Personen wenden können, die ihnen weiterhelfen. Diese Leute sind aber auch Gold wert, wenn es darum geht, die Spielregeln und Verhaltenskodizes innerhalb des Unternehmens und mit seinem Umfeld möglichst schnell zu durchschauen. Ein Mentor kann beispielsweise der eigene Vorgesetzte oder eine andere Person aus dem Unternehmen sein. Die Auswahl eines Mentors (französisch: „protégé") sollte sich an folgender Leitfrage orientieren: Was will ich von jemandem lernen, der etwas hat, was ich nicht habe, und mir behilflich sein kann, Türen in der Organisation zu öffnen?

Wir haben zum Beispiel eine Führungswechslerin erlebt, die sich in ihrer ersten Führungsrolle in einer männlich dominierten Umgebung wiederfand. Sie hatte mit ihrem Chef als Lernfeld den „Umgang mit Macht und persönlicher Einflussnahme" ausgemacht und suchte daraufhin im Unternehmen und seinem Umfeld gezielt nach einer weiblichen Führungskraft, die das Spiel mit „Mächtigen" exzellent beherrschte. Sie wurde fündig und vereinbarte mit dieser Kollegin mehrere Gesprächstermine, um sich über dieses Thema auseinanderzusetzen. Sie trat damit praktisch in ein persönliches „Benchmarking" ein. Werden solche Meetings unternehmensintern ermöglicht, könnten „informelle Nester" entstehen, die letztlich dem ganzen Unternehmen zugutekommen.

(Chef-)Sekretär(in)

Zu den Personen, die in der Regel in keiner Kraftfeldanalyse erscheinen, aber aufgrund ihrer Stellung eine faktisch hohe Autorität besitzen, gehört der(die) Chefsekretär(in) des Vorgesetzten. Sie(er) kennt in den meisten Fällen die informell wichtigen Kanäle und ist eine wichtige Auskunftsquelle für die Bildung von Netzwerken. Auch der(die) Sekretär(in) des Führungswechslers nimmt eine Schlüsselfunktion ein: Sie(er) ist in der Regel die Person, zu der er in einer besonders vertrauensvollen Beziehung steht. Sie(er) öffnet ihm Türen und Tore zu wichtigen Ansprechpartnern und schottet ihn ab, wenn es sein muss. Deshalb ist man gut beraten, sie(ihn) mit besonderer Wertschätzung zu behandeln und eine vertrauensvolle Beziehung zu ihr(ihm) zu pflegen. Ein Geschenk zum Geburtstag sollte zum Standardrepertoire gehören.

5.3.3   Umgang mit dem Schatten des Vorgängers

Ein spezielles Thema, mit dem sich alle Führungswechsler auseinanderzusetzen haben, ist die Beziehung zum Vorgänger. Als „Neuer" wird man, gewollt oder nicht, immer mit seinem Vorgänger verglichen. Mitunter erfordert es eine längere Zeit guter Arbeit, bis der „glorifizierte" Vorgänger in den Köpfen von Vorgesetzten, Kollegen, wichtigen Leistungspartnern und Mitarbeitern endlich in den Hintergrund tritt. Mitarbeiter beispielsweise trauern dem Vorgänger besonders dann nach, wenn Rationalisierungen und Maßnahmen zur Kostenreduzierung anstehen. Wenn Fehler passieren, werden diese in der Regel sofort auf den „Neuen" projiziert, häufig auch aus empfundener Solidarität zum ehemaligen „geliebten Chef". Führungswechsler sollten Fehler, die vor ihrer Zeit gemacht wurden, anderen gegenüber nicht kommentieren oder beurteilen, vor allem nicht in Gegenwart von Mitarbeitern, Kollegen und Kunden. Alles andere könnte ihnen schnell als Verrat am Vorgänger angelastet werden.

Dieser wird immer wieder dann zum Thema, wenn Vergleiche gezogen werden. Mitarbeiter beispielsweise bemerken sofort, wenn sich das Verständnis des „Neuen" von Teamführung oder Kundenorientierung vom Vorgänger unterscheidet. Sehr schnell folgt der Vergleich: War das Betriebsklima in Zeiten des Vorgängers nicht besser als heute unter dem „Neuen"?

 Reflexionsfragen

Abschließend noch einige Reflexionsfragen zur Auswahl der richtigen Personen für den Aufbau eines Netzwerkes und zur Beziehungspflege:

❑ Welche Personen muss ich in mein Netzwerk aufnehmen?
❑ Was kann ich von ihnen lernen?
❑ Welchen informellen Status haben sie im System und was können sie konkret bewirken?
❑ Nehme ich mir ausreichend Zeit für die Pflege der Beziehungen zu Mentoren, Betriebsräten …?
❑ Wahre ich genug Distanz zu meinem Vorgänger?
❑ Welche Entscheidungsbefugnisse über wichtige Ressourcen haben die potenziellen Mitstreiter und wie haben sie diese erlangt?
❑ Welche Informationen können sie mir über die Organisation geben?
❑ Wie kann ich ihnen umgekehrt nützlich sein?

Auf letzteren Punkt weist der Akquiseexperte Michael Bernecker (2006, S. 95) hin: Networking ist ein Geben und Nehmen, beginnend beim Geben. Bezug nehmend auf ihn empfehlen wir Führungswechslern, zunächst zu überlegen, was sie den Personen, die sie für sich gewinnen möchten, selbst zu bieten haben. Denn erfolgreiche Netzwerke leben von einer guten Balance zwischen Geben und Nehmen. Worauf es beim Aufbau eines Netzwerkes ankommt und was dabei tunlichst zu vermeiden ist, stellen wir abschließend in Anlehnung an den Networking-Knigge von Bernecker vor.

Tipps zum Aufbau eines Netzwerkes

Zum erfolgreichen Aufbau eines Netzwerkes trägt bei, dass Führungswechsler

- ❏ neugierig sind und nicht nur von und über sich selber erzählen; nichts ist schlimmer, als den Gesprächspartner mit Informationen über sich zu überhäufen, ihm im Gegenzug aber keine einzige Frage zu stellen – Neugierde ist ein wichtiger Faktor beim Networking,
- ❏ zuhören, was der andere sagt, aktives Zuhören vermeidet peinliche Situationen,
- ❏ pünktlich zu Beginn der Veranstaltung anwesend sind,
- ❏ ihre Gesprächspartner mit Namen anreden,
- ❏ nicht mit ihren Visitenkarten sparen – selektives Verteilen soll die Wertschätzung des jeweiligen Gesprächspartners zum Ausdruck bringen,
- ❏ nicht nur über Business reden,
- ❏ ihre Versprechen einhalten.

Beim Aufbau eines Netzwerkes sollten Führungswechsler auf keinen Fall

- ❏ sich für die wichtigste Person im Netzwerk halten,
- ❏ gleich ihre gesamte Leistungspalette und ihre Erfolge vor ihren Gesprächspartnern ausbreiten – Angeberei kommt nicht gut an,
- ❏ über andere Personen des Netzwerkes „tratschen" und Informationen über sie ausplaudern – wer weiß, in welchem Verhältnis der Gesprächspartner zu diesen Personen steht,
- ❏ sich jemandem aufdrängen.

Das Wichtigste in Kürze

Der Erfolg des Führungswechsels hängt entscheidend davon ab, in welchem Maße es dem Manager gelingt, seinen Vorgesetzten einzubinden und sich mit wichtigen Leistungspartnern und Kollegen zu vernetzen. Als Erstes sollte er die Voraussetzungen für eine vertrauensvolle Zusammenarbeit mit dem Vorgesetzten schaffen. Um die an ihn gerichteten Erwartungen erfüllen zu können, muss der Führungswechsler in Erfahrung bringen, was sein Chef von ihm erwartet, und mit ihm entsprechende Maßnahmen abstimmen. Diese kann er nur umsetzen, wenn ihm die dafür erforderlichen Ressourcen zur Verfügung stehen. Andernfalls sollte er beharrlich und mitunter durch Überzeugungsarbeit die noch fehlenden Ressourcen einfordern, am besten anhand von nachvollziehbaren Zahlen und Fakten.

Mit der Klärung des Entscheidungsspielraums und der Spielregeln für die Kommunikation insbesondere mit dem Vorgesetzten und den Kollegen schafft er die Voraussetzung für die Umsetzung der Veränderungsmaßnahmen und -projekte. Zur Abstimmung der Businessperspektive hat sich bewährt, den Businessplan hinzuzuziehen. Damit stellt der Führungswechsler unter Beweis, dass er mit seinem neuen Business sehr gut vertraut ist und mit seinem Chef auf Augenhöhe kommunizieren kann. Ein Bilanzierungs- und Entwicklungsgespräch am Ende der Einarbeitungszeit bietet beiden Seiten Gelegenheit, die ersten Monate zu bilanzieren und perspektivische Vereinbarungen zu treffen.

Neben der Einbindung des Vorgesetzten hängt der Erfolg des Führungswechslers von seinen Schlüsselbeziehungen ab. Zunächst einmal muss er ermitteln, welche Mitstreiter für ihn wichtig sind. Neben Gesprächen mit seinem Chef und seinen Mitarbeitern bietet ihm die Kraftfeldanalyse einen Überblick über wichtige Leistungspartner bis hin zu den „grauen Eminenzen". Der Führungswechsler sollte versuchen, die Erwartungen dieser Personen in Erfahrung zu bringen, um eine gute Zusammenarbeit anzubahnen. Aber auch die ausgesprochenen und unausgesprochenen Erwartungen der Mitarbeiter, Kollegen und Mitstreiter sind zu berücksichtigen, um ein erfolgreiches Arbeiten zu gewährleisten.

Wichtigste Voraussetzung zum Aufbau dauerhafter Beziehungsnetzwerke ist es, Erstkontakte zu knüpfen. Die dafür investierte Zeit zahlt sich im Nachhinein mehr als aus. Zu den wichtigen Akteuren im Netzwerk gehören der Betriebsrat, Paten und Mentoren bis hin zum(zur) Chefsekretär(in) des Vorgesetzten und dem(der) Sekretär(in) des Führungswechslers. Sie kennen die informell wichtigen Kanäle und sind wichtige Auskunftsquellen für die Bildung von Netzwerken.

Ein spezielles Thema aller Führungswechsler ist die Beziehung zum Vorgänger, mit dem sie immer verglichen werden. Mitarbeiter trauern dem Vorgänger besonders dann nach, wenn Rationalisierungen und Maßnahmen zur Kostenreduzierung anstehen. Fehler schreiben sie in der Regel sofort dem „Neuen" zu. Führungswechsler sind gut beraten, vor ihrer Zeit gemachte Fehler anderen gegenüber nicht zu kommentieren oder zu beurteilen.

Mannschaft formieren: Einbeziehung und Ertüchtigung des Teams

Neben der Gestaltung der Beziehungen mit dem neuen Vorgesetzten und den wichtigen Leistungspartnern hängt der Erfolg des Führungswechslers entscheidend davon ab, in welchem Maße es ihm gelingt, seine neuen Mitarbeiter für sich zu gewinnen und sie zu einer schlagkräftigen Mannschaft zu formieren. Dieses Kapitel beschreibt

❏ Methoden zur Standortbestimmung des Teams,
❏ Instrumente zu seiner Einbeziehung und
❏ Methoden und Maßnahmen zur Personal- und Teamführung.

Der Erfolg des Führungswechsels hängt stark davon ab, wie gut es dem Manager gelingt, seine Mannschaft zu formieren. Als Erstes muss er sich ein Bild darüber machen, wo sein Team steht, unter welchen Voraussetzungen es seine Leistungen erbringen kann, wer zu den Leistungsträgern gehört und welche Regeln teamintern gelten. Nicht selten wird er feststellen, dass die einzelnen Teammitglieder viel und unter Umständen außerordentlich hart arbeiten, aber ihre Anstrengungen sich nicht erfolgreich auf die Gesamtleistung des Teams niederschlagen, weil Energien verpuffen. In vielen Teams arbeiten die einzelnen Mitglieder unbeabsichtigt gegeneinander, weil eine gemeinsame Ausrichtung am eigentlichen Auftrag, der Mission des Teams, fehlt: Individuelle Fähigkeiten passen nicht zu den zugewiesenen Aufgaben und persönliche Interessen weichen – teilweise erheblich – von den gesteckten Teamzielen ab. Um solchen Missständen zu begegnen und die Mitarbeiter auf Erfolgsspur zu bringen, empfehlen wir Führungswechslern, zunächst eine Bestandsaufnahme zum Ist-Zustand des Teams vorzunehmen, um Aufschlüsse zu gewinnen über

- ❑ das aktuelle Mitarbeiterportfolio,
- ❑ die Entwicklungsphasen des Teams,
- ❑ die Unterschiedlichkeiten und die Vielfalt im Team,
- ❑ die Werte, Verhaltensweisen und Einstellungen, die das Team leiten, und
- ❑ sein Fähigkeitsprofil.

Auf Grundlage dieser Teambestandsaufnahme lassen sich Rückschlüsse ziehen auf die Anforderungen, die das Team erfüllen muss, um in Zukunft erfolgreich zu arbeiten (Soll-Zustand), sowie auf geeignete Maßnahmen der Personal- und Teamentwicklung, um es auf dieses Level zu bringen. Im dritten Schritt dann ist zu überlegen, welche Instrumente und Interventionen erforderlich sind, um das Team erfolgsorientiert zu führen und anzuleiten. Beginnen wollen wir mit der Beschreibung der Bestandsaufnahme des Ist-Zustands des Teams.

6.1 Teambestandsaufnahme

Um die einzelnen Mitarbeiter abzuholen und mitzunehmen, muss der Führungswechsler wissen, wo sie stehen. Da er sie erst seit Kurzem kennt, sollte er circa zwei Stunden Zeit für ein Einzelgespräch mit jedem Mitarbeiter einplanen, um sich über seine Geschichte, gegenwärtige Situation und künftigen Vorstellungen zu informieren. Analog zur im fünften Kapitel beschriebenen Analyse der Erwartungen des Vorgesetzten, wichtiger Leistungspartner und Kollegen sollte der Führungswechsler sich auch ein Bild über die Erwartungen seiner Mitarbeiter machen.

6.1.1 Analyse der Erwartungen der Mitarbeiter

Mitarbeiter haben in der Regel keine Scheu davor, ihrem neuen Chef mitzuteilen, was sie von ihm erwarten und welche Hoffnungen sie mit dem Führungswechsel verbinden. Voraussetzung dafür ist, dass sie das Gefühl haben, dass er sie und ihre Belange ernst nimmt und als wichtig erachtet. Das merken sie beispielsweise daran, dass ihr neuer Chef sich ungewöhnlich viel Zeit für Einzelgespräche mit ihnen nimmt, um auf ihre Wünsche und Erwartungen einzugehen. Das schafft Vertrauen. Auf dieser Basis sind die neuen Mitarbeiter in der Regel bereit, offen mitzuteilen, was alles liegen geblieben ist, welche Dauerthemen sich wiederholen oder welche Schwierigkeiten derzeit „Kopfschmerzen bereiten".

In solchen ausführlichen Vieraugengesprächen geben die Mitarbeiter meist auch unverblümt Auskunft über die Hintergründe vergangener und aktueller Probleme und Konflikte. Die Bandbreite reicht von ungeklärten Schnittstellen zu anderen Bereichen über das schlechte Außenbild des Bereiches bis hin zum lückenhaften Informationsfluss, der die Arbeit behindert. Aber Vorsicht: Führungswechsler sind gut beraten, die nicht von ihnen verantworteten Themen mit Augenmaß ernst zu nehmen und aufzugreifen, aber auch klar zu verstehen zu geben, worauf sie nicht eingehen und was sie nicht tun werden. Gleichwohl sollten sie ihrem Gesprächspartner nicht unterschlagen, wo sie seine Unterstützung benötigen.

Solche Einzelgespräche in der Startphase sind zwar zeitaufwendig, aber als vertrauensbildende Maßnahme immens wichtig. Hier haben die ganz persönlichen Themen des Mitarbeiters genauso ihren Platz wie ihre ausgesprochenen und unausgesprochenen Erwartungen an die neue Führungskraft: Wird sich der „Neue" um meine berufliche Weiterentwicklung kümmern? Wird er für ein besseres Betriebsklima sorgen? Wird er den Bossen „dort oben" die Stirn bieten können? Solche und ähnliche Fragen sind es, mit denen sich Mitarbeiter beschäftigen, wenn sie einen neuen Chef „vorgesetzt" bekommen.

Mit den Erkenntnissen aus diesen Gesprächen und ersten Eindrücken am Arbeitsplatz können Führungswechsler eine erste Einschätzung über Leistung und Verhalten der einzelnen Mitarbeiter vornehmen und sich ein Gesamtbild darüber machen, wo jeder Einzelne steht. Einen visuellen Überblick bietet das Mitarbeiterportfolio.

6.1.2 Das Mitarbeiterportfolio

In diesem Portfolio sind auf der (horizontalen) Leistungsebene fünf Performancestufen vom schwachen bis zum Topleistungserbringer abgebildet. Mögliche Verhaltenskriterien auf der Vertikalen („Success Facts") wären beispielsweise: Initiative, Innovation, Kundenorientierung, Übernahme von Verantwortung und Zusammenarbeit.

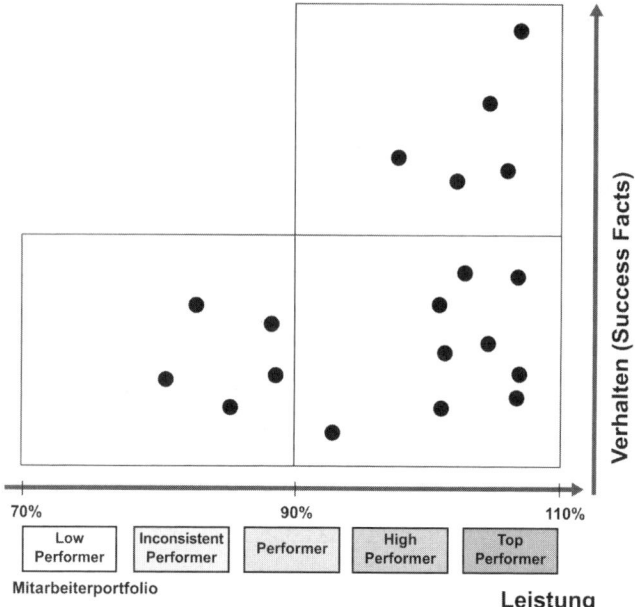

Bild 6-1: Exemplarische Darstellung eines Mitarbeiterportfolios

Im Idealfall sind die geforderten Leistungs- und Verhaltensstandards von den Führungskräften des Unternehmens akzeptiert und den Mitarbeitern bekannt. Das Mitarbeiterportfolio eignet sich zur Positionierung der Mitarbeiter untereinander (siehe Punkte, die stellvertretend für Teammitglieder stehen, Bild 6-1) und als Basis
für Feedback des Vorgesetzten. Es bietet eine Orientierung für gezielte Personalentwicklungsmaßnahmen, zum Beispiel gezielte Rotationen, Übertragung von Sonderaufgaben und -projekten, fachliche Patenschaften und Mentoring durch erfahrene
Führungskräfte, Coaching oder gezielte Seminare zur Persönlichkeitsentwicklung.

Die Anwendung von Instrumenten wie diesem führt in der Regel nicht unmittelbar zu
der gewünschten Wirkung. Denn auch im zwischenmenschlichen Bereich liegen Ursachen und Wirkungen teilweise weit auseinander, sodass einfache, lineare Ursache-
Wirkungs-Ketten häufig versagen. Deshalb empfehlen wir auch hier, den Blick auf das
Wesentliche zu richten und die eigentliche Schwachstelle zu identifizieren: Liegt das
Problem beispielsweise in langen Entwicklungsvorläufen für grüne Umwelttechno-
logien oder sollten mehr Elektroingenieure eingestellt werden, um den Vorgang zu
beschleunigen? Wenn zum Beispiel sinkender Marktanteil die Ursache des Übels ist,
bietet es sich womöglich an, die Preise zu senken, um den Absatz zu steigern. Hat sich
der Cashflow als Schwachstelle entpuppt, ist eine Kostenreduzierung naheliegend. Es
ließen sich weitere Beispiele anführen. Die vielleicht größte Gefahr für Führungswechsler lauert darin, dass er in der komplexen Realität auf scheinbar einfache, augen-
fällige Lösungen zurückgreift. Das führt in der Regel zu einer hektischen Suche nach

schnellen „Patentrezepten", die es bei komplexen Sachverhalten bekanntlich nicht gibt.

Anzumerken sei, dass Probleme verschärft auftreten können, wenn – wie bei Führungsmannschaften auch – sich das Team aus Mitgliedern verschiedener Bereiche zusammensetzt. In solchen Fällen ist jedes Teammitglied durch sein ehemaliges System geprägt und folgt seinem daraus resultierenden Denkmodell. Jeder betrachtet den Sachverhalt aus seinem Blickwinkel und ist überzeugt, seine Auffassung sei die einzig richtige (vgl. Senge 2006). An dieser Situation wird sich nichts verändern, solange es dem Führungswechsler nicht gelingt, den Blick auf das Zusammenwirken der einzelnen Teile, das heißt darauf, was jeder Einzelne zum Ganzen beitragen kann, zu schärfen. Zu diesen einzelnen Puzzleteilen gehören Teamentwicklungsphasen, Vielfalt, Werte, Einstellungen und Fähigkeiten etc. Aus der Summe dieser Teile setzt sich das Gesamtbild des Teams zusammen.

6.1.3 Phasen der Teamentwicklung

Jedes Team durchläuft verschiedene Phasen. Je nach Reife des Teams wird seine Entwicklung idealtypisch folgenden Phasen zugeordnet:

- ❏ *Orientierungsphase:* In dieser Phase lernen sich die Teammitglieder kennen. Sie tarieren die Grenzen, wie weit sie gehen können, und die Spielregeln aus. Die Grundhaltung ist einerseits von Neugierde und unterschiedlichen Erwartungen, aber auch von Unsicherheit und Vorsicht geprägt. Aufgrund dessen geht man miteinander freundlich um und versucht, Konflikte tunlichst zu vermeiden. Alle orientieren sich an den „von oben" vorgegebenen Verhaltensnormen und Standards für den Umgang miteinander.
- ❏ *Konfliktphase:* Die „Schonzeit" ist vorbei, erste Konflikte kommen zutage und werden ausgetragen. Die unterschiedlichen Typen der Teammitglieder kristallisieren sich heraus, es bilden sich Cliquen. Machtkämpfe um die „Hackordnung" untereinander sind an der Tagesordnung. Kennzeichnend für die Grundhaltung sind negative Emotionen und gegenseitige Widerstände. Mit der Zeit setzen sich die Teammitglieder mit der ausgeprägtesten Individualität durch und bestimmen als dominierende Persönlichkeiten die Rangordnung innerhalb des Teams.
- ❏ *Kooperationsphase:* Die Wogen glätten sich, die Rollen sind geklärt, größtenteils akzeptiert und jeder kennt seine Aufgaben. Die Grundhaltung ist konstruktiv und vorwärtsorientiert. Die Teammitglieder entwickeln eigene Spielregeln und Normen für die Zusammenarbeit. Noch ungelösten Problemen versuchen sie auf den Grund zu gehen und diese zu lösen.
- ❏ *Integrationsphase:* Das Team hat sich gefunden. Es arbeitet erfolgreich und effizient zusammen. Es ist gefestigt genug, um sich flexibel auf Änderungen oder neue Herausforderungen einzustellen. Der Umgang untereinander ist offen und vertrauensvoll, aber auch von Freude an der Arbeit und Zufriedenheit mit der Leistung

bestimmt. Es hat sich eine gute Feedbackkultur entwickelt, neue Ideen sind an der Tagesordnung.

Dabei ist zu berücksichtigen, dass die Entwicklung in beide Richtungen gehen kann. Ein Team mit hoher Reife und Effizienz beispielsweise kann durch Umstrukturierungen und Wechsel von Teammitgliedern von der Integrationsphase durchaus wieder in die Konfliktphase zurückfallen. Als Hilfsmittel zur Standortbestimmung des Teams empfehlen wir Führungswechslern die von Dave Francis und Don Young (2007) entwickelte Teamuhr, die die einzelnen Phasen mit ihren wichtigsten Merkmalen übersichtlich darstellt (Bild 6-2). Anhand dieser Teamuhr lässt sich schnell erkennen, in welcher Phase ein Team steht und bei welchen Teilaspekten Handlungsbedarf besteht.

Bild 6-2: Teamuhr: typische Phasen der Teamentwicklung (nach Francis und Young 2007)

 **Tipp**

Es hat sich bewährt, beispielsweise bei Teamworkshops die Teamuhr über Karten auf dem Boden auszubreiten, sodass sich jedes Teammitglied dort positionieren kann, wo es sich aktuell sieht.

6.1.4   Unterschiedlichkeit und Vielfalt

Belegschaften und Teams setzen sich zunehmend aus Mitgliedern unterschiedlicher kultureller, religiöser oder ethnischer Herkunft mit einer Vielfalt an Sprachen, Haltungen, Hintergrundwissen und Erfahrungskontexten zusammen. Für diese *Unterschiedlichkeit* und *Vielfalt* hat sich der neudeutsche Begriff *Diversity* eingebürgert. Er definiert sich als Vielfalt von Unterschieden und Ähnlichkeiten bei Individuen, Gruppen, Teams, Organisationen und in der Gesellschaft. Führungskräfte mit einer positiven Diversityhaltung schätzen solche Unterschiede als wertvolle, das Team bereichernde Ressource und machen sich diese zu eigen. Sie nehmen sich die Zeit dafür, sich darüber Gedanken zu machen, wie sie diese wertvolle Ressource gezielt zum Nutzen und für den Erfolg ihrer Abteilung einsetzen können. Sie vergeuden nicht unnötig Zeit mit Abwarten, bis irgendwann Diversityprogramme „von oben" angeordnet werden. Worauf Führungswechsler beim Umgang mit Vielfalt und Unterschiedlichkeit achten sollten, veranschaulicht folgendes Praxisbeispiel:

> Nach einer Restrukturierung beauftragte die Konzernleitung Herrn Müller mit der Leitung einer neu eingerichteten Abteilung. Aus zwei Unternehmensteilen sollte er 15 Mitarbeiter zu einem neuen Produktanlaufteam zusammenführen. Er traf auf zehn Männer und fünf Frauen unterschiedlicher Nationalitäten, die man aus verschiedenen Standorten des Konzerns mit entsprechend unterschiedlichen Bereichskulturen rekrutiert hatte. Erfahrene Mitarbeiter, die in der Linie weisungsgebunden und autoritär geführt wurden, trafen auf wenig erfahrene Projektleiter und Teilprojektleiter, die bis dahin partizipativ an der „langen Leine" mit Sonderaufgaben und Projekten betraut worden waren.
>
> Die erfahrenen, eher bodenständigen Linienmitarbeiter stammten überwiegend aus dem eigenen Unternehmen, die jüngeren mit der Projekt- und Teilprojektleitung betrauten Akademiker hatte man als vielversprechende Talente und Nachwuchskandidaten von Universitäten in das Unternehmen rekrutiert. Herr Müller sollte nun aus dieser „bunten Truppe" eine schlagkräftige Einheit bilden. Diese Mischung erwies sich letztlich als sehr vorteilhaft, denn die global agierende neue Abteilung musste neben wiederkehrenden Routineaufgaben auch Sonder- und Projektaufgaben erfüllen. Von Vorteil erwies sich auch, dass jeder im Team neben Englisch auch in seiner Muttersprache korrespondieren konnte und zeitraubende Übersetzungen nur in Ausnahmefällen nötig waren.

Der Umgang mit Vielfalt und insbesondere den daraus resultierenden Unterschieden ist für Führungskräfte, die den wichtigsten Indikator für ein gutes Team im Wir-Gefühl sehen, eine Herausforderung. In unserem Beispiel manifestiert sich das Team jedoch nicht im Wir-Gefühl, sondern in der Vielfalt aus verschiedenen Bereichskulturen, Nationalitäten, Geschlechtern, Linien- und Projektmitarbeitern sowie jüngeren und älteren Mitarbeitern mit unterschiedlichen Wertvorstellungen und unterschiedlichem Arbeitsverhalten.

Führungskräfte können die damit verbundenen Unterschiede und Ähnlichkeiten ergründen, indem sie sich mit ihren Mitarbeitern intensiv auseinandersetzen, um sie genauer kennenzulernen. Wichtig dabei ist, den Mitarbeitern im Gespräch eine wertschätzende, offene und neugierige Haltung entgegenzubringen. Viele Führungskräfte und Teams machen den Fehler, ihr Hauptaugenmerk auf die Ähnlichkeiten zu richten. Das ist auf den ersten Blick verständlich, weil sich die Beteiligten beim Umgang mit Vielfalt in Sicherheit wähnen, wenn sie sich auf die Ähnlichkeiten konzentrieren. Unterschiede hingegen wirken oft irritierend und befremdlich, zumal sie zu Widerständen und Konflikten führen können. In unserem Beispiel liegt ein wesentlicher Unterschied in der bisherigen Tätigkeit der Mitarbeiter darin, dass zuvor ein Teil von ihnen wiederkehrende Routineaufgaben erledigt und der andere Sonder- und Projektaufgaben „angepackt" hatte. Bei der Zuordnung der Aufgaben im neuen Team sollte dieser Tatsache Rechnung getragen werden. Denn beide „Mitarbeitertypen" bringen unterschiedliche Voraussetzungen mit.

Projektleiter, die in kurzen Intervallen ein Projekt nach dem anderen abschließen, sind vergleichbar mit dem Typ „Jäger". Dieser sitzt auf seinem Hochsitz, hat das Objekt, das er erledigen will, vor Augen, zielt mit seiner Schrotflinte, erlegt es und geht zum nächsten Objekt – sprich Projekt – über. Er ist völlig anders konditioniert als der Typ „Bauer", der sich als Fachmann mit dem Beständigen und Berechenbaren, das heißt mit wiederkehrenden Routineaufgaben wie Pflügen, Eggen, Säen etc. beschäftigt. Als „Bauer" ist er auf nachhaltiges Wachstum fixiert und sieht Erfolge spätestens nach der Erntezeit in einigen Monaten. Um die Abteilung erfolgreich zu führen, werden beide Typen benötigt. Beide Professionen sind trotz ihrer Unterschiedlichkeit wichtig. Geht es beispielsweise um die Übernahme reizvoller Aufgaben, sogenannter „Königsthemen", werden sie in der Regel Mitarbeitern vom Typ „Jäger" übertragen. Die Kunst guter Führung ist, das richtige Verhältnis der beiden Typen bei der Besetzung strategisch-reizvoller Stellen und eine gesunde Mischung beider zu finden, um ein „schlagkräftiges" Team zu bilden.

 Reflexionsfragen

Folgende Reflexionsfragen helfen Führungskräften, die Vorzüge von Vielfalt in ihrem Team zu entdecken und für ihre Ziele zu nutzen:

- ❑ Wie kann ich die Unterschiede im Team für die Entwicklung der Organisation und des Personals nutzen, damit sich das Beste aus den unterschiedlichen Welten entfalten kann?
- ❑ Wo werden Unterschiedlichkeiten im Team bereits erfolgreich genutzt?
- ❑ Welche Vereinbarungen und Spielregeln sind erforderlich?
- ❑ Wissen alle Beteiligten, welchen Beitrag zur Erreichung der Ziele sie zu leisten haben, und stehen sie dahinter?

6.1.5 Werte, Einstellungen und Verhaltensweisen

Um eine erfolgreiche Mannschaft formieren zu können, muss der Führungswechsler mit seinem Team einen Konsens über die *Werte, Einstellungen* und *Verhaltensweisen* erzielen, die für die Zusammenarbeit maßgebend sind. Werte sind persönliche Überzeugungen davon, was jeder als besonders wichtig erachtet. Werte sind für jeden kostbar, weil sie ihn betreffen und berühren. Sie dienen als Orientierungsstandards und verkörpern gewissermaßen eine Leitlinie, die das Verhalten lenkt. Werte sind die Gründe dafür, warum jemand etwas tut oder nicht: zum Beispiel was er anzieht, welches Fahrzeug er fährt, wie er seine Kinder erzieht, welche Politik er unterstützt oder womit er seinen Lebensunterhalt verdient – all dies hängt von seinen Werten ab. Innere Werte und Lebensqualität sind eng miteinander verbunden.

Wer seine Werte benennen und in seinem Privat- und Arbeitsbereich umsetzen kann, wird seinem Leben und seiner Arbeit eine hohe Qualität beimessen. Auf den Beruf übertragen macht Arbeit im Einklang mit seinen Werten nicht nur mehr Spaß, sondern kann auch dazu motivieren, über sich hinauszuwachsen, Grenzen infrage zu stellen und „über den Tellerrand hinauszublicken". Für den umgekehrten Fall, wenn die Arbeit mit dem eigenen Wertesystem kollidiert, sind Aussagen typisch wie „Job erfüllen", „Projekt durchziehen" oder „Meetings sind verlorene Zeit". Die daraus resultierenden Einstellungen sind bekannt: „Mal gucken, was heute wieder kommt", „Das müssen wir eben aussitzen" oder „Morgen ist auch noch ein Tag."

Was können Führungswechsler tun, um solche negativen Einstellungen in ihrem Team zu vermeiden? Als Erstes müssen sie sich zunächst einmal über ihr eigenes Wertesystem klar werden, es präzise benennen und zu ihrer Entscheidungsgrundlage machen. Je besser es einem Führungswechsler gelingt, sein eigenes Wertesystem in die Unternehmung zu integrieren, desto stärker wird er sich in seiner Rolle mit dem Unternehmen identifizieren.

Als Nächstes muss er versuchen, seine Mitarbeiter in dieses Wertesystem „mitzunehmen". Voraussetzung dafür ist, dass er sich über ihre Wertvorstellungen informiert, indem er sie zum Beispiel darüber befragt, was ihnen in ihrem Job wichtig ist oder worauf sie im persönlichen Umgang Wert legen. Hier empfiehlt sich die Zuhilfenahme einer Wertematrix (vgl. Bild 6-3). Im nächsten Schritt sollte der Führungswechsler abstimmen, welche Wertvorstellungen der Mitarbeiter mit seinen und denen des Unternehmens übereinstimmen und wo Abweichungen vorliegen. Wo sich die Wertesysteme voneinander unterscheiden, sollte er versuchen, mit dem betreffenden Mitarbeiter einen Konsens für eine konstruktive Zusammenarbeit zu erzielen. Hierzu folgendes Beispiel:

> Kurz nach seiner Ernennung zum Function Manager hatte Herr Schmidt die erste Personalentwicklungsmaßnahme zu entscheiden. Er sollte einen Mitarbeiter für einen zweijährigen Einsatz in den USA bestimmen und hatte sich für einen sprachlich versierten Leistungsträger entschieden. Er unterbreitete diesem im Vieraugengespräch das Angebot, quasi als Auszeichnung für hervorragende Leistungen. Der Wunschkandidat lehnte jedoch – zur großen Enttäuschung von Herrn Schmidt – spontan ab.

Wie konnte das passieren? Warum hat sich Herr Schmidt „diesen Korb geholt"? Er hatte es in den ersten Begegnungen versäumt, die Wertestruktur seines Wunschkandidaten zu erfassen. Dieser war als Vorstand, Schriftführer und aktiver Fußballer im örtlichen Fußballverein tief in seiner Heimatgemeinde verwurzelt. Vor Kurzem hatte er zudem seinen Anbau an das elterliche Anwesen fertiggestellt und diesen mit seiner Frau und seinem Sohn bezogen. Erst nachträglich erfuhr Herr Schmidt, dass die höchsten Werte dieses Mitarbeiters Heimat und Zusammengehörigkeit, Familie, Sicherheit und Verlässlichkeit waren.

Werte und Haltungen steuern das menschliche Verhalten und sind dafür verantwortlich, welche Maßnahmen präferiert werden, auf der Tagesordnung stehen oder aus der Agenda fallen. Entscheidungen über Maßnahmen und Aufgaben werden von den höchsten Werten bestimmt. Nach ihnen richtet sich, was passiert und was nicht. Wir empfehlen deshalb jedem Führungswechsler, sich mit seinen Mitarbeitern auf handlungsleitende Werte für den Umgang intern und außerhalb der Abteilung zu verständigen.

Angenommen, der Manager hat sich mit seinem Team unter anderem auf Eigenverantwortung und Kundennutzen als hohe Werte verständigt. Dem stünde entgegen, dass die Mitarbeiter bis dahin keine Unterschriftsvollmacht hatten, um die Reklamationen schnell bearbeiten zu können. Dieser Umstand wäre auch eine Erklärung für seinen ersten Eindruck, den er beim Kennenlernen der Teammitglieder gewonnen hatte: Sie vertraten die Philosophie des „Dienstes nach Vorschrift", indem sie beispielsweise pünktlich um 17.30 Uhr in den Feierabend gingen, obwohl viele Kunden bis 18.30 Uhr anriefen und Auskunft haben wollten. Ausgestattet mit einer Unterschriftsvollmacht, der eindeutigen Zuordnung der Kundenansprechpartner und Vereinbarungen zur Entlohnung der Überstunden ist die Wahrscheinlichkeit gegeben, dass der Wert „Kundennutzen" auch tatsächlich gelebt wird.

Die Vermittlung von Werten wird dann spannend, wenn bei ihrer Ausgestaltung Diskrepanzen auftreten. Die theoretische Auseinandersetzung beispielsweise über den Wert „Ordnung" wird bei den Mitarbeitern kaum Handlungsdruck erzeugen. Wenn man ihnen aber „Schlamperei" in konkreten Situationen vor Augen führt, sind Veränderungseffekte weitaus wahrscheinlicher als bei bloßen Worten.

Funktion/ Bereich Vorgang	Wert 1 Eigenverantwortung		Wert 2 Kundennutzen	
	Verhalten/Maßnahmen	Verant- wortung	Verhalten/Maßnahmen	Verant- wortung
Reklamations- abwicklung	Unterschriftsvollmacht (i.A.) für alle Sachbearbeiter ab 1.7.		Tel. Erreichbarkeit bis 18.30 Uhr wird sichergestellt	
	Übersicht über Qualitäts- kriterien und Abweichungen mit QM pro Team erstellen		Ein Ansprechpartner für den Kunden ist benannt	
			Präzise Auskünfte bzgl. Nachlässen	
			Zeitmanagement (Checkliste erstellen)	

Bild 6-3: Exemplarische Wertematrix für die Reklamationsabwicklung

Anleitung zur Erstellung der Wertematrix

Ausgangsfragen an die Mitarbeiter zur Erstellung der Wertematrix:

❏ Was ist mir/uns wichtig für den Erfolg unseres Teams?
❏ Was sind unsere kritischen Erfolgsfaktoren?
❏ Über welche wichtigen Themen müssen wir uns verständigen?

Reflexionsfragen an die Mitarbeiter zur Vereinbarung von gemeinsamen Werten:

❏ Bei welchen Funktionen gibt es Handlungsbedarf – damit der Wert … gelebt werden kann?
❏ Wer sollte sich wie verhalten?

Bei der Beschäftigung mit Fragen wie diesen spricht der Führungswechsler die Themen an, die den Mitarbeitern „am Herzen liegen".

6.1.6 Stärken-Schwächen-Profil des Teams

Ein weiteres zentrales Instrument zur Einbeziehung und Ertüchtigung des Teams ist die Erstellung eines Profils über seine Stärken und Schwächen und die seiner Teammitglieder. Die größten Defizite treten in der Selbsteinschätzung zutage. Wir erleben häufig, dass Teammitglieder, nach ihren Erfolgsfaktoren befragt, antworten: „Darüber haben wir uns noch nie so bewusst Gedanken gemacht." Eine grobe Unterlassung, denn wenn bestimmte Erfolgsfaktoren fehlen, haben Team und Chef ein Problem: Erfolgreiches Arbeiten ist nahezu unmöglich. Wir haben in zahlreichen Teamentwicklungsprozessen herausgearbeitet, welche dieser kritischen Erfolgsfaktoren für erfolgreiche Teams von entscheidender Bedeutung sind. Sie lassen sich in acht Kategorien zusammenfassen (vgl. Bild 6-4):

❏ *Strategie:* strategische Positionierung im Team, Managementvorgaben und Businessplan.
❏ *Ziele:* strategiebasierte Zielsetzungen, kurz- und mittelfristige Teamziele bis hin zu individuellen handlungsleitenden Zielvereinbarungen.
❏ *Aufgaben- und Rollenverteilung:* Bündelung von Aufgaben und Beschreibung der Aufgaben, Kompetenzen und Verantwortungsbereiche.
❏ *Prozesse:* schlanke und flexible Ablauforganisation zur Effizienz- und Effektivitätssteigerung.
❏ *Leistung:* Leistungsstand, Beitrag zur Wertschöpfung, Weiterentwicklung von Kompetenzen und Ausstattung mit beziehungsweise Nutzung von Ressourcen.
❏ *Führung:* Vorgaben, Ziele und Strategien, Präsenz der Führungskraft im Team, Akzeptanz ihrer Autorität, Führungsstil und Verhältnis von Fordern und Fördern.
❏ *Kultur und Zusammenarbeit:* Spielregeln und Vereinbarungen, Teamselbstverständnis und Identifikation mit dem Unternehmen, Umgang mit Konflikten, Teamgeist und persönliches Engagement.
❏ *Kommunikation:* Zugang zu Informationen sowie kontinuierlicher und informeller Austausch.

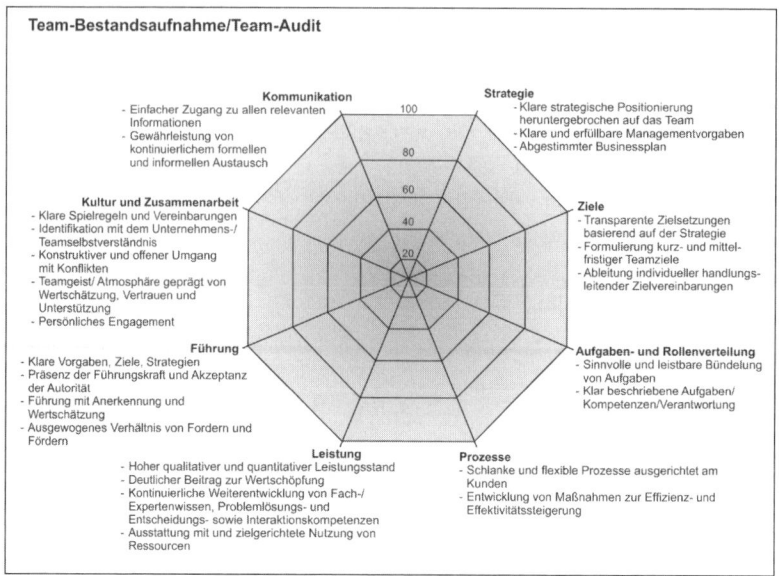

Bild 6-4: Teamaudit zur Erhebung der Stärken und Schwächen des Teams

Hohe Übereinstimmungen des Teamaudits zeigten sich im Vergleich zu zurückliegenden Untersuchungen und Veröffentlichungen über Spitzenteams und Mitarbeiterengagement. Im Rahmen des Teamworkshops kann jedes Teammitglied die einzelnen Sektoren des Spinnennetzes mit einem bis fünf Punkten bewerten. Das so bewertete Teamprofil kann der Führungswechsler sehr gut in den Vieraugengesprächen mit seinen Teammitgliedern hinzuziehen. Es hilft ihm, bei seinen Mitarbeitern Verbesserungspotenziale zu erkennen, mit ihnen geeignete Entwicklungsmaßnahmen zu vereinbaren und so die versteckten Potenziale des gesamten Teams besser zur Entfaltung zu bringen.

6.2 Einbindung des Teams

6.2.1 Verschiedene Ausgangslagen

Der Einstieg des Führungswechslers in das neue Team kann sich je nach Ausgangssituation sehr unterschiedlich gestalten:

❑ Steigt er als Nachfolger aus den eigenen Reihen auf, genießt er in der Regel in seinem Team eine hohe Akzeptanz, muss sich jedoch vom Schatten seines Vorgängers lösen.

❑ Als Stellvertreter seines Vorgängers, sozusagen als „zweiter Mann", hat er womöglich Probleme, seine neue Rolle zu finden und sich als Führungskraft von seinen bisherigen Kollegen so abzugrenzen, dass er sie nicht „vor den Kopf stößt".

❏ Kommt er als Seiteneinsteiger, der den klassischen Weg des Aufstiegs „durchkreuzt", in diese Position, wird er womöglich kritisch beäugt oder gar „ausgebremst", vor allem dann, wenn er allzu forsch und zielstrebig in seiner neuen Umgebung auftritt.

❏ Wechselt er in einen Standort im Ausland, sollte er sich des Vorurteils bewusst sein, dem sich internationale Wechsler immer wieder ausgesetzt sehen: Sie sind zeitlich befristet und ohne großen Veränderungsauftrag ins Ausland „abgeordnet" worden.

Um solchen Vorurteilen, festgefahrenen Meinungen oder Spekulationen, die einen Führungswechsel immer begleiten, vorzubeugen, legen wir betroffenen Managern – insbesondere Seiteneinsteigern – nahe, mit ihren neuen Mitarbeitern Einstiegsgespräche zu führen. Es kann Wunder bewirken, sich in jeden Einzelnen und in seine Geschichte „hineinzuhören". Führt der neue Chef die Gespräche mit seinen neuen Mitarbeitern offen und vorbehaltlos, steht er ihren Anliegen aufgeschlossen gegenüber, gehen diese in der Regel ebenso offen auf seine Fragen ein. Auf diese Weise kann er sich nach und nach ein Bild vom gesamten Team machen. Neben solchen Einstiegsgesprächen haben sich Teamworkshops für einen erfolgreichen Einstieg in das Team bewährt. Beide Maßnahmen sind wichtige Befähiger für kollektive Quick Wins im Rahmen des Führungswechsels.

6.2.2 Teamworkshop

Als festen Bestandteil empfehlen wir, etwa drei Monate nach dem Führungswechsel einen eintägigen Teamworkshop durchzuführen. Im Rahmen dieses Teamtages kann der „Neue" in Erfahrung bringen, welche Ereignisse der Vergangenheit vor seinem Eintritt für seine Mitarbeiter prägend waren, um ihr Verhalten besser verstehen zu können. Er kann mit seiner gesamten „Mannschaft" eine Zwischenbilanz der ersten 100 Tage ziehen und von allen Feedback zu seinen Anliegen erhalten. Umgekehrt kann er mit einer gut vorbereiteten Standortbestimmung ihre Fragen beantworten und ihnen die Zukunftsperspektiven vor Augen führen (Bild 6-5). Kennzeichnend für erfolgreiche Teamworkshops ist, dass sie persönlich, humorvoll und lösungsorientiert ablaufen. Bei Bedarf kann auch ein neutraler Moderator hinzugezogen werden. Im Folgenden sind die wichtigsten Kriterien für die Durchführung eines Teamworkshops skizziert:

Ziele des Teamworkshops:

❏ Gemeinsam mit den Mitarbeitern „Schwung aufnehmen" für die anstehenden Veränderungsmaßnahmen.

❏ Ereignisse aus der Vergangenheit erfahren, die für das Team prägend waren, um es besser zu verstehen.

❏ Die Beziehungsebene zwischen Führungskraft und Mitarbeitern sowie diesen untereinander unterstützen.

❑ Feedback von den Mitarbeitern erhalten.

❑ Mit den Mitarbeitern eine Standortbestimmung des Teams vornehmen.

❑ Erwartungen und Spielregeln klären.

❑ Den Businessplan vorstellen: „Was kommt auf uns zu, was sind die nächsten Baustellen?"

❑ Ein positives Betriebsklima erzeugen.

Teamworkshopteilnehmer:

❑ Mitarbeiter und Führungskraft, gegebenenfalls Moderator,

❑ *keine* Besucher oder Beobachter.

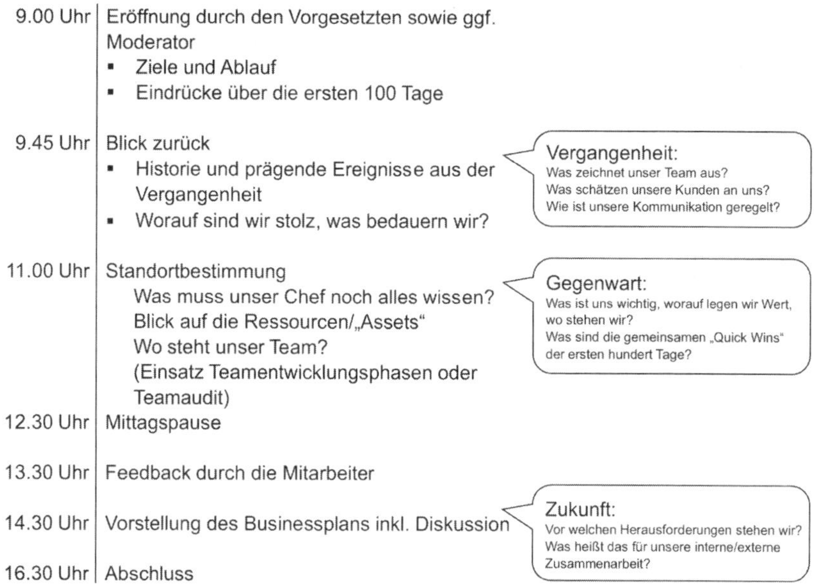

9.00 Uhr	Eröffnung durch den Vorgesetzten sowie ggf. Moderator • Ziele und Ablauf • Eindrücke über die ersten 100 Tage
9.45 Uhr	Blick zurück • Historie und prägende Ereignisse aus der Vergangenheit • Worauf sind wir stolz, was bedauern wir?
11.00 Uhr	Standortbestimmung Was muss unser Chef noch alles wissen? Blick auf die Ressourcen/„Assets" Wo steht unser Team? (Einsatz Teamentwicklungsphasen oder Teamaudit)
12.30 Uhr	Mittagspause
13.30 Uhr	Feedback durch die Mitarbeiter
14.30 Uhr	Vorstellung des Businessplans inkl. Diskussion
16.30 Uhr	Abschluss

Vergangenheit:
Was zeichnet unser Team aus?
Was schätzen unsere Kunden an uns?
Wie ist unsere Kommunikation geregelt?

Gegenwart:
Was ist uns wichtig, worauf legen wir Wert, wo stehen wir?
Was sind die gemeinsamen „Quick Wins" der ersten hundert Tage?

Zukunft:
Vor welchen Herausforderungen stehen wir?
Was heißt das für unsere interne/externe Zusammenarbeit?

Bild 6-5: Exemplarische Teamworkshopagenda

6.2.3 Erzeugung kollektiver Quick Wins

Mit dem Teamworkshop und den Einzelgesprächen mit den Mitarbeitern, dem Vorgesetzten und den Leistungspartnern ist nicht nur die Voraussetzung für eine erfolgreiche und gute (Zusammen-)Arbeit geschaffen, sondern auch, um mit dem Team schnelle Erfolge, sogenannte *kollektive Quick Wins* im Führungswechsel, zu erzielen. Sie dienen zur Motivation der Mitarbeiter und bestärken den Vorgesetzten des Führungswechslers darin, mit seiner Besetzung der Position die richtige Entscheidung getroffen zu haben.

Mark E. van Buren und Todd Safferstone (2009) haben in einer groß angelegten Untersuchung mit 5.400 neuen Führungskräften den Zusammenhang zwischen Quick

Wins und erfolgreichem Führungswechsel analysiert. Die wichtigste Aufgabe von kollektiven Quick Wins ist nach Meinung der befragten Führungswechsler, die Vorgesetzten in ihrer Ernennungsentscheidung zu bestätigen. Sie gaben an, dass folgende fünf Fallstricke der Erzielung von Quick Wins am meisten im Wege stehen:

- ❑ *Detailverliebtheit:* Der Führungswechsler verstrickt sich in Detailfragen und vernachlässigt andere Verantwortungsbereiche.
- ❑ *Kritikunfähigkeit:* Er verträgt keine Kritik, lässt sich nichts sagen und ist gegen wertvolle Hinweise immun.
- ❑ *Einschüchterungstaktik:* Aufgrund seiner Neigung zur Einschüchterung verliert er die Unterstützung seiner Mitarbeiter und des Umfelds.
- ❑ *Eigenbrötlerei:* Indem er auf seine eigenen Lösungen beharrt, nimmt er in Kauf, dass wichtiges Know-how seiner Mitarbeiter verloren geht.
- ❑ *Mikromanagement:* Alle Entscheidungen laufen über ihn und müssen von ihm genehmigt werden, was zeitraubend und ineffektiv ist und die Mitarbeiter demotiviert, weil sie das Gefühl haben, dass ihr Chef ihnen nichts zutraut.

Demgegenüber seien für erfolgreiches Quick-Wins-Management folgende Kriterien kennzeichnend:

- ❑ Der Führungswechsler vermeidet Einzelgänge, sondern bezieht das Team ein, fördert die Identifikation jedes Einzelnen mit seiner Abteilung und seinem Unternehmen und führt den Mitarbeitern den gemeinsam erzielten Erfolg aufgrund messbarer Kriterien vor Augen.
- ❑ Er geht strategisch vor und bedient sich bewährter Strategien:
  - Indem er seine Mitarbeiter überzeugt und mitnimmt, kann er sie motivieren und verhindern, dass sie lediglich zu Mitläufern werden. Im Gegenteil: Sie stehen hinter ihren Aufgaben und identifizieren sich mit der Abteilung.
  - Er hat Verständnis für die Ängste und Befürchtungen seiner Mitarbeiter und zeigt Empathie.
  - Er tritt bescheiden auf, fragt seine Mitarbeiter nach ihrem Rat, baut auf ihre Fähigkeiten und ihr Know-how und zeigt, dass er seinerseits lernbereit ist.
  - Er legt Wert darauf, die Stärken, Schwächen und die Motivation jedes Einzelnen kennenzulernen und die Dynamik im Team zu fördern.

Wir empfehlen Führungswechslern, bei der Bewertung infrage kommender kollektiver Quick Wins folgende Kriterien zu hinterfragen:

- ❑ Wertschöpfung
  - Bezieht sich der gemeinsam erzielte Erfolg auf ein dringendes, bedeutungsvolles Geschäftsergebnis und führt er zu einer deutlichen Ertragssteigerung oder Kostenminimierung?
  - Ist er so gut gelungen, dass er die Aufmerksamkeit des Vorgesetzten der übernächsten Hierarchiestufe des Führungswechslers weckt?

❑ Kosten und Machbarkeit

- Lässt sich der gemeinsam erzielte Erfolg ohne eine tief greifende Abweichung von den Aufgaben und der Verantwortung des Teams erzielen?
- Kann er mit vorhandenen Ressourcen erreicht werden?

❑ Kollektivwirkung (Teammitglieder, Schlüsselpersonen)

- Können sich alle mit diesem Erfolg identifizieren und wollen alle ihren Beitrag dazu leisten?
- Ist anzunehmen, dass alle Beteiligten stolz darauf sein werden, dass sie an diesem Erfolg beteiligt waren?

❑ Lernmöglichkeiten

- Bietet die Umsetzung dem Führungswechsler Gelegenheit, die Stärken und Schwächen, die Motivation, aber auch die Erwartungen und Hoffnungen seines neuen Teams besser kennenzulernen?
- Hat er bei der Umsetzung die Möglichkeit, die Dynamik der Beziehungen innerhalb des Teams zu erkennen?

❑ Gelegenheit zum Einbezug

- Wird der Führungswechsler auf das Know-how und den Rat seines Teams zurückgreifen müssen, um diesen Erfolg erzielen zu können?
- Wird er das Know-how und den Rat seines Vorgesetzten und seiner Mitarbeiter beanspruchen?

Kollektive Quick Wins sind das Ergebnis einer Mannschaftsleistung. Wie es gelingt, Einzelne und das Team einzubeziehen, zu führen und zu ertüchtigen, wird im nächsten Kapitel beschrieben. Wir empfehlen, die vorgestellten Grundlagen und Instrumente der Personal- und Teamführung konsequent und situativ einzusetzen.

6.3 Personal- und Teamführung

Führungskräfte sollten vor allem auf fünf Feldern spezielle Führungskompetenzen mit jeweils unterschiedlichen Zielsetzungen vorweisen können(Bild 6-6):

❑ *Selbstführung:* Der Manager arbeitet an sich, seinen persönlichen Eigenschaften und seiner Führungsrolle weiter und steckt die Ziele für sich ab.

❑ *Fachführung:* Hier geht es um die fachliche Kompetenz und das Know-how, das sie mitbringen und den Erfordernissen anpassen müssen.

❑ *Personale Führung:* Sie betrifft den Bereich der Personalentwicklung anhand von Führungsinstrumenten wie Konfliktarbeit, Mitarbeitergespräche, Job Rotation, Job Enrichment, Job Enlargement etc.

❑ *Teamführung:* Sie geht über die individuelle Betrachtung hinaus und hat die Entwicklung des gesamten Teams zum Ziel, beispielsweise mittels Führen durch Zielvereinbarungen, Workshops, Partizipation etc.

❑ *Strategische Führung:* Sie meint die Entwicklung des gesamten Bereiches beziehungsweise Unternehmens, zum Beispiel durch Entwicklung längerfristiger Ziele, Business- beziehungsweise Unternehmensplanung etc.

Bild 6-6: Fünf Felder/Zielsetzung der Führung

Bei der Zusammenstellung und Ausrichtung der Mannschaft sind vor allem die Fähigkeiten des Führungswechslers als Personal- und Teamentwickler gefragt. Auf die Selbst- und Fachführung sowie die strategischen Führungskompetenzen kommt es hier weniger an. Letztere werden bei der Erstellung des in Kapitel 4 beschriebenen Businessplans weiterentwickelt.

Nachdem der Führungswechsler sich einen Überblick über die Stärken, Schwächen und speziellen Eigenschaften der Mitarbeiter verschafft (vgl. Kapitel 6.1) und sein neues Team in seine strategischen Planungen eingebunden (vgl. Kapitel 6.2) hat, kann er nun sein Augenmerk darauf richten, zu jedem seiner Mitarbeiter eine persönliche, möglichst positive und konstruktive Beziehung aufzubauen. Da aber jeder Mensch anders ist und sich in seiner Persönlichkeit, seinem Umgang, seinen Kompetenzen und anderen Merkmalen vom anderen unterscheidet, gibt es kein Patentrezept für den Aufbau von persönlichen Beziehungen im neuen Umfeld. Gleichwohl aber gibt es typische Merkmalskonstellationen und dafür geeignete Instrumente und Methoden, die für die Gestaltung menschlicher Beziehungen maßgeblich sind. Wir stützen uns hierbei auf das von uns weiterentwickelte Dreifeldermodell der Beziehungsgestaltung von Heiner Meiswinkel (2001, vgl. Bild 6-7). Es bezieht sich hauptsächlich auf zwischenmenschliche Beziehungen in Unternehmen.

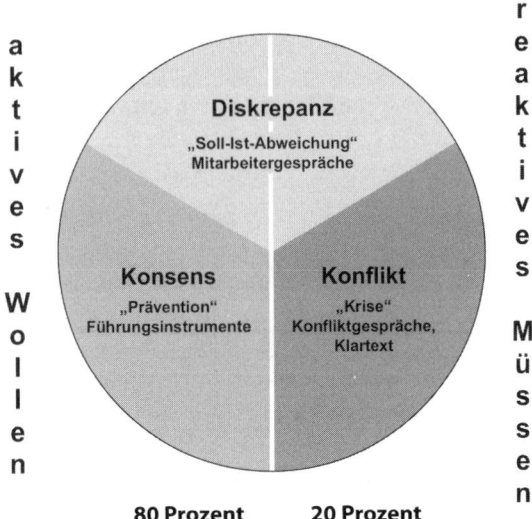

Bild 6-7: TRIAT – Das Dreifeldermodell der Beziehungsgestaltung
(in Anlehnung an Meiswinkel 2001)

Dieses Modell hat sich in der Praxis als Hilfestellung beim Aufbau und bei der Pflege von persönlichen Beziehungen im beruflichen Umfeld und als Orientierungsrahmen für den Umgang mit Diskrepanzen und Konflikten bestens bewährt. Seine Systematik ist überall dort anwendbar, wo Menschen miteinander in Kontakt treten, zum Beispiel zur Gestaltung der Beziehungen zwischen Vorgesetzten und Mitarbeitern, der Team- und Kunden-Lieferanten-Beziehungen, der Beziehung zu privaten Partnern bis hin zur Gestaltung der Beziehung zu sich selbst.

Insofern haben die hier aufgeführten Regeln der professionellen Beziehungsgestaltung generelle Gültigkeit über den Führungswechsel hinaus. Die TRIAT-Methodik zeigt drei unterschiedliche idealtypische Ausgangslagen für die Gestaltung der Beziehungen zueinander:

❑ *Konsens:* Im „grünen", präventiven Bereich kommen Führungsinstrumente zum Einsatz.
❑ *Diskrepanz:* Aufgrund von Soll-Ist-Abweichungen, etwa wenn Führungsinstrumente nicht konsequent angewandt werden oder beim Mitarbeiter ankommen, müssen schwierige Mitarbeitergespräche geführt werden („gelber Bereich").
❑ *Konflikt:* Die Führungskraft muss Klartext reden, wenn sie den Konflikt klären oder Krisen bewältigen will („roter Bereich").

Bei genauerer Betrachtung fällt auf, dass der Drei-Felder-TRIAT-Kreis in zwei Hälften geteilt ist. Dies ist kein Zufall, sondern stellt die beiden Mischformen der dargestellten Ausgangslagen dar:

❑ Die linke Hälfte umfasst neben dem Konsensbereich einen Teil des Diskrepanzbereiches. Gemeinsam bilden sie den proaktiven Bereich des „Wollens". Neben dem Konsensbereich messen wir diesem Sektor besondere Bedeutung zu. Denn hier kommt es darauf an, Soll-Ist-Abweichungen frühestmöglich zu erkennen und ihnen unverzüglich und wirkungsvoll gegenzusteuern, um ein negatives Abdriften in die rechte Hälfte des TRIAT-Kreises nach Möglichkeit zu vermeiden. In dieser Hälfte sollten rund 80 Prozent der Führungsaktivitäten und Beziehungen ablaufen.

❑ In der rechten Hälfte des TRIAT-Kreises wird die Lage immer angespannter. Die Maßnahmen zur Behebung der identifizierten Soll-Ist-Abweichungen haben nicht gegriffen, im Gegenteil, die Fronten verhärten sich. Von Diskrepanz kann keine Rede mehr sein, man befindet sich längst im offenen Konflikt. Wir bezeichnen diese Hälfte als reaktive Hälfte des „Müssens". Weil die Führungskraft in diesem Bereich unter starkem zeitlichem und inhaltlichem Druck steht, muss sie schnell und konsequent handeln. In dieser Hälfte sollten nicht mehr als 20 Prozent der Führungsanstrengungen stattfinden, um das Klima in der Abteilung nicht nachhaltig zu gefährden.

6.3.1 Konsens: Führungsinstrumente einsetzen („grüner Bereich")

Zur Beschreibung von Konsenssituationen in persönlichen Beziehungen zwischen Führungswechslern und ihren Mitarbeitern ziehen wir gerne den Vergleich mit Liebesbeziehungen: Welche Voraussetzungen müssen zum Beispiel gegeben sein, damit beim Menschen der Wunsch entsteht, aus einem Flirt eine Beziehung zu machen und diese schließlich in eine Ehe zu überführen? In den allermeisten Fällen steckt dahinter wohl der Wunsch nach einer gemeinsamen Zukunft. Verspürt einer der beiden Partner diesen Wunsch jedoch nicht, gehen die Beteiligten früher oder später ihren eigenen Weg. Aber zumindest am Anfang ist ihre Beziehung von einem Zustand geprägt, den beide Partner sicherlich übereinstimmend mit Konsens bezeichnen würden.

Bekanntlich kühlt die erste Euphorie in einer Beziehung jedoch früher oder später wieder ab. Wird sie von einer tiefen Zuneigung und Vertrautheit abgelöst, kann der gemeinsame Wunsch entstehen, sich zeitlebens zu binden und zu heiraten. Doch auch diese scheinbar gefestigte Entscheidung beider Partner garantiert keine dauerhafte Zukunft: Derzeit wird rund ein Drittel aller Ehen geschieden, viele andere sind zwar nicht juristisch getrennt, haben sich faktisch aber auseinandergelebt.

Im Arbeits- und Berufsleben sieht es nicht anders aus: Immer mehr Arbeitsbeziehungen werden vorzeitig beendet – mit unbefriedigenden Folgen für beide Seiten. Aber immerhin konsequent. Denn wie in der Ehe kommt es sehr häufig vor, dass die Arbeitsbeziehung formal zwar bestehen bleibt, der Mitarbeiter weiterhin sein Gehalt erhält, innerlich aber bereits längst gekündigt hat. Die Folge: Er ist zwar von 8.00 bis

17.00 Uhr physisch anwesend, sein wirkliches Engagement beginnt allerdings erst außerhalb der Arbeitszeit, zum Beispiel im Garten, im Verein, im Zweitjob oder anderweitig.

Gründe für scheiternde Arbeitsbeziehungen

Woran liegt das? Warum erleben Führungswechsler immer wieder, dass ihre neuen Mitarbeiter innerlich „Adieu" sagen und sich verabschieden? Dies geschieht in der Regel dann, wenn beide Parteien ihre Beziehung vernachlässigen. Es gehört zu den Führungsaufgaben eines Managers, seine Mitarbeiter zu motivieren und „mitzunehmen", um die gesteckten Ziele gemeinsam zu erreichen. Beziehungen müssen laufend gepflegt werden, damit sie intakt bleiben.

Jeder Autobesitzer weiß, dass sein Fahrzeug länger hält, wenn er es regelmäßig wartet. Jeder Zahnarzt kennt die schmerzhaften Behandlungen, die den Patienten erwarten, der seine Zähne nicht täglich pflegt und sie nicht regelmäßig checken lässt. Bei Beziehungen ist es nicht anders. Wer in vernachlässigten – sozusagen „ungepflegten" – Beziehungen lebt, verliert die Freude daran: Er geht auf Distanz und weicht dem anderen immer mehr aus. Die Zusammenarbeit wird freudlos und zwangsläufig auch unproduktiv.

Deshalb sind Führungswechsler gut beraten, zwischenmenschliche Beziehungen im beruflichen Kontext genauso zu pflegen wie im privaten Bereich. Wer meint, er könne hier „sparen", irrt gewaltig. Jeder Mensch, der erfahren musste, dass seine Ehe zugrunde gegangen ist, weil er sie vernachlässigt hat, weiß, wie teuer das zu stehen kommen kann. Nicht nur wegen des Verlustes eines lieben Menschen, sondern auch aufgrund der Scheidungskosten. Nicht viel anders ist das beim Verlust von vernachlässigten Mitarbeitern: Sie hinterlassen nicht nur eine menschliche und fachliche Lücke, sondern verursachen auch beachtliche Kosten, zum Beispiel für die Rekrutierung und Einarbeitung eines adäquaten Nachfolgers.

Typische Fehler von Führungswechslern

Angesichts dessen drängt sich die Frage auf, warum viele Führungswechsler den Fehler machen, der Pflege von Beziehungen nicht mehr Aufmerksamkeit zu schenken. Die Antwort ist naheliegend: Aktivitäten zur Pflege der Beziehungen zu den Mitarbeitern sind zwar wichtig, haben aber keine oberste Priorität. Entsprechend werden sie „auf Eis gelegt". Dass ein Mitarbeiter sich vernachlässigt, übergangen oder nicht ernst genommen fühlt, wird häufig erst ersichtlich, wenn die Beziehung zu seinem Chef bereits große Brüche aufweist oder gar zerstört ist. Der Erfolg kontinuierlicher Pflege der Beziehung zu den Mitarbeitern lässt sich nur auf lange Sicht „messen".

Fatalerweise kommt hinzu, dass „auf Eis gelegte" Beziehungspflege kurzfristig sogar positiv sein kann, weil sich dadurch Kosten und Zeit einsparen lassen. Denn die Pflege der Beziehungen zu den Mitarbeitern nimmt nun einmal Zeit in Anspruch, und dieser kurzfristige zeitliche Mehraufwand ist immer in Gefahr, gestrichen zu werden: wie zum Beispiel kurzfristig vorbeugender Wartungs- und Instandhaltungsaufwand von technischen Anlagen, die jeder Betriebsleiter reduzieren oder auf null zurückfahren kann – genauso wie jeder Autofahrer einen Ölwechsel auslassen kann. Entsprechend kann die Unternehmensleitung die Information, Kommunikation und Einbeziehung von Mitarbeitern kurzfristig reduzieren oder streichen. Und siehe da, die ersten Ergebnisse sind positiv: Der Aufwand ist gesunken und damit automatisch kurzfristig das Ergebnis verbessert. Die Folgen unterlassener beziehungsweise mangelhafter Beziehungspflege jedoch werden sich mit absoluter Sicherheit unvermeidlich früher oder später einstellen und die hochwillkommenen anfänglichen Spareffekte wieder zunichtemachen.

Möglichkeiten des Gegensteuerns

Was aber können Führungswechsler tun, um solche Entwicklungen zu vermeiden? Wird „Pflegeaufwand" betrieben, bleibt die Beziehung im Konsensbereich. Leistungsbereitschaft und Freude an der Arbeit bleiben erhalten und es stellen sich angestrebte Ergebnisse viel leichter ein. „Pflegeaufwand" bedeutet in erster Linie *Zeit*: Zeit für sich selbst, Zeit für die Mitarbeiter, Zeit für den Kunden, von dessen Wohlwollen vieles abhängt. Führungswechslern, die meinen, sich diese Zeit sparen zu können, kommt diese Fehleinschätzung in der Regel über kurz oder lang teuer zu stehen. Wir wundern uns immer wieder, wie es kommt, dass Führung im Konsensbereich im Grunde ganz einfach ist, sich aber viele Führungswechsler gerade hier besonders schwertun.

Führung im Konsensbereich ist prinzipiell schon deshalb einfach, weil Managern ein umfassendes Führungsinstrumentarium zur Verfügung steht, das sich bestens zur positiven Gestaltung von zwischenmenschlichen Beziehungen bewährt hat. Um im Konsensbereich zu bleiben, brauchen sie nur darauf zu achten, dass sie ihre Mitarbeiter in die Arbeitsabläufe und Entscheidungen mit einbeziehen und sie fördern und fordern. Dazu gehört auch, mit ihnen Ziele zu vereinbaren und diese Vereinbarungen auch einzuhalten. Das folgende Beispiel zeigt, wie ein Rückkehrgespräch mit einem wieder gesundeten Mitarbeiter im präventiven Bereich zur Festigung der guten Beziehung beitragen kann:

> Ein Vorgesetzter bittet eine Mitarbeiterin, die nach langer Krankheit wieder an ihren Arbeitsplatz zurückgekehrt ist, zu sich ins Büro. Er teilt ihr mit, dass er Anteil an ihrer schweren Erkrankung genommen hat und froh ist, dass sie alles gut überstanden hat und wieder gesund ist. Mit diesem Gespräch zeigt er ihr nicht nur seine Wertschätzung. Es ist auch eine vertrauensbildende Maßnahme für eine gute Integration der Mitarbeiterin in das Team.

Bleiben wir beim Thema Gesundheit der Mitarbeiter:

Ist der Krankenstand im Team auffällig hoch, ist der Führungswechsler gut beraten, in der Regelkommunikation oder beim Jour fixe mit allen Mitarbeitern über die Ursachen der vielen Erkrankungen und Maßnahmen zur Gesunderhaltung zu sprechen. Er könnte zum Beispiel krankmachende Faktoren ansprechen, wenn er feststellt, dass seine Mitarbeiter die vorhandenen Hebehilfen nicht in Anspruch nehmen oder gegen Sicherheitsvorschriften verstoßen. Umgekehrt können die Mitarbeiter Vorschläge zur Gesunderhaltung machen, zum Beispiel Maßnahmen zur Stressreduzierung. Als weitere Themen kämen das Verhalten Einzelner, Umgang mit kritischen Zeitgenossen, gegenseitige Vertretungen oder das schlechte Klima im Team und seine Ursachen in Betracht.

Wenn der Führungswechsler solche Themen angeht, bewegt er sich im präventiven Bereich. Er erreicht, wenn der Krankenstand fünf Prozent beträgt, immerhin die 95 Prozent gesunden Mitarbeiter. Und das ist wichtig, damit die Krankenquote aus unterschiedlichsten Gründen (zum Beispiel aufgrund von Unzufriedenheit, „innerer" Kündigung und anderem) nicht weiter ansteigt. Themen wie diese aber werden beim Führungswechsel häufig vernachlässigt oder übersehen. Allein schon durch Fragestellungen wie „Wie können wir die Gesundheit im Team verbessern?" oder „Wie können wir den Gesundheitsstand fördern?" zeigt der neue Chef, dass es ihm nicht darum geht, „die Kranken ins Visier zu nehmen", sondern die Gesundheit seiner Mitarbeiter zu fördern (salutogener Ansatz im Gesundheitsmanagement).

Abschließend zwei weitere Beispiele für vertrauensbildende und beziehungspflegende Maßnahmen im präventiven Bereich:

Der Führungswechsler stellt fest, dass bisher Feedback von den Mitarbeitern an ihren Vorgesetzten vor versammelter Mannschaft unüblich war. Er führt es sofort ein – und gibt damit ein kleines Signal mit großer Wirkung: Er zeigt, dass er sich nicht scheut, „alte Zöpfe" abzuschneiden und Neuerungen einzuführen.

Dem Führungswechsler fällt auf, dass die Arbeitsabläufe mit anderen Abteilungen viele Schnittstellen, Lücken und unnötige Kommunikationsschleifen mit Rückfragen aufweisen. Er greift diese Schwachstelle schnell auf, indem er mit ausgewählten Mitarbeitern und den betreffenden Abteilungen KVP-Workshops ins Leben ruft, die in kurzer Zeit Maßnahmen zur wirksamen Beschleunigung der Arbeitsabläufe entwickeln und diese Entwicklung im Sinne des Kontinuierlichen Verbesserungsprozesses weiter optimieren. Damit stellt er seinem Team unter Beweis, dass er in der Lage ist, schnell wirksame Verbesserungen zu initiieren und den Gesamterfolg seiner Abteilung deutlich zu steigern.

Eine Übersicht über geeignete Instrumente der Personal- und Teamführung im „grünen Bereich" bietet Bild 6-8 (vgl. auch Malik 2007).

Stellenbesetzung				Delegation				Zusammenarbeit regeln und fördern		
Stellenbeschreibung	✎	✎	✎	Aufgaben, Kompetenzen und Verantwortung	✎	✎	✎	für Vereinbarungen und Spielregeln sorgen	✎	✎	✎
Stellenbewertung	✎	✎	✎	**Ressourcen zur Verfügung stellen (zeitlich, sachlich, personell, finanziell)**				Team-/Bereichsentwicklung			
Bewerbungsgespräch	✎	✎	✎	Budgetierung	✎	✎	✎	- Aufgabe an Person & Strategie ausrichten	✎	✎	✎
Versetzung/Umsetzung	✎	✎	✎	Kapazitätsplanung (quantitativ & qualitativ)	✎	✎	✎	- Prozesse prüfen & sicherstellen	✎	✎	✎
Schlüsselauftrag klären	✎	✎	✎	**Mitarbeiter informieren**				- Kultur entwickeln	✎	✎	✎
Ziele setzen/vereinbaren und mit den richtigen Kennzahlen steuern				Regelkommunikation	✎	✎	✎	KVP-Prozesse	✎	✎	✎
Zielvereinbarung	✎	✎	✎	Sitzungen/Stehungen	✎	✎	✎	Förderung des betrieblichen Vorschlagswesens	✎	✎	✎
Kennzahlensteuerung (BSC)	✎	✎	✎	Visualisierung/Reports	✎	✎	✎	Wiedereingliederung/ Integration einsatzeingeschränkter MA	✎	✎	✎
Mitarbeiter bewerten, fördern und entwickeln				**Erfolgskontrollen durchführen**				Förderung außerbetrieblicher Aktivitäten	✎	✎	✎
Einarbeitungsplan	✎	✎	✎	Beobachtung, Präsenz vor Ort	✎	✎	✎	**Wissensmanagement**			
Anweisung, Unterweisung	✎	✎	✎	Auditierung	✎	✎	✎	Dateiverwaltung/ „systematische Müllabfuhr"	✎	✎	✎
Qualifizierungsgespräch	✎	✎	✎	Kundenfeedback	✎	✎	✎				
Beraten und Begleiten von Schlüsselpersonen	✎	✎	✎	**Mitarbeiterengagement herstellen**							
Leistungsbeurteilung	✎	✎	✎	leistungsgerechte Vergütung	✎	✎	✎				
Aufgabenerweiterung				Face-to-face-Gespräche (Lob, Kritik, Fehlzeitengespräche)	✎	✎	✎				
Job Rotation	✎	✎	✎	Mitarbeiterfeedback	✎	✎	✎				
Hospitation	✎	✎	✎	Mitarbeiterbefragung	✎	✎	✎				
Sonderaufgaben	✎	✎	✎								
Projekte	✎	✎	✎								
Stellvertretung	✎	✎	✎								

Bild 6-8: Instrumente der Personal- und Teamführung („grüner Bereich")

Schwierig wird es mit dem Verbleib im Konsensbereich besonders dann, wenn Führungskräfte fahrlässig annehmen, zwischenzeitlich auf den permanenten Einsatz dieser Instrumente verzichten zu können, weil ohnehin alles gut läuft. Sie sind gut beraten, die Bedeutung guter Beziehungen zu ihrem Team nicht aus den Augen zu verlieren und die Disziplin aufzubringen, auch in vermeintlich guten Zeiten nahe an ihren Mitarbeitern zu sein. Wir erleben immer wieder, dass Führungswechsler die entsprechenden Instrumente kennen, aber nicht konsequent anwenden.

Gleichfalls warnen wir davor, die Formel „Je mehr Pflegeaufwand, desto besser die Beziehung" mit der Kunst guter Führung gleichzusetzen. Jeder Vorgesetzte sollte ein Gespür dafür haben, wie viel Zeit und Energie er für eine positive Gestaltung der Beziehungen zu seinen Mitarbeitern benötigt, diese immer wieder auf den Prüfstand stellen und versuchen, sie zu optimieren. Es ist die Kombination von persönlicher Glaubwürdigkeit und professionell-methodischem Vorgehen, die Führungswechsler befähigt, ihren persönlichen Führungsstil den Mitarbeitern so glaubhaft und authentisch rüberzubringen, dass sich die Beziehungen zu ihnen meist im Konsensbereich bewegen.

6.3.2 Diskrepanz: Mit Mitarbeitern sprechen („gelber Bereich")

Auch wenn sich der Führungswechsler um gute Beziehungen zu seinen Mitarbeitern bemüht und sie pflegt, können im Berufsalltag – was auch menschlich ist – immer Unstimmigkeiten auftreten. Deshalb ist er gut beraten, mit seinem Team Spielregeln für den Umgang mit Diskrepanzen zu vereinbaren, an die sich alle zu halten haben, um den Grundkonsens aufrechtzuerhalten.

Gründe für das Auftreten von Diskrepanzen

Kritisch jedoch wird es, wenn sich die Unstimmigkeiten häufen. Diese Gefahr besteht vor allem dann, wenn der Führungswechsler

- ❑ die Beziehungen im „grünen" Konsensbereich nicht ausreichend pflegt,
- ❑ mit seinen Mitarbeitern nicht offen kommuniziert und sich zu wenig mit ihnen auseinandersetzt,
- ❑ Meinungsverschiedenheiten ignoriert und „unter den Tisch kehrt" oder
- ❑ nicht offen anspricht, wenn seine Teammitglieder sich über getroffene Vereinbarungen hinwegsetzen.

In diesen Fällen ist über kurz oder lang das Abrutschen der Beziehung in den „gelben Bereich" vorprogrammiert.

Typischer Fehler: Verdrängen

Um einer solchen Entwicklung wirkungsvoll gegensteuern und wieder einen Konsens herstellen zu können, muss der Führungswechsler aber zunächst einmal erkennen, dass die Beziehung gestört ist: zu einem Mitarbeiter, zu mehreren Mitarbeitern oder womöglich zum ganzen Team. Wir erleben immer wieder, dass Manager, selbst wenn sie dies erkannt haben, sich nicht eingestehen wollen, dass eine akute Diskrepanz – das heißt eine offensichtliche Abweichung des Ist-Zustands vom Soll-Zustand der Beziehung – vorliegt. Hier liegt ein weiterer typischer Fehler in der Gestaltung der Personal- und Teamführung: Viele Führungswechsler neigen dazu, Unstimmigkeiten zu verdrängen. Sie ignorieren diese und erkennen entsprechend auch keinen Handlungsbedarf.

Solche Verdrängungsmechanismen sind häufig zu beobachten, nicht nur bei einzelnen Personen, sondern auch bei Gruppen bis hin zu großen Organisationen. Die Betroffenen verharren in der Vorstellung, alles sei „in Ordnung", und reden sich ein, es gäbe keinen Anlass zur Beunruhigung. Sie bagatellisieren aufkommende Probleme, brandmarken diejenigen, die auf sie hinweisen, als Schwarzmaler und Pessimisten, und leugnen jeglichen Klärungsbedarf („Wir kennen das doch alles", „Wir haben die Sache im Griff"). Das Spektrum der Verdrängungsinstrumente ist sehr breit: Es reicht von der Schmerztablette gegen beginnende Zahnschmerzen bis zur Ergebniskosmetik in der Unternehmensbilanz am Ende des Geschäftsjahres. Verdrängung ist ein riesiges Problemfeld mit erheblichen Folgerisiken und häufig hohen Folgekosten.

Worauf ist ein solch verdrängender Umgang mit sich und anderen, der einem Selbstbetrug gleichkommt, zurückzuführen? Viele Menschen

❑ scheuen den Aufwand oder Ärger, den es nach sich ziehen könnte, wenn sie das Problem beim Namen nennen und sich mit dem oder den Betreffenden offen auseinandersetzen,

❑ können mit Unstimmigkeiten nicht umgehen, schon gar nicht diese auflösen,

❑ gestehen sich aufgrund ihres idealisierten Selbstbildes nicht ein, dass es Schwierigkeiten gibt, weil sie fürchten, dadurch würden sie als Person oder ihre Kompetenz infrage gestellt.

Typischer Fehler: Gegen Vereinbarungen verstoßen

Neben der *Verdrängung* verhindert ein weiterer typischer Fehler den konstruktiven Umgang mit auftretenden oder bereits bestehenden Unstimmigkeiten: die *Nichteinhaltung von Vereinbarungen* zwischen den beteiligten Akteuren. Deshalb raten wir Führungswechslern dringend: Verstöße gegen Vereinbarungen müssen konfrontiert werden!

Alle Unternehmen folgen diesem Prinzip, wenngleich meist oft nur in ihren Beziehungen nach außen, das heißt in ihren Kunden-Lieferanten-Beziehungen. Verstöße gegen Vereinbarungen mit Kunden haben unmittelbare und spürbare Folgen. Die Konsequenzen reichen von Beschwerden und Reklamationen über Regressforderungen bis hin zum Verlust des Kunden.

Umgekehrt reagieren Unternehmen auf Lieferanten, die ihrerseits Vereinbarungen nicht einhalten: Der freundlichen Nachfrage folgt eine weniger freundliche, dafür nachhaltige Aufforderung. Wenn das nicht hilft, die schriftliche Mahnung, gefolgt von der „Gelben Karte" bis hin zur „Roten Karte", das heißt dem Rauswurf aus der Lieferantenkartei. Dieser Mechanismus setzt immer ein, wenn der vorangegangene Schritt nicht zum gewünschten Ergebnis geführt hat.

Die Beziehungen zwischen Vorgesetzten und Mitarbeitern sind grundsätzlich mit Kunden-Lieferanten-Beziehungen vergleichbar, wenngleich sie viel komplizierter sind und im ungünstigen Fall weitaus fatalere Folgen nach sich ziehen können. Betrachten wir zum Beispiel, wie sich inkonsequenter Umgang eines Vorgesetzten mit seinem Mitarbeiter, dessen Leistung nicht der Anforderung entspricht, auf die Beziehung zwischen beiden auswirken kann:

❑ Der Vorgesetzte weist lediglich auf diesen Mangel hin und fordert keine Beendigung dieses Missstands. Folglich geht der Mitarbeiter davon aus, dass die ihm übertragene Aufgabe, der vereinbarte Termin, die gewünschte Qualität etc. nicht besonders wichtig sind.

❑ Belässt es der Vorgesetzte bei solchen Hinweisen, folgert der Mitarbeiter unbewusst – aber folgenschwer –, dass nicht nur seine Arbeit, sondern auch er als Person im Unternehmen unwichtig ist. Dies führt über kurz oder lang dazu, dass er innerlich kündigt, weil er das Gefühl haben will, gebraucht zu werden. Bekommt er dieses Gefühl nicht im Unternehmen, stillt er es andernorts: Er sucht sich einen Zweitjob (häufig als freier Mitarbeiter), bekleidet ein Ehrenamt oder übernimmt eine andere Funktion im (Sport-)Verein, verschönert Haus und Garten oder findet anderweitig die nötige Anerkennung.

❏ Verstärkt wird diese Entwicklung, wenn der Vorgesetzte – bewusst oder unbewusst – signalisiert, dass er diesen Mitarbeiter nicht mehr ernst nimmt, indem er ihn nicht mehr auf Missstände hinweist. Dies wird automatisch als Abwertungssignal verstanden.

❏ Die Zuspitzung ist, dass der Mitarbeiter seinen Vorgesetzten ebenfalls nicht mehr akzeptiert, da er sich von ihm nicht ernst genommen fühlt.

Solche Mechanismen finden in Unternehmen tagtäglich und zuhauf statt. Unser Hang zur Bequemlichkeit und die Scheu, beginnende Unstimmigkeiten zu erkennen und diesen frühzeitig gegenzusteuern, kosten die Volkswirtschaft ein Vermögen – allein aufgrund von Defiziten in der Mitarbeiterführung. Denn auch in Unternehmensbereichen außerhalb der Personalführung werden Diskrepanzen und Soll-Ist-Abweichungen in den Beziehungen zueinander oft genug verdrängt, verharmlost und ausgeblendet. Dieses Verhalten nach dem „Vogel-Strauß-Prinzip" aber löst keine Probleme, sondern führt im Gegenteil zu immer gravierenderen Erschwernissen, deren Lösung zunehmend schwieriger wird.

Möglichkeiten des Gegensteuerns

Wie also sollte sich beispielsweise ein Führungswechsler einem Mitarbeiter gegenüber verhalten, der neuerdings unpünktlich am Arbeitsplatz erscheint? In erster Linie, den Mitarbeiter offen darauf ansprechen und mit ihm darüber reden. Führen im Diskrepanzbereich bedeutet vor allem: Gespräche führen – mit den Mitarbeitern über die Soll-Ist-Abweichungen und Möglichkeiten, diese zu beheben, sprechen. In solchen Gesprächen können alle denkbaren Facetten von persönlichen Anliegen und Problemlagen zutage treten: von relativ unproblematischen Fragestellungen wie Mitarbeiterqualifizierung bis hin zu existenziellen Themen, zum Beispiel einer akuten lebensbedrohlichen Erkrankung.

Nicht immer verlaufen diese Gespräche nach Plan und wunschgemäß. Auch noch so gut gemeinte Bemühungen des Vorgesetzten, Diskrepanzen aufzulösen und zum Konsens zurückzufinden, können misslingen und sich ungewollt negativ auswirken. Spricht er beispielsweise einen Mitarbeiter wegen seiner schlechten Leistung oder Unpünktlichkeit, Verhaltensproblemen etc. an, kann dies durchaus zunächst einmal zu einer Verschlechterung des Klimas zwischen beiden führen. Denn der Mitarbeiter

❏ fühlt sich gekränkt und meldet sich zum Beispiel „aus Protest" erst einmal krank,
❏ fühlt sich ungerecht gemaßregelt und schaltet zum Beispiel „zur Gegenwehr" den Betriebsrat ein,
❏ ist „richtig sauer" und beschwert sich beispielsweise „aus Rache" beim direkten

Vorgesetzten seines Chefs darüber, lästert bei seinen Kollegen über ihn, macht nur noch „Dienst nach Vorschrift" etc.

Solche Risiken gibt es nun einmal und es wäre falsch, sie wegreden zu wollen. In welchem Maße sie jedoch eintreten oder nicht, hängt stark vom Führungswechsler selbst und von seinem Vorgehen ab. Bestimmend für eine Erfolg versprechende Vorgehensweise sind vor allem zwei Faktoren:

❑ *Die grundlegende (Erwartungs-)Haltung*
Häufig passiert genau das, was die betreffende Person erwartet hat. Malt sich ein Führungswechsler zum Beispiel „Horrorszenarien" über das bevorstehende Mitarbeitergespräch zur Behebung von Diskrepanzen aus, sieht er im Geiste schon den schäumenden Betriebsrat, seinen ihn tadelnden Vorgesetzten oder die Krankmeldung des Betreffenden auf dem Schreibtisch vor sich. Er trägt unbewusst dazu bei, dass diese Erwartungen auch eintreten, weil er unbewusst entsprechende Signale aussendet. Diesem Phänomen der „sich selbst erfüllenden Prophezeiung" kann er entgehen, wenn er mit einer positiven Zielsetzung an Dinge herangeht. Damit steigen auch die Chancen auf einen guten Ablauf und einen erfreulichen Ausgang des Gesprächs.

❑ *Der Zeitpunkt der Ansprache und sensibles Vorgehen*
Die generelle Herausforderung für Führungswechsler im Diskrepanzbereich ist es, Unstimmigkeiten frühestmöglich zu erkennen und diesen gegenzusteuern. Je früher er Maßnahmen ergreift, wenn die Beziehung Risse aufweist, umso leichter lassen sie sich wieder „kitten". Andernfalls riskiert er eine Verschlechterung des Betriebsklimas. Und: „Der Ton macht die Musik." Die Erfolgsaussichten steigen, wenn er den „richtigen Ton" findet und nicht vom eigentlichen Thema abschweift. Eine „Generalabrechnung" aller zuvor angefallenen Themen ist kontraproduktiv.

6.3.3 Konflikt: Klartext reden („roter Bereich")

Durch kontinuierliche Pflege der Beziehungen zu den Mitarbeitern im Konsensbereich und möglichst frühe Interventionen beim Auftreten von Diskrepanzen können Führungswechsler die Gefahr von Konflikten reduzieren. Ganz ausschließen lassen sie sich aber nicht. Selbst Führungskräfte, die im „grünen" und „gelben Bereich" gute Arbeit leisten, finden sich immer wieder im „roten" Konfliktbereich wieder. Das kann verschiedene Ursachen haben:

❑ Maßnahmen im präventiven Bereich werden sträflich vernachlässigt,
❑ Personal- und Teamführungsinstrumente werden nicht konsequent eingesetzt und führen nicht zum erwünschten Erfolg,
❑ der Manager hat sich nun doch vom Wunschdenken leiten lassen, dass ihm der Konflikt erspart bleibt,
❑ die neuen Mitarbeiter sind auf Konflikte „geeicht" und sind nichts anderes gewohnt etc.

Typische Schwachstellen

Konfliktsituationen im „roten" Bereich zeigen sich dem Führungswechsler nach Antritt seiner neuen Stelle

❑ ... beim einzelnen Mitarbeiter:

- Die Leistungen weichen häufig von den Standards ab, es gibt viele Schnittstellen und Fehler sind an der Tagesordnung.
- Die Individualisten (Spezialisten, Experten auf ihrem Gebiet) werden als Außenseiter behandelt.
- Regeln, Abläufe und Sicherheitsvorschriften werden nicht beachtet.
- Alkoholprobleme und psychosomatische Störungen sind erkennbar.

❑ ... auf Teamebene:

- Die Teammitglieder begegnen sich mit Misstrauen.
- Der Krankenstand ist hoch.
- Es gibt keinen Teamgeist und die Mitarbeiter sind mit ihrer Arbeit unzufrieden.

❑ ... beim Führungswechsler: Er ist 30 Prozent und mehr seiner Zeit beschäftigt mit

- unerledigten Sachen und dem Bearbeiten von Schnittstellen,
- der Bearbeitung von Ausnahmen und Abweichungen von Regeln und Standards,
- der Klärung von Beziehungen auf der zwischenmenschlichen Ebene und schwierigen Gesprächen.

Möglichkeiten des Gegensteuerns

Führungswechsler sind gut beraten, Konfliktsituationen im „roten Bereich" schnellstmöglich zu klären und zu beenden. Der Volksmund sagt es richtig: „Lieber ein Ende mit Schrecken als ein Schrecken ohne Ende." Dafür braucht er vor allem diese beiden Eigenschaften:

❑ eine klare innere Haltung – er hat eine feste Position und vertritt diese,
❑ einen „kühlen Kopf" – er lässt sich nicht von Gefühlen leiten, sondern agiert klug und rational.

Vielen Führungskräften fällt es schwer, im Konfliktfall eine klare innere Haltung einzunehmen. Dies ist vor allem dann der Fall, wenn sie aufgrund ihrer eigenen Glaubenssätze nicht das tun, was die Situation eigentlich erfordert, zum Beispiel „hart durchzugreifen". Wir empfehlen Führungswechslern, sich in diesem Fall folgende Grundlagen der Führung vor Augen zu führen:

❑ Gute Vorgesetzte agieren im Konfliktfall konsequent und versuchen, diesen schnellstmöglich zu beenden. Wenn nötig, scheuen sie vor disziplinarischen Konsequenzen bis hin zur Kündigung nicht zurück. Keinesfalls aber verdrängen oder verschleppen sie entstandene Konflikte.

Gerade junge Vorgesetzte hingegen vertreten häufig die Auffassung, man könne im Krisenfall auf sanktionierende Maßnahmen verzichten, weil solches Verhalten der „modernen Führungslehre" zufolge „out" sei. „In" sei dagegen kooperatives oder partizipatives Führen. Solche abstrakten Bezeichnungen suggerieren, Konfliktsituationen ließen sich immer auf die sanfte Art und unter Verzicht auf „strenge" Verhaltensweisen auflösen.

Hinzu kommt ein weiterer Aspekt: Viele Führungswechsler scheuen es, klare und harte Entscheidungen zu treffen, weil Entscheidung gleichzeitig auch „sich schuldig machen" bedeutet. Wer entscheidet, übernimmt Verantwortung für diese Entscheidung mit allen eventuellen Konsequenzen. Diese Konsequenz jedoch fürchten viele.

❑ Gute Vorgesetzte kennen den Unterschied zwischen Konsequenz und Willkür. Sie geben klare Spielregeln für das Verhalten und den Umgang miteinander vor und weisen Mitarbeiter bereits beim Auftreten erster Diskrepanzen – also im „gelben Bereich" – auf die Folgen von Regelverstößen hin. Da sich die Beziehung zum Mitarbeiter in den seltensten Fällen so schnell zuspitzt, dass sie übergangslos vom Konsens- in den „roten" Krisenbereich driftet, sondern sich in der Regel über einen längeren Zeitraum hinweg verschlechtert, können konsequent handelnde Vorgesetzte diese Entwicklung häufig noch früh genug stoppen, dass sie nicht zum Konflikt führt. Lässt sich dieser nicht vermeiden, weiß der betreffende Mitarbeiter zumindest, was ihn erwartet.

❑ Gute Vorgesetzte lassen sich von Appellen wie „Das können Sie mir doch in meiner Situation jetzt nicht antun" oder „Wenn Sie das wirklich machen, dann tue ich mir etwas an" etc. nicht beeindrucken. Im Gegenteil: Sie sehen sich aufgrund solcher Aussagen in der Einschätzung der betreffenden Mitarbeiter bestätigt.

Vor allem Vorgesetzte, die zur Überverantwortung neigen, laufen hier Gefahr, aus falsch verstandener Großzügigkeit und Mitgefühl den Konflikt nicht mit der erforderlichen Konsequenz zu beenden. Falsch verstanden ist Großzügigkeit immer dann, wenn Konsequenzen angekündigt und allen Beteiligten bekannt sind, aber im Ernstfall dann doch nicht vollzogen werden. Es mag sicherlich begründete Einzelfälle geben, die es berechtigen, eine angekündigte Sanktionsmaßnahme wieder zurückzuziehen. Dies sollte aber die Ausnahme bleiben, damit sich alle Beteiligten an die Spielregeln im Umgang miteinander halten.

Führungskräfte mit einer klaren inneren Haltung und einem konsequenten Führungsstil handeln in der Regel auch klug, rational und umsichtig. Gerade in Konfliktgesprächen, wo häufig jedes Wort „auf die Goldwaage gelegt" wird, ist es von Vorteil, einen kühlen Kopf zu bewahren, Klartext zu reden und sich nicht von unkontrollierten Emotionen leiten zu lassen.

Der folgende Gesprächsleitfaden hilft Führungswechslern, bei der Vorbereitung von Konfliktgesprächen ihre Position und ihren Auftrag zu bestimmen.

**Gesprächsleitfaden für das Kritikgespräch
(im „gelben" und „roten" Bereich)**

1. Die eigene Sichtweise darstellen und Kernanliegen formulieren:

   ❑ Das Verhalten des Mitarbeiters beschreiben,
   ❑ die Auswirkungen seines Verhaltens auf Kunden, Kollegen, Ergebnisse, Kosten etc. darstellen,
   ❑ die eigenen Gefühle ansprechen (Ärger, Enttäuschung, Unbehagen), Ich-Botschaften statt Du-Botschaften senden.

2. Sicht des Mitarbeiters/Kollegen einholen:

   ❑ Zuhören, nachfragen, ausreden lassen,
   ❑ zu verstehen geben, dass die Aussagen angekommen sind,
   ❑ Unterschiede zur eigenen Sichtweise aufzeigen, Missverständnisse klären.

3. Gemeinsame Lösungen suchen:

   ❑ Die eigenen Ziele, Abhilfen und Erwartungen formulieren,
   ❑ die Ziele, Wünsche und Erwartung des anderen herausfinden und verstehen,
   ❑ Lösungsansätze (Was? Wie?) gemeinsam benennen.

4. Sich auf die besten Lösungen einigen:

   ❑ Vor- und Nachteile abwägen,
   ❑ den Realitätsbezug/die Konsequenzen herstellen beziehungsweise vor Augen führen,
   ❑ ermutigen, Interesse an Problemlösung signalisieren.

5. Vorgehen und Überprüfung absprechen:

   ❑ Konkrete Schritte und Zeitplan vereinbaren,
   ❑ Termin und Form der Überprüfung festlegen.

Tipp

Ergänzend zu dem Gesprächsleitfaden bieten wir folgende „Checkliste" an:

❑ Was ist bisher geschehen (Vorfälle oder Entwicklungen, die zu Gesprächen im gelben Feld geführt haben, Notizen, Protokolle früherer Gespräche, Ergebnisse dieser Gespräche)?
❑ Wie lässt sich die aktuelle Situation beschreiben?
❑ Wer ist bereits in das Thema einbezogen (eigener Chef, Kollegen, Betriebsrat, Personalabteilung etc.)? Wer vertritt zurzeit welche Position?
❑ Wer soll in welcher Reihenfolge noch mit einbezogen werden?
❑ Was will man mit dieser Vorgehensweise erreichen (Ziel beziehungsweise Zielalternativen)?
❑ Welche positiven und negativen „Nebenwirkungen" könnten eintreten? Wie ließen sie sich steuern beziehungsweise beeinflussen?

Führungswechsler sollten sich dessen bewusst sein, dass ihre Aktivitäten im „roten" Konfliktbereich immer maßgeblich vom *Müssen* und nicht vom *Wollen* bestimmt sind. Sie *müssen* in diesen Fällen die erforderlichen Maßnahmen ergreifen, auch wenn Betroffene dieses klare und konsequente Vorgehen bisweilen als Härte empfinden.

Aus zahlreichen Beispielen wissen wir, dass betroffene Mitarbeiter nach einer gewissen Distanz zum Geschehen in der Retrospektive das klare und konsequente Vorgehen ihres Chefs als nützliche, in manchen Fällen gar als absolut notwendige Orientierungshilfe bewerten. Auch wenn diese Erfahrung für sie zunächst schmerzlich war. Ein gesundeter, „trockener" Alkoholiker fasst es mit diesen Worten sehr eindrucksvoll zusammen: „Was mir das Leben gerettet hat, war die Kündigung!"

Viele Konflikte zwischen Mitarbeitern und Vorgesetzten bis hin zu Abteilungen eines Unternehmens werden nur durch klares, konsequentes und konfliktannehmendes Verhalten der beteiligten Parteien konstruktiv gelöst und beendet. Das Sprichwort „Ein Gewitter reinigt die Luft" gilt auch im zwischenmenschlichen Bereich. Reicht ein solches Gewitter aber nicht mehr aus, um eine Krise zu klären, sollte auch eine Trennung, also das Ende der Beziehung, erwogen werden. Sie ist immerhin auch eine Chance für einen Neubeginn.

Arbeitsblatt: Beziehungslandkarte (für den persönlichen Gebrauch)

Anhand der dargestellten TRIAT-Systematik zur Formierung der Mannschaft und Ertüchtigung des Teams können Führungswechsler in der nachstehenden Beziehungslandkarte die Beziehungskonstellationen zu ihren Teammitgliedern bestimmen und gezielte Personalentwicklungsmaßnahmen ableiten (vgl. Bild 6-9).

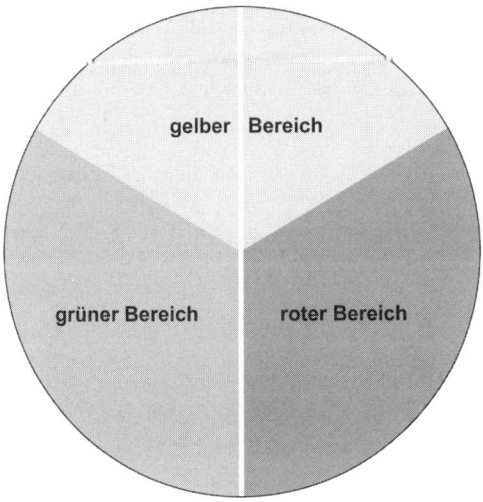

Bild 6-9: TRIAT-Beziehungslandkarte zur Positionierung der Mitarbeiter (in Anlehnung an Meiswinkel 2001)

Reflexionsfragen

❑ Wo würde ich meine direkt unterstellten Mitarbeiter positionieren?
❑ Welchen Mitarbeiter möchte ich in einem anderen Zielfeld sehen?
❑ Was muss ich tun, um diesen Mitarbeiter in das andere Zielfeld zu bekommen?
❑ Welche Führungsinstrumente sind dafür geeignet (zum Beispiel Job Rotation, Hospitation, Sonderaufgaben, Konfliktgespräche etc.)?

Das Wichtigste in Kürze

Als wichtigste Instrumente zur Formierung der neuen Mannschaft stehen dem Führungswechsler die Methoden zur Teambestandsaufnahme, zur Einbeziehung des Teams und zur Personal- und Teamführung zur Verfügung. Die Standortbestimmung des Teams beginnt mit der Analyse der Erwartungen der Mitarbeiter an ihren neuen Chef. Die Ermittlung des Mitarbeiterportfolios dient zur Bestimmung der Leistungsfähigkeit der einzelnen Teammitglieder und des gesamten Teams. Im nächsten Schritt ermittelt der Führungswechsler die Phase, in der sich seine neue Mannschaft befindet. Idealtypisch lernen sich die Teammitglieder in der Orientierungsphase kennen, stecken in der Konfliktphase ihre Rollen ab, finden in der Kooperationsphase zueinander und vereinbaren die Spielregeln, bis sie schließlich in der Integrationsphase zu einer verschworenen Gemeinschaft zusammenwachsen.

Ein weiteres wichtiges Instrument der Teambestandsaufnahme ist der Umgang des Führungswechslers mit der Vielfalt und Unterschiedlichkeit innerhalb des Teams. Entscheidendes Kriterium ist, inwiefern er diese zur Optimierung der Schlagkraft seiner Mannschaft nutzen und einsetzen kann. Gleiches gilt für den Umgang mit Werten, Einstellungen und Verhaltensweisen. Hier ist die Kunst des Vorgesetzten gefragt, sein Team auf ein gemeinsames Wertesystem einzuschwören, das allen als Orientierungshilfe bei der Bewältigung der Aufgaben dient. Abschließend erstellt er ein Stärken-Schwächen-Profil seines Teams und der einzelnen Mitglieder, um feststellen zu können, welche Entwicklungsmaßnahmen erforderlich sind, damit die Mitarbeiter in Zukunft die erforderlichen Anforderungen erfüllen können.

Der Einstieg des Führungswechslers in das Team verläuft je nach spezifischer Ausgangslage anders. Wer zum Chef seiner ehemaligen Kollegen befördert wurde, hat einen anderen Zugang zu seiner Mannschaft als ein „Quereinsteiger", der auf unkonventionelle Weise mit dieser Führungsposition betraut wurde. Wichtig ist, dass er schnell einen guten „Draht" zu den Mitarbeitern bekommt. Bewährt haben sich dafür ausführliche Einstiegsgespräche und die Durchführung eines Teamworkshops ungefähr nach dem ersten Quartal in der neuen Führungsrolle. Gelingt es dem „Neuen", seine Mitarbeiter „mitzunehmen", stellen sich automatisch erste kollektive Quick Wins ein, gemeinsame Erfolgserlebnisse, die im Idealfall die Mitarbeiter zusätzlich motivieren und den Vorgesetzten des Führungswechslers darin bestätigen, mit der Besetzung der Position die richtige Wahl getroffen zu haben.

Bei der Personal- und Teamentwicklung sind vor allem die Fähigkeiten des Führungswechslers als Personal- und Teamentwickler gefragt, um tragfähige und vertrauensvolle Beziehungen zu seinen Mitarbeitern aufzubauen. Ausgehend vom sogenannten

TRIAT-Modell befinden sich Teams in drei idealtypischen Ausgangslagen: im Konsens, in der Diskrepanz und im Konflikt. Im Konsensbereich treten kaum Spannungen oder Konflikte auf, und wenn, können sie sofort ausgeräumt werden. Gefährdet ist diese positive Ausgangslage dann, wenn der Manager aufgrund von Prioritätenverschiebung die Pflege der Beziehungen zu den Mitarbeitern „auf Eis legt". Um nicht in den Diskrepanzbereich überzudriften, ist er gut beraten, konsequent die ihm zur Verfügung stehenden Personal- und Teamentwicklungsinstrumente einzusetzen.

Andernfalls jedoch können Spannungen und Unstimmigkeiten auftreten, die sich häufen und negativ auf das Betriebsklima und die Leistungen des Teams niederschlagen. Bezeichnend ist, dass viele Führungswechsler die neue „Schieflage" zwar erkennen, aber nicht wahrhaben wollen und aus unterschiedlichsten Gründen verdrängen. Sie fördern die Diskrepanzen zudem, indem sie nicht konsequent Verstöße gegen getroffene Vereinbarungen ahnden. Um nicht Gefahr zu laufen, dass sich diese Spannungen und Unstimmigkeiten zu einer Krise ausweiten, sind Vorgesetzte gut beraten, die Defizite offen anzusprechen. Mit der gebotenen Sensibilität können sie mit den betreffenden Mitarbeitern Lösungsvorschläge entwickeln, ihnen aber auch die Konsequenzen vor Augen führen, die eine weitere Zuspitzung der Lage für sie zur Folge hätte.

Im Konfliktfall prallen die Fronten aufeinander und die Betroffenen stehen sich scheinbar unversöhnlich gegenüber. Hier sollten Führungswechsler versuchen, die Konfliktsituation schnellstmöglich zu klären und zu beenden, frei nach dem Motto: „Lieber ein Ende mit Schrecken als ein Schrecken ohne Ende." Dafür brauchen sie neben einer festen inneren Haltung einen „kühlen Kopf", um sachlich und ohne unkontrollierte Emotionen den Konflikt lösen zu können. Wichtig ist dabei, dass sie konsequent, aber nicht willkürlich handeln und sich nicht von Mitleidsappellen der Betroffenen von angemessenen Sanktionen abhalten lassen.

7

Spannungsfelder in der neuen Rolle

DAS KERNINSTRUMENT beim Führungswechsel, das auf die persönlichen Themen von Führungswechslern abstellt, ist der Umgang mit Spannungsfeldern. Diese können beispielsweise aufgrund nicht übereinstimmender Zielsetzungen, Themensetzungen, Wertvorstellungen oder Arbeitsweisen entstehen. Wir werden im Folgenden die gängigen Spannungsfelder vorstellen, reflektieren und Handlungsempfehlungen geben, wie sie gemanagt werden können.

Aus der Praxis des Transition Coachings haben wir drei Grundtypen identifiziert: persönliche, organisationsbedingte und verborgene Spannungsfelder. Dieses Kapitel beschreibt,

❑ was Spannungsfelder sind und wie sie entstehen,
❑ die wichtigsten persönlichen und
❑ organisationsbedingten Spannungsfelder,
❑ Themen und Spannungsfelder, die im Verborgenen liegen, und
❑ Handlungsempfehlungen für den Umgang mit Spannungsfeldern und für deren Lösung.

7.1 Was sind Spannungsfelder?

Bei den vorangehend beschriebenen Kerninstrumenten standen die Businessthemen und der Umgang mit den beteiligten Akteuren im Blickpunkt der Betrachtung. Beim Umgang mit *Spannungsfeldern* richtet sich das Augenmerk nunmehr auf die persönlichen und organisationsbedingten Themen, die den Führungswechsler beschäftigen. Im Gegensatz zur Risikoanalyse und zur Entwicklung des Businessplans, wo die Themen gesetzt sind, sind hier die Themen frei wählbar.

Spannungsfelder können beim Führungswechsel entstehen, wenn bei der Wahrnehmung der neuen Aufgaben Diskrepanzen auftreten. In den meisten Fällen sind sich die Betroffenen gar nicht bewusst, dass sie sich bereits in einem Spannungsfeld befinden. Sie stellen zwar ein Gefühl aus Anspannung, Unzufriedenheit, Verunsicherung bis hin zur Angst fest, können die Gründe dafür aber nicht benennen.

Typische persönliche Spannungsfelder

So kommt es zum Beispiel häufig vor, dass ein Führungswechsler einerseits seinen neuen Mitarbeitern zeigen will, dass er ihnen vertraut und sie eigenständig arbeiten lassen möchte, ihm aber gleichzeitig „die Angst im Nacken steckt", er könnte die Kontrolle über seinen neuen Bereich verlieren. Er fühlt sich hin- und hergerissen: Es schlagen sozusagen „zwei Seelen in seiner Brust". Diesen Zusammenhang wird der Führungswechsler kaum durchschauen können, zumal er in das Geschehen voll involviert ist. Umso schwerer ist es für ihn, aus dieser Situation aus eigener Kraft herauskommen.

Wir haben für Transition Coaching ein Verfahren entwickelt, um systematisch herauszufinden, auf welches persönliche Thema das Spannungsfeld zurückzuführen ist, damit der Führungswechsler weiß, wo der Schlüssel zur Lösung des Problems ist. In weit über 200 Coachings mit mittelständischen und großen Unternehmen haben sich sechs typische Spannungsfelder herauskristallisiert, die Führungswechslern das Leben schwer machen:

❑ Zeitdruck versus hochwertiger Arbeit,
❑ Vertrauen versus Angst vor Kontrollverlust,
❑ Rollenanforderung versus eigenes Rollenverständnis,
❑ Arbeit versus Freizeit,
❑ Macht und Einflussnahme versus Einbindung,
❑ Linien- versus Projektanforderung.

Diese werden in Kapitel 7.2 beschrieben. Kennzeichnend für persönliche Spannungsfelder ist die bipolare Struktur, bei der sich immer zwei schwer beziehungsweise nicht vereinbare Eigenschaften gegenüberstehen. Sie liegt zum Beispiel dann vor, wenn der Führungswechsler Themen vorgeben muss, gleichzeitig aber Partizipation der Mitarbeiter will. Die Lösung liegt häufig nicht im „Entweder-oder", sondern im „Sowohl-als-auch". Es geht also darum, verschiedene Alternativen zu beleuchten und Einstellungen, Ziele und Standpunkte in Einklang zu bringen.

Typische organisationsbedingte Spannungsfelder

Im Vergleich dazu haben organisationsbedingte Spannungsfelder eine triadische Struktur. Hier besteht ein Spannungsverhältnis zwischen drei Größen, zum Beispiel: Ein Führungswechsler soll neben seiner Einarbeitung ein Topprojekt managen unter Berücksichtigung des klassischen Dreiecks „Qualität – Kosten – Zeit", das heißt, Ergebnisse in der gewünschten Qualität zum vereinbarten Termin und zu minimalen Kosten zu liefern. Das gelingt nicht immer. In diesem Fall könnte sich die notwendige Zeit, um sich den Herausforderungen in der Linie und im Projekt zu stellen, als Schwachstelle herauskristallisieren, wenn sie zu knapp bemessen ist.

Zur Diagnose von Problemen und deren Ursachen empfiehlt es sich, die Metaebene oder Vogelperspektive einzunehmen. Mit der nötigen Distanz und durch die „systemische Brille" betrachtet gelingt es besser, komplexe und mehrdimensionale Zusammenhänge und Webfehler zu erkennen und unter die Lupe zu nehmen.

Um Komplexität beherrschbar zu machen, ist es erforderlich, Sachverhalte einzugrenzen. Zu diesem Zweck stellen wir im Folgenden fünf typische Problemkonstellationen im Bereich der Organisations- und Personalentwicklung vor. Ihre Kenntnis hilft Führungswechslern, sich im Geflecht des neuen Systems besser zu orientieren und zu erkennen, wo die Schwachstelle ist, um schnell handlungsfähig zu werden. Die typischen Ursachen für solche Schwachstellen liegen

- ❏ in der Organisationsentwicklung,
- ❏ im Projektmanagement,
- ❏ in der Teamleistung,
- ❏ in der Delegation,
- ❏ im Mitarbeiterengagement.

Eingefleischte Verhaltensweisen und Muster im System haben sich in der Regel über Jahre verfestigt und sind deshalb nicht einfach zu durchbrechen. Deshalb raten wir, die daran beteiligten Personen in die Lösungsfindung mit einzubeziehen. Das Problem und die Ursachen beschäftigen den Führungswechsler emotional, „es geht unter die Haut", er kommt ins Grübeln und fühlt sich hin- und hergerissen. Umso wichtiger ist es, dass er sich in die Situation und die beteiligten Personen „hineinspüren" kann. Der Umgang mit organisationsbedingten Spannungsfeldern und Wege zu deren Lösung beschreibt Kapitel 7.3.

Merkmale verborgener Spannungsfelder

Zu den persönlichen und organisationsbedingten Spannungsfeldern kommen als dritte Kategorie die im Verborgenen liegenden hinzu. Sie resultieren aus dem Normen- und Wertesystem, den Spielregeln, ungeschriebenen Gesetzen, Mustern und

Rollenerwartungen, mit denen der Führungswechsler in seinem neuen Arbeitsbereich konfrontiert ist. Die dabei ablaufenden Mechanismen und Möglichkeiten des Umgangs mit verborgenen Spannungsfeldern erörtern wir in Kapitel 7.4.

7.2 Persönliche Spannungsfelder

Die genannten typischen sechs persönlichen Spannungsfelder stellen aus Sicht der betroffenen Führungskraft ein Problem in ihrer Übergangssituation dar. Der entscheidende Punkt ist, wie sie sich dessen bewusst wird, dass ein solches Problem vorliegt und sie es als solches erkennt. Ist es erst einmal identifiziert, dann kann der Manager an diesem persönlichen Thema arbeiten, die Spannungsfelder steuern und beide mit den Zielen seines Aufgabenbereiches in Einklang bringen. Damit sind bereits die ersten Schritte zur Lösung des Problems eingeleitet.

In diesem Zusammenhang sei klargestellt, dass wir bei der Behandlung von Spannungsfeldern bewusst Abstand nehmen von Dilemmata. Ein Dilemma – eine Zwickmühle – bezeichnet eine Situation, in der die betreffende Person nur zwei Möglichkeiten zur Auswahl hat, die beide zu einem unbefriedigenden und nicht wünschenswerten Ergebnis führen. Dies wäre zum Beispiel der Fall, wenn eine Führungskraft mit einer schwer krebskranken Frau für drei Jahre als Expatriate in die USA wechseln soll, was einen großen Karriereschritt für ihn bedeuten würde. Verzichtet er auf dieses Angebot, nimmt er zugunsten seiner erkrankten Gattin einen Karriereknick in Kauf. Nimmt er es an, feilt er weiter an seiner Karriere, lässt dafür aber seine schwer kranke Frau im Stich. Für die Besprechung solcher als ausweglos empfundenen Situationen verweisen wir auf Experten. Die im Folgenden aufgeführten persönlichen Spannungsfelder sind steuerbar und lösbar, bedürfen dafür aber der entsprechenden Aufmerksamkeit und Führungsqualitäten.

Die Auseinandersetzung mit persönlichen Spannungsfeldern findet inmitten des Systems im Unternehmen statt. Dort interagiert der Führungswechsler mit den anderen Akteuren in einer ihnen bereits vertrauten Umgebung. Dies ist nicht immer einfach, es können schnell Konflikte entstehen. Im Folgenden gehen wir auf die sechs typischen persönlichen Spannungsfelder, die Führungswechslern häufig das Leben schwer machen, genauer ein und zeigen, wie sie gelöst werden können. Des Weiteren bieten wir Reflexions- und Steuerungsmöglichkeiten an, die den Transfer auf eigene Problemstellungen erlauben.

Bei persönlichen Spannungsfeldern zu Beginn der neuen Tätigkeit geht es darum, dass der Führungswechsler seine Rolle klärt. Dafür braucht er viel Mut und Kraft zur Auseinandersetzung mit Vorgesetzten, Mitarbeitern und wichtigen Leistungspartnern. Sein Selbst- und Führungsverständnis wird permanent von den beteiligten Akteuren herausgefordert. Dahinter stecken oft Einstellungen, Wertepositionen und Verhaltensmuster, die der Manager bisher erfolgreich praktiziert hat, die in der neuen Führungsaufgabe aber noch nicht hinreichend zielführend empfunden werden. Hier hilft die Hinzuziehung eines professionellen Sparringspartners.

Hinweis: Weil individuelle Spannungen und Ereignisse im Arbeitsbereich sich eng beeinflussen, ist eine scharfe Trennung zwischen den vorgestellten idealtypischen persönlichen und organisationsbedingten Spannungsfeldern nicht immer möglich.

7.2.1 Zeitdruck versus qualitativ hochwertige Arbeit

Führungskräfte, die es aus ihrer bisherigen Erfahrung gewohnt sind, im Laufe eines Arbeitstages ihre Ziele zu erreichen, erleben in ihrer neuen Funktion häufig (zunächst) das Gegenteil. Sie machen die schmerzliche Erfahrung, dass ihr Handeln ohne die gewünschte Wirkung bleibt, aller Macht zum Trotz, die sie als Führungskraft zu haben scheinen. Exemplarisch für Führungswechsler ist folgende Situation:

> Er kommt morgens gut gelaunt in sein Büro, öffnet seine Mailbox und stellt fest, dass noch circa 40 E-Mails vom Vortag unbearbeitet sind. Auf der Tagesordnung stehen drei Besprechungstermine, außerdem muss er die am Nachmittag stattfindende Steuerkreissitzung zur Steuerung der zehn Topprojekte vorbereiten. Zwischendurch stehen auch noch eine Rücksprache bei seinem Vorgesetzten und zwei Mitarbeitergespräche an. Dieses Pensum ist zu schaffen, erfordert aber viel Disziplin und es darf nichts Unvorhergesehenes dazwischenkommen.
>
> Es kam an diesem Tag zwar nichts dazwischen, aber das Tagesergebnis fiel dennoch ernüchternd aus: Die Mitarbeitergespräche fielen dem Termindruck zum Opfer und mussten verschoben werden. Viele überflüssige E-Mails und aufgeblähte Abläufe, Richtlinien und Reports, die offensichtlich zur Absicherung des eigenen Bereiches aufgebaut worden waren, „fraßen" viel Zeit. Dafür ging wertvolle Zeit für die Arbeit am Kunden und der eigentlichen Führungsarbeit verloren.

Eine typische Alltagssituation für die meisten neuen Führungskräfte. Das Resultat sind Selbstzweifel und die Fragen „Kann ich es schaffen? Kann ich wirksam werden?" Erschwert wird diese Situation, wenn der Führungswechsler von seiner persönlichen Veranlagung her auf eine zeitnahe und perfekte Erledigung seiner Aufgaben Wert legt. Er ist dann besonders hin- und hergerissen in einem Spannungsfeld zwischen permanentem Zeitdruck und dem eigenen Anspruch, eine qualitativ hochwertige Arbeit abzuliefern. In solchen Fällen ist häufig zu beobachten, dass sich Führungskräfte vor allem darauf konzentrieren, erstrangig das „Dringende" im Terminkalender abzuarbeiten, hingegen das „Wichtige", zum Beispiel die längst fälligen Klärungen mit Schlüsselkunden, erst einmal hintanzustellen. Dabei unterschätzen sie häufig die Bedeutung solcher „wichtigen" Termine für den Erfolg ihrer Abteilung. Deshalb lohnt hier ein genauerer Blick hinter die Kulissen.

Empfehlungen

Führungskräfte, die das Ohr am Kunden und den Blick auf den Geschäftserfolg gerichtet haben, führen ergebnisfokussiert. Um zu gewährleisten, dass der Erfolg auf Dauer ausgerichtet ist, benötigen sie sogenannte *Befähiger* zur Stärkung der Mitarbeiter-, Kunden- und Prozessorientierung. Gespräche mit Schlüsselkunden beispielsweise sind solche Befähiger, ebenso der konsequente Abbau von administrativen Barrieren (auf Aktennotizen verzichten, Mailflut unterbinden), die wertvolle Zeit kosten. Im Alltagsstress jedoch werden solche Befähiger bei der Wahrnehmung der neuen Führungsaufgaben meist vernachlässigt – weil sie eben nur „wichtig" sind und nicht „dringend" erledigt werden müssen. Was also ist zu tun? Wir raten in solchen Fällen dazu, sich einmal nüchtern mit dieser Situation auseinanderzusetzen und die Zusammenhänge zu hinterfragen.

Nehmen wir zum Beispiel die elektronische Post, die den Computer überschüttet, oder die vielen Reports und Berichte, die nicht zur Steuerung des Geschäfts genutzt werden, sondern zur eigenen Absicherung. Wie kommt es, dass die Bürokratie in Unternehmen heutzutage derart ausufert und die Komplexität ein solches Ausmaß erreicht? Ein Grund dafür ist, dass viele Menschen sich davor scheuen, die Komplexität der Vorgänge um sie herum infrage zu stellen und sich nicht trauen, nach einfacheren Lösungen zu suchen, nach dem Motto: Das war schon immer so, deshalb sollte man es auch dabei belassen und nicht womöglich noch riskieren, bei jemandem „anzuecken". Ein weiterer Grund ist das Misstrauen der Führungsetagen gegenüber den Mitarbeitern, das in Organisationsrichtlinien, Verfahrensanweisungen oder Aktennotizen seinen Ausdruck findet. Angst und Misstrauen sind die Hauptursache für aufgeblähte Administration und die Haupttreiber von Komplexität im Unternehmen.

 Reflexionsfragen

❑ Wie sieht meine Zeitbilanz aus? Wo setze ich meine Prioritäten?
❑ Wo sind eingefahrene Routinen, Richtlinien und Abläufe bei mir und im Team?
❑ Welche Mindeststandards muss ich setzen, die gewährleisten, dass meine Mitarbeiter und die meine Abteilung betreffenden Akteure schnell und effektiv zusammenarbeiten?

7.2.2 Vertrauen versus Angst vor Kontrollverlust

Nun kommt in unserem Beispiel erschwerend hinzu, dass der Führungswechsler dazu neigt, seine Aufgaben möglichst perfekt zu erledigen. Auch Perfektionismus ist aus Angst geboren, der Angst zum Beispiel, sich eine Blöße zu geben, negativ aufzufallen oder nicht zu den Besten zu gehören. Häufig sind hastiger Aktionismus und vorauseilender Gehorsam die Folge. Typisch für Perfektionisten ist auch die Angst, falsche Entscheidungen zu treffen, weshalb sie dazu neigen, sich doppelt und dreifach abzusichern. Menschen mit dem Anspruch, alles perfekt machen zu müssen, sind stark gefährdet, das gebotene Maß aus den Augen zu verlieren und in diesem selbst gemachten Strudel stecken zu bleiben.

Trifft nun unser perfektionistisch veranlagter Führungswechsler auf einen Chef, der ebenfalls zur übermäßigen Kontrolle und Absicherung neigt und womöglich noch ein ausgefeiltes Kennzahlensystem pflegt, besteht die Gefahr, dass er zum „Abziehbild seines Chefs" wird mit der Tendenz, diesen an Perfektion noch zu übertreffen. Solche zwischen Chef und Mitarbeiter in der Praxis häufig zu beobachtenden Ähnlichkeitsphänomene führen zum Spannungsfeld „Vertrauen in die eigenen Mitarbeiter und Angst vor Kontrollverlust". Es ist unbestritten, dass Erfolgs- und Stichprobenkontrollen erforderlich sind, aber „allein die Dosis macht das Gift". Viele Führungskräfte neigen dazu, hier zu übertreiben, und bemerken es nicht, dass sie mit ihrer „Kontrollsucht" das Klima in ihrer Abteilung vergiften, weil Misstrauen und Angst dominieren. Sie fürchten Kontrollverlust „wie der Teufel das Weihwasser".

Solche Ängste sind Ursache dafür, dass Unternehmen über Jahre hinweg Kennzahlen- und Kontrollsysteme installieren, um Ursache-Wirkungs-Zusammenhänge transparent zu machen, und diese so lange optimieren, bis sie endlich „wasserdicht" erscheinen. Diese mühsam entwickelten Steuerungsinstrumente versagen jedoch in der Regel, sobald Unvorhergesehenes eintritt oder wenn Krisenzeiten anbrechen. Deshalb sind Angst und Misstrauen auch hier schlechte Berater.

Empfehlungen

Wir empfehlen Führungswechslern, die in ihrem neuen Aufgabenbereich unter permanentem Zeitdruck stehen und die längst fälligen Gespräche mit Kunden oder Mitarbeitern hintanstellen, sich selbstkritisch zu hinterfragen, wie perfektionistisch sie veranlagt sind und wie stark ihr Kontrollbedürfnis beziehungsweise ihre Vertrauensfähigkeit zu anderen ist. Dabei beziehen wir uns auf die Aussagen von Reinhard K. Sprenger (2004) zum Zusammenhang zwischen Vertrauen und Kontrolle:

❑ Führungskräfte, die Spitzenleistungen anstreben, wissen, dass sich Erfolg nicht herbeikontrollieren lässt.
❑ Vertrauensfähige Führungskräfte scharen vertrauensfähige Mitarbeiter um sich.
❑ Vertrauen verringert Komplexität.
❑ Nur wer sich selbst vertraut, kann auch anderen vertrauen.

Wie aber lässt sich feststellen, welches Maß an Vertrauen Führungswechsler ihren Mitarbeitern und Vorgesetzten entgegenbringen können? Wir raten ihnen, insbesondere bei den Startgesprächen in sich hineinzuhören und aus der konkreten Situation heraus die aktuelle Vertrauensbasis zum Gesprächspartner nach Maßgabe der Kriterien „ich vertraue dir – ich vertraue dir nicht – ich weiß es noch nicht" einzuschätzen. Sind beim Gesprächspartner keine positiven Vertrauenssignale festzustellen, empfehlen wir zu überlegen, auf welche konkreten Verhaltensweisen die Einschränkung zurückzuführen ist und welche Verhaltensregeln aufgrund dessen mit dem Gesprächspartner vereinbart werden sollten.

Der Aufbau von Vertrauen braucht Zeit. Vertrauen basiert auf gegenseitigen Versprechen und Spielregeln, die eingehalten werden. Ist es dem Führungswechsler gelungen,
mit seinen Mitarbeitern eine von Vertrauen getragene Beziehung aufzubauen, kann er
sich ihrer Gefolgschaft sicher sein und sie werden von ihm veranlasste Veränderungen
nach innen und außen mittragen.

7.2.3 Rollenanforderungen versus eigenes Rollenverständnis

Nach Übernahme ihres neuen Arbeitsbereiches und erfolgter Analyse der Erwartungen (vgl. Kapitel 5) des neuen Vorgesetzten, der Mitarbeiter und der wichtigsten
Leistungspartner stellen Führungswechsler häufig fest, dass die von ihnen erwartete
Führungsrolle nicht mit ihrem eigenen Führungsverständnis übereinstimmt. Grund-
vorstellungen darüber, wie sich ein „typischer" Führungswechsler in seiner Rolle zu
verhalten hat, können Fixierungen enthalten, die Freiräume im Denken und Handeln
sowie die eigene Entwicklung begrenzen. Das gilt zum Beispiel für Vorstellungen
darüber, was der „Neue" leisten oder thematisieren soll, aber auch, welches Vokabular
er benutzen oder welche Kleidung er tragen soll.

Direkt verbunden mit solchen Rollenerwartungen an Führungskräfte sind die Wahr-
nehmungsgewohnheiten der Umgebung. Sie können sich mit dem Rollenverständnis
des neuen Managers „beißen", vor allem dann, wenn er aus einer anderen Abteilung
des Unternehmens oder – noch wahrscheinlicher – aus einem anderen Unternehmen
kommt. Ein Führungswechsler mit einem Rollenverständnis von „der Führungskraft
als Coach" beispielsweise wird Leistungsprobleme bei Mitarbeitern hinterfragen, tiefer
liegende Ursachen mit der betreffenden Person zu ergründen versuchen und mit ihr
gemeinsam eine persönliche Veränderungsstrategie entwickeln. Dieses eher moderate
Rollenverhalten trägt verständnisvolle Züge und gesteht den Mitarbeitern ein gewisses
Maß an Zeit zu, an sich zu arbeiten, um wieder das gewohnte Leistungsniveau zu
erreichen. Das Rollenverständnis eines Führungswechslers hingegen, der bislang als
Finanz- und Ressourcenmanager fungierte, stünde zum vorherigen Beispiel sicherlich
konträr. Letztgenannter würde seine Führungsaufgabe generell weniger personenbe-
zogen und verständnisvoll interpretieren, wahrscheinlich sogar mit fordernden Leis-
tungsansprüchen und strengen Kommunikationsstilen wahrnehmen.

Für einen Führungswechsler ist es aber wichtig, die an ihn gerichtete Rollenerwartung
mit seinem Rollenverständnis in Einklang zu bringen. Manager, die ihr Rollenverständnis und ihre Vorstellungen von Führung auf den Prüfstand stellen und kritisch
hinterfragen, aber auch mit den betreffenden Personen in ihrem neuen Arbeitsumfeld
offen die Unterschiede in der Wahrnehmung der Führungsrolle ansprechen, bewältigen dieses Spannungsfeld am besten.

Hinzu kommt ein wichtiger Aspekt, der erstaunlicherweise von den meisten Führungswechslern komplett übersehen wird: der enge Zusammenhang zwischen der
Rolle, die sie beim Führungswechsel ausüben, und dem *Schlüsselauftrag* an ihre neue

Stelle. Die meisten haben sich nicht einmal darüber Gedanken gemacht, wie der Schlüsselauftrag an ihre neue Stelle lautet. Vielen ist nicht einmal die *Kernaufgabe* klar, die für die nächste überschaubare Zeit höchste Priorität hat. Ein Versäumnis mit Folgen: Denn der Schlüsselauftrag beeinflusst die wahrzunehmende Rolle nachhaltig.

Einmal angenommen, der Schlüsselauftrag lautet folgendermaßen: „Aufgrund absehbarer Veränderungen der Prozesse und der IT-Landschaft und damit verbundener Restrukturierungen Ihrer Organisationseinheit müssen Sie 40 Prozent der Mannschaft abbauen." Mit der Klarheit eines solchen Schlüsselauftrags vor Augen werden sich das Selbstverständnis, die Identität und die Ausrichtung der Funktion des Führungswechslers, der seine Rolle bislang als Coach wahrnahm, womöglich dramatisch ändern. Denn er kommt nicht umhin, „neue Ufer" zu betreten und – womöglich zum ersten Mal – das Funktionsprofil, nach dem er bislang erfolgreich gearbeitet hat, zu verlassen.

Der Vollständigkeit halber sei noch eine zusätzliche Bemerkung gestattet: Hat der Führungswechsler von seinem neuen Vorgesetzten einen *heimlichen Auftrag* erhalten oder steht ein solcher womöglich im Raum? Auch eine Klärung dieser Frage ist wichtig, um die Rolle im Führungswechsel klar vor Augen zu haben.

Empfehlungen

Viele Führungswechsler versäumen es bereits vor Antritt der neuen Stelle, die Frage nach dem *Schlüsselauftrag* oder *heimlichen Auftrag* zu stellen. Wenn der Schlüsselauftrag „notwendige Grausamkeiten" – etwa Freisetzung von Mitarbeitern – vorsieht und dem eigenen Rollenverständnis widerspricht, sollte rechtzeitig die „Reißleine" gezogen werden. In diesem Falle ist es ratsam, die neue Stelle erst gar nicht anzutreten. Deshalb empfehlen wir, beim Ausloten der Rolle als Erstes den Schlüsselauftrag oder auch den dahinterliegenden heimlichen Auftrag mit dem Vorgesetzten zu klären. Erst dann macht es für den Führungswechsler Sinn, zu überprüfen, was „man" in einer bestimmten Position von ihm erwartet beziehungsweise wie er sich in einer bestimmten Rolle zu verhalten hat.

Möglicherweise fällt ihm auf, dass er sehr stark an seine eigenen Erwartungen für eine bestimmte Rolle gebunden ist. Vielleicht entspricht diese Erwartung seinen Vorbildern oder Modellen aus der Vergangenheit, die sich bislang bewährt haben. Vielleicht ertappt er sich aber auch dabei, dass er sich voreilig dazu verleiten ließ, bestimmte Erwartungen und Rollenzuschreibungen besonders bei den Aufgaben zu erfüllen, die ihm liegen und leicht von der Hand gehen. Das kann mitunter sehr schnell gehen, vor allem dann, wenn diese Aufgaben plötzlich automatisch bei ihm „landen".

Wie sehr trifft das gelebte Rollenverhalten des „Neuen" tatsächlich die typischen Erwartungen im Mitarbeiter- und Kollegenkreis und der Vorgesetzten? Um dies herauszufinden, empfehlen wir Führungswechslern, folgende Fragen zu reflektieren:

Reflexionsfragen

❑ Was sind meine Interessen und Erwartungen? Was will ich in dieser Organisationseinheit erreichen?
❑ Welche Führungsrollen werden von mir erwartet (zusammengefasst und auf den Punkt gebracht)?
❑ Wie lautet der Schlüsselauftrag?
❑ Gibt es einen heimlichen Auftrag?
❑ Wo bin ich verführbar? An welcher Stelle erfolgen Rollenzuschreibungen, die ich leicht und gerne übernehme?

7.2.4 Arbeit versus Freizeit

Viele Führungswechsler übersehen „im Eifer des Gefechts", dass emotionales und gesundheitliches Wohlbefinden verbunden mit Lebenszufriedenheit ein wichtiger Ausgleich für die berufliche Belastung sind. Sie kehren nach einem Zehnstundentag nach Hause zurück und können natürlich nicht abschalten: In Gedanken sind sie immer noch mit ihrer Arbeit beschäftigt. Gleichwohl werden sie aber mit privaten Themen konfrontiert: die anstehende Geburtstagsfeier des jüngsten Kindes, mal wieder Freunde einladen, die kranke Schwiegermutter besuchen, den nächsten Urlaub planen etc. Auch für diese privaten Themen muss der Kopf frei sein, er darf nicht nur um die Arbeit kreisen. Wie aber können Führungswechsler, die einen enormen Arbeitsaufwand unter immensem Stress zu bewältigen haben, Arbeit und Privates in Einklang bringen?

Wir beobachten sehr oft, dass Führungswechsler dazu neigen, gerade in den ersten Monaten nach Antritt ihrer neuen Stelle ihre ganze Energie auf ihren neuen Aufgabenbereich zu konzentrieren. Ihre persönlichen und privaten Interessen rücken dabei in den Hintergrund. Sie übersehen dabei, wie wichtig es ist, auf ein ausbalanciertes Verhältnis zwischen den Lebensbereichen Arbeit und Privates (*Work-Life-Balance*) zu achten. Denn dieses kommt letztlich auch wieder der beruflichen Leistungskraft zugute. Die Balance zwischen diesen beiden Lebensbereichen hat je nach Alter und Lebenslage der Führungswechsler unterschiedliche Ausprägungen:

❑ Junge Führungswechsler, vor allem Singles, richten ihr Augenmerk darauf, Arbeit und Freizeit in Einklang zu bringen. Die Herkunftsfamilie tritt dabei eher in den Hintergrund.
❑ Personen um die 40 mit Familie und pubertierenden Kindern absolvieren in der Regel bereits den zweiten oder dritten Führungswechsel und fokussieren sich auf ein ausgewogenes Verhältnis zwischen Arbeit und Familie.
❑ Ältere Führungswechsler konzentrieren sich häufig auf ein ausgewogenes Verhältnis zwischen den Bereichen Leistung, persönliche Beziehungen sowie Körper und Sinn.

Balance ist insofern kein statischer Zustand, sondern ein andauernder Prozess (Schmidt-Lellek 2000, S. 32), der immer wieder in Gefahr ist und immer wieder neu justiert werden muss.

Empfehlungen

Für die Ausgestaltung eines ausgewogenen Verhältnisses zwischen Arbeit und Privatem gibt es keine Faustregel. Sie fällt individuell unterschiedlich aus, weil sich die persönlichen Präferenzen und die berufliche Belastbarkeit stark voneinander unterscheiden. Manche Führungswechsler kommen mit sehr wenig Freizeit aus, andere benötigen mehr Freizeit als Ausgleich für die mit der neuen Stelle einhergehende berufliche Belastung. Auch die Lösungsstrategien bei Überbelastung sind sehr unterschiedlich: Manche Jobwechsler schalten beruflich einen Gang zurück, indem sie sich an eine weniger anspruchsvolle Stelle versetzen lassen und den finanziellen Gürtel enger schnallen, um mehr Zeit mit ihrer Familie verbringen zu können. Andere versuchen es mit Stressabbau, wieder andere, indem sie in ihrem Terminkalender nicht allzu wichtige Termine streichen und sich nur noch auf das Wesentliche konzentrieren.

Um den Führungsjob auf Dauer gesund und ausgeglichen ausüben zu können, ist eine weitere Eigenschaft sehr wichtig: Auch einmal „Nein" sagen zu können. Ist die Teilnahme an der Freitagabendsitzung, die für 18.00 Uhr anberaumt wurde, wirklich zwingend erforderlich? Ein Führungswechsler kann durchaus auch einmal „Nein" sagen, wenn er beispielsweise feststellt, dass er in 15 Gremien durchgetaktet unterwegs ist und sein Terminkalender keine Zeit mehr für „Unvorhergesehenes" zulässt.

Wir empfehlen, sich genügend Zeit „zum Auftanken" zu gönnen und auch zu nehmen, weil fitte und dauerhaft gesunde Führungskräfte eines gemeinsam haben: stabile Zonen und vitale Kraftquellen. Das kann zum Beispiel Gartenarbeit oder Yoga sein, aber auch ein Verweilen unter dem Lieblingsbaum oder Joggen mit Bekannten im Wald. Die Zeit dafür muss sein. Und es schadet auch nichts, im Unternehmen mit gutem Beispiel voranzugehen und dieses Thema auch gegenüber gestressten Mitarbeitern, Kollegen oder Vorgesetzten anzusprechen.

 Tipp

Wir empfehlen zur Sensibilisierung der eigenen Work-Life-Balance die folgenden Fragen zu reflektieren und die in Bild 7-1 abgebildete Spinne auszufüllen:

❑ Wie lief das vergangene Jahr?
❑ Wie habe ich meine Zeit und Energie in den sieben Kategorien verwendet?
❑ Dabei kommt es nicht darauf an, 100 Prozent zu erhalten, sondern jedes Kriterium für sich zu bewerten.
❑ Im Anschluss: Wie sieht für mich die Idealverteilung aus?

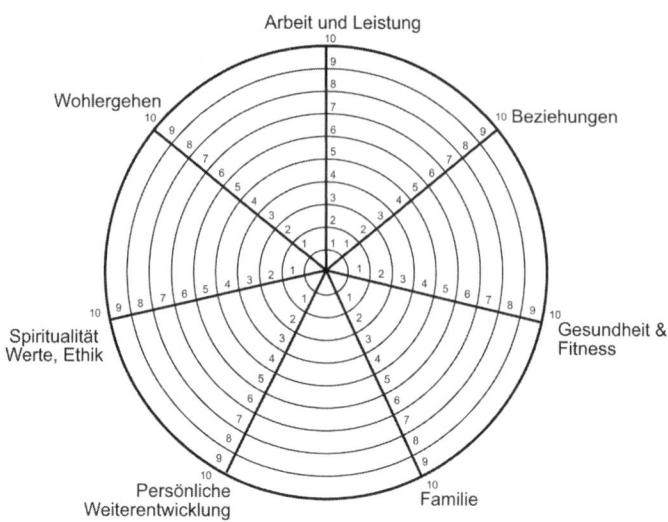

Bild 7-1: Kreisschema der Work-Life-Balance (in Anlehnung an Petzold 2003)

 Reflexionsfragen

Abschließend noch einige Anregungen, was Führungswechsler hinterfragen sollten, um Schieflagen in ihrer Work-Life-Balance schnell bestimmen und Maßnahmen ableiten zu können (vgl. Bild 7-1):

❏ Wie sind die sieben Kategorien der Work-Life-Balance im Ist und Soll ausgeprägt? Wo besteht Handlungsbedarf?
❏ Wo liegen meine Kraftquellen (Meditation, Sport, Natur etc.)?
❏ Verlasse ich abends auch einmal früher das Büro?

7.2.5 Macht- und Einflussnahme versus Einbindung

Beim Führungswechsel steht sehr schnell das eigene Macht- und Einflussinventar auf dem Prüfstand. Welche Entscheidungen der „Neue" auch treffen mag, einige Personen werden sich immer getroffen oder gar benachteiligt fühlen. Wenn der Vorgänger einen einfühlsamen Führungsstil pflegte, der Nachfolger sich hingegen einer klaren und konfrontativen Sprache bedient, fühlen sich wahrscheinlich einige „vor den Kopf gestoßen". Gibt er Themen vor, stößt er bei denjenigen auf Unverständnis, die bisher an der Entscheidungsfindung beteiligt waren. Eines jedoch steht fest: Führen braucht Macht und Einfluss, sonst hat es kaum Aussicht auf Erfolg. Je nach Größe des Unternehmens finden Führungswechsler unterschiedliche Rahmenbedingungen für den Aufbau und die Sicherung ihres Macht- und Einflussbereiches vor.

Je größer ein Unternehmen ist, umso austauschbarer sind die Akteure auf den einzelnen Führungsebenen. Ihre persönliche Autonomie und ihre Möglichkeiten, Macht auszuüben und Einfluss zu nehmen, sind in Großunternehmen weitaus eingeschränkter als in kleineren Unternehmen. Es kann sogar so weit gehen, dass der Handlungsspielraum für die Durchführung wichtiger Entscheidungen derart eingeschränkt ist, dass letztlich andere Personen über den Verantwortungsbereich des Führungswechslers entscheiden.

Wir hören von Führungswechslern immer wieder Klagen, dass sie vor allem in der Anfangsphase keine Verfügungsgewalt über die notwendigen Ressourcen zur Erledigung ihrer Aufgaben erhalten. Wir empfehlen ihnen dann, in ihrer neuen Organisationseinheit um den Zugriff auf diese Ressourcen (zum Beispiel Budgethoheit) zu ringen. Hier geht es ganz klar um die Sicherung ihrer Machtposition: Schließlich ist die Verfügungsgewalt über notwendige Ressourcen eine zentrale Voraussetzung dafür, ihren unternehmerischen Gestaltungsspielraum ausschöpfen und ihre Interessen durchsetzen zu können.

Ähnlich wie Könige und Kaiser bei ihrer Inthronisierung mit der Krone und dem Zepter die Insignien ihrer Macht erhalten, müssen Führungskräfte bei Übernahme ihrer neuen Funktion mit geeigneten Machtmitteln ausgestattet werden, um etwas bewirken zu können: zum Beispiel die organisatorische Positionierung der neuen Stelle, Sanktionsmöglichkeiten, Gestaltung von Beziehungsnetzwerken etc. Führungskräfte benötigen ein umfangreiches „Machtinventar", um wirksam agieren zu können (vgl. Bild 7-2).

Machtkategorie	Die Führungskraft
Expertenmacht	… ist als Experte auf seinem Gebiet anerkannt.
Positionsmacht	… kann aufgrund ihrer Position Einfluss auf Entscheidungen nehmen.
Bestrafungsmacht	… kann bei Regelverstößen das Verhalten der Mitarbeiter sanktionieren.
Beziehungsmacht	… kann aufgrund ihres Beziehungsnetzwerks im Unternehmen Entscheidungen beeinflussen und Konsens herstellen.
Geliehene Macht	… hat von ihrem Vorgesetzten ausreichend Macht und Einfluss übertragen bekommen.
Charismatische Macht	… kann sich der Gefolgschaft ihrer Kollegen sicher sein, sie wird von ihnen respektiert und als Mensch geschätzt.
Informationsmacht	… verfügt über alle relevanten Informationen, sodass andere bei Informationsbedarf auf sie zukommen müssen.

Bild 7-2: Machtkategorien und ihre Merkmale (in Anlehnung an Looss)

Die Komplexität und Fülle der Aufgaben, denen sich Führungswechsler vor allem in der Anfangsphase gegenübersehen, führt häufig zu einem Gefühl von Ohnmacht. Viele fühlen sich beispielsweise damit überfordert, Mitarbeiter klar und direkt darauf anzusprechen, wenn ihr Verhalten aus dem Rahmen fällt. Auch gelingt es nicht immer,

von Vorgesetzten und Mitarbeitern einzufordern, dass sie verbindlich Veränderungsvorhaben mittragen. Es ist häufig ein schmaler Grat, für die Mitarbeiter im Tagesgeschäft Verständnis aufzubringen und sie gleichzeitig für Veränderungsvorhaben zu
verpflichten.

Empfehlungen

Deshalb empfehlen wir Führungswechslern, auf Machtformen zurückzugreifen, die es
erleichtern, beim Vorgesetzten und den Mitarbeitern eine gemeinsame Ausrichtung,
Integration und Integrität zu erzielen. Dies vor allem dann, wenn Veränderungen anstehen. Hier ist die Kunst gefragt, die Beteiligten vom Sinn der geplanten Maßnahmen
zu überzeugen und – vergleichbar einer Sogwirkung – dafür zu begeistern, gemeinsam „zu neuen Ufern" aufzubrechen. Dies gelingt beispielsweise, indem man die Beteiligten in die Innovationen mit einbezieht und ihnen mehr Mitverantwortung und
Mitsprache zugesteht.

Die Erfolgsaussichten stehen jedoch schlecht, wenn nicht klar ersichtlich ist, wohin die
Reise geht, weil zum Beispiel die Zielsetzung nicht präzise formuliert ist und/oder die
Zeitpläne zu knapp bemessen sind, um die Veränderungen neben den Alltagsroutinen
durchzuführen. Und erst recht ist der Erfolg infrage gestellt, wenn die zur Umsetzung
erforderlichen Ressourcen nicht in ausreichendem Maße zur Verfügung stehen. Deshalb raten wir Führungswechsler, alles in ihrer Positionsmacht Mögliche zu tun, um

❑ die Beteiligten vom Sinn der von ihnen initiierten Maßnahmen zu überzeugen,
❑ die Voraussetzungen für die Realisierung dieser Maßnahmen zu schaffen und
❑ verbindliche Spielregeln festzulegen, wie diese erfolgen soll.

Grundlage für Arbeitsaufträge, Sonderaufgaben oder Projekte sind meist Zielvereinbarungen zwischen Vorgesetzten und Mitarbeitern. Der Begriff Zielvereinbarung
suggeriert Partizipation. Das ist auch so gewollt. Ebenso gewollt sind Ziel- oder The-
menvorgaben der Führungskraft zur Initiierung von Veränderungsvorhaben. Vor allem beim Einstieg des „Neuen" in seine neue Funktion erwarten die Mitarbeiter, an
den geplanten Vorhaben beteiligt zu werden. Sie beobachten genau und kritisch, wie
er die Themen setzt, ob er sie mit einbezieht oder ihnen die Themen „überstülpt". Hier
sind beim Führungswechsler Einfühlungsvermögen und gesunder Menschenverstand
gefragt.

 Reflexionsfragen zum Umgang mit Macht und Einfluss

❑ Setze ich das mir zur Verfügung stehende Machtinventar situativ ein?
❑ In welcher Machtkategorie besteht in meiner neuen Umgebung Handlungsbedarf?
❑ Beziehe ich bei der Ziel- und Themenvorgabe die Sichtweisen von Vorgesetzten und
   Mitarbeitern ein?
❑ Stelle ich Zusammenhänge her und kläre den Sinn und die Hintergründe ab?
❑ Setze ich Prioritäten und nehme ich die Mitarbeiter in die Veränderung mit?

Der Führungswechsler steht also vor der Herausforderung, Gefolgschaft für anstehende Veränderungen zu erzeugen, dabei aber das Tagesgeschäft nicht zu vernachlässigen. Um dies miteinander zu vereinbaren, muss er sowohl Veränderungsprojekte anbahnen als auch gleichzeitig das Liniengeschäft mit den vorhandenen Ressourcen managen. Er befindet sich somit mittendrin im Spannungsfeld „Linien- versus Projektanforderungen". Dieser organisationsbedingte Konflikt bereitet vielen Führungswechslern großen Stress und Kopfzerbrechen. Es bedarf spezieller persönlicher Einstellungen, Fähigkeiten und Verhaltensweisen, um mit diesem Spannungsfeld zielführend umzugehen und es aufzulösen. Im Folgenden zeichnen wir anhand eines typischen Fallbeispiels Lösungsschritte auf. Diese Vorgehensweise eignet sich situationsbedingt auch zur Lösung der vorangehend vorgestellten persönlichen Spannungsfelder.

7.2.6 Linien- versus Projektanforderungen – Fallbeispiel und Schritte zur Lösung von persönlichen Spannungsfeldern

Wie Führungswechsler Spannungsfelder bei persönlichen Themen auflösen können, lässt sich am besten an einem Beispiel veranschaulichen. Manager sind hinlänglich mit der Tatsache vertraut, dass zeitlich befristete und interdisziplinäre, komplexe Aufgabenstellungen in Unternehmen häufig als Projekte bearbeitet werden. Dabei kollidieren mitunter die teils unterschiedlichen Zielsetzungen der Linien- und Projektanforderungen. Die Folge: Man findet sich als „Diener zweier Herren" wieder und sitzt zwischen den Stühlen. Denn zu den Linienaufgaben müssen in der Regel auch noch Sonderthemen und zusätzliche Projekte mit unterschiedlichen Prioritäten gemanagt werden. Ähnlich verhält es sich in unserem Beispiel:

> Ein Führungswechsler bekommt kurz nach seinem Eintritt neben einigen Sonderaufgaben ein großes Veränderungsprojekt als Projektleiter „aufs Auge gedrückt": Reduzierung der Gemeinkosten in seinem Bereich um 30 Prozent. Dafür wird ihm ein interdisziplinäres Projektteam zur Verfügung gestellt. Für die nächsten fünf Monate führt dieses Projekt zu einer zusätzlichen Arbeitsbelastung von circa zwei Tagen pro Woche. Der Auftraggeber für das Projekt – die Geschäftsleitung – gibt dem Führungswechsler zu verstehen, dass er sich flexibel über bisherige Routinen und Standards hinwegsetzen soll. Der direkte Vorgesetzte des Führungswechslers ist unterhalb der Geschäftsleitung angesiedelt. Er ist ein klassischer Vertreter von bewährten Linienaufgaben und Standards, die vor Kurzem neu dokumentiert wurden.
>
> Der Führungswechsler steht vor dem typischen Konflikt zwischen Projektanforderungen (Ziel A) und Linienanforderungen (Ziel B). Für die Lösungsfindung gibt es zunächst zwei Möglichkeiten „Priorisieren" und „in Einklang bringen" (vgl. Bild 7-3).

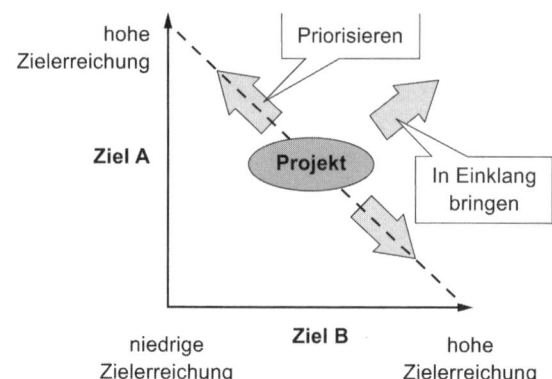

Bild 7-3: „Priorisieren" und „in Einklang bringen" bei verschiedenen Anforderungen

Wenn er priorisiert, entscheidet er sich zugunsten einer Variante auf Kosten der anderen – und verfehlt das Gesamtziel. Er muss also beide Anforderungen trotz der verschiedenen Interessenlagen in Einklang bringen. Obwohl er sich in diesem Fall der Unterstützung durch das Projektteam sicher ist, sind die persönlichen Belastungen enorm: „Diener zweier Herren" zu sein, mit häufig widersprüchlichen Anforderungen, die in der Regel erst im Projektverlauf zutage treten, zehrt weitaus mehr an den Kräften des Managers als die Anforderungen an sein Fachwissen.

Dieses Beispiel scheint auf den ersten Blick auf ein organisationsbedingtes Spannungsfeld zwischen Linien- und Projektanforderungen abzustellen. Bei näherer Betrachtung und im weiteren Verlauf jedoch wird deutlich, dass die Spannungen überwiegend aus persönlichen Verführungen beziehungsweise Unterlassungen resultieren, denn in diesem Fall hat der Führungswechsler

❑ sich dem Primat „Ober sticht Unter" gebeugt (die Gefahr besteht, wenn wie im Beispiel die Geschäftsleitung als Auftraggeber im Spiel ist),
❑ sich mit unklaren Zielen, Voraussetzungen, Prämissen und Ressourcen in das Abenteuer „Projekt" begeben und
❑ gleich zu Beginn die unbequemen Fragen zur Klärung des Auftrags, der Erwartungen und Rollen im Spannungsfeld „Linie und Projekt" gestellt (obwohl es sein könnte, dass es zunächst nicht um Gemeinkostenreduzierung von 30 Prozent ging, sondern um eine Verbesserung der Prozesse und Abläufe, und der Auftrag ein völlig anderer wird).

Diese Verführungen und Unterlassungen sind das Resultat von

❑ Angst und Ohnmachtsgefühl im Spannungsfeld der Hierarchie,
❑ fehlender Gründlichkeit und daraus resultierenden Schnellschüssen, die zum „Hineinschlampen" ins Projekt führen,
❑ unklaren Rollen, nicht geklärten Befugnissen und Verantwortlichkeiten.

In welchen Schritten der Führungswechsler diese Spannungsfelder auflösen und zusätzlich noch eine „Win-win-Lösung" erzielen kann, beschreiben wir beginnend mit der Reflexion von Fragen zur Ausgangslage.

1. Schritt: Fragen zur Klärung der Ausgangslage und des Auftrags reflektieren

Zur Klärung der Ausgangslage und des Auftrags empfehlen wir Führungswechslern, zunächst einmal die neue Businesssituation sorgfältig zu hinterfragen und zu reflektieren. Beispielfragen (sind situationsspezifisch anzupassen):

❑ Wie lautet der Auftrag (Ausloten der Ziele und Nichtziele sowie der erfüllbaren und nicht erfüllbaren Erwartungen)?
❑ Gibt es weitere Aufträge (Nachfragen und Aufdecken offizieller und heimlicher Aufträge)?
❑ Wer ist Auftraggeber, wer ist Entscheider?
❑ Welche Anforderungen muss ich erfüllen?
❑ Was wird von mir erwartet (Rollenzuschreibung, eigenes Rollenverständnis)?
❑ Wie groß ist meine Entscheidungsbefugnis?

Im nächsten Schritt geht es darum, die Ursache für das Spannungsfeld zu finden.

2. Schritt: Die Konfliktursachen für das Spannungsfeld eingrenzen

Spannungsfelder können aus verschiedenen Gründen entstehen. Um die dafür verantwortliche Ursache zu diagnostizieren, empfehlen wir, anhand folgender Kriterien einzugrenzen, welche Art von Konflikt vorliegt. Es geht hier darum, schnell ein Gespür dafür zu entwickeln, wo oder bei wem das Problem seine Wurzeln hat und anzusetzen ist, um es zu lösen (vgl. Bild 7-4).

	Zum Handeln in der Organisation gehört	Daraus resultierende Konfliktarten/ Gründe für Widerstände
1.	Ziele setzen/vereinbaren	Zielkonflikte
2.	Ziele auf bestimmten Wegen erreichen	Bewertungskonflikte
3.	Unterschiedliche Ressourcen einsetzen	Verteilungskonflikte
4.	Unterschiedliche Menschen mit verschiedenen Bedürfnissen/Werten führen	Wertekonflikte/persönliche Konflikte
5.	Miteinander in Beziehungen stehen	Beziehungskonflikte
6.	Unterschiedliche Funktionen und Rollen ausüben	Rollenkonflikte

Bild 7-4: Potenzielle Konflikte beim Führungshandeln (Kreyenberg 2004, S. 25)

Wenn der Führungswechsler Linien- und Projektanforderungen in Einklang bringen soll, drohen ihm auf den ersten Blick Zielkonflikte. Verpflichtet ihn aber sein Vorgesetzter trotz wichtiger Termine im Projekt zum Dienst in der Linie, sieht er sich einem Rollenkonflikt gegenüber. Die genaue Bestimmung und Eingrenzung des Konfliktes wird häufig unreflektiert übergangen, ist aber sehr wichtig, um ihn zu bewältigen. Denn wenn es sich beispielsweise um einen Zielkonflikt zwischen den Betroffenen handelt, dann ist geboten, dass sie sich über die Ziele – und die Nichtziele! – für die anstehende Arbeit abstimmen. Liegt dagegen ein Rollenkonflikt vor, sollten die Beteiligten ihr eigenes Selbstverständnis und das untereinander ebenso klären wie die gegenseitigen Rollenzuschreibungen. Sind Konfliktart und -ursache bekannt, wird im nächsten Schritt das Spannungsfeld genau beschrieben.

3. Schritt: Das Spannungsfeld beschreiben

Kommen wir auf unser Eingangsbeispiel zurück: Die Anforderung der Geschäftsleitung als Projektauftraggeber an den Führungswechsler, „sich flexibel über Routinen und Standards" hinwegzusetzen, kollidiert offensichtlich mit den Anforderungen seines Vorgesetzten, der auf der Einhaltung von dokumentierten Standards besteht. Eine Lösung „irgendwo dazwischen", quasi als „fauler Kompromiss", kann den betroffenen Manager mitunter in arge Schwierigkeiten bringen. Welche Alternativen bieten sich ihm, um aus dieser Zwickmühle herauszukommen? Generell kann er

- ❑ zäh um einen dritten Lösungsweg ringen, nicht im Sinne von „Entweder-oder", sondern von „Sowohl-als-auch",
- ❑ weitere Standpunkte und Positionen, zum Beispiel die Kundenperspektive, mit einbeziehen,
- ❑ Chancen und Risiken der Lösungsvarianten genau „unter die Lupe nehmen",
- ❑ über die Ziele und Rollenzuschreibungen verhandeln,
- ❑ Transparenz für die Auftraggeber herstellen,
- ❑ zwischen der Geschäftsleitung und seinem Vorgesetzten moderieren und einen kreativen Prozess zur Lösungsfindung anregen und steuern.

Zur Klärung des Konfliktes geht es abschließend darum, geeignete Handlungsoptionen zu beleuchten.

4. Schritt: Optionen beleuchten

Im vierten und letzten Schritt entscheidet sich der Führungswechsler für die seiner Meinung nach am besten geeignete Option zur Auflösung des Spannungsfeldes. In diesem Zusammenhang weisen wir immer wieder darauf hin, dass es neben der bipolaren Option „Entweder-oder" immer auch einen Lösungsraum „Sowohl-als-auch" mit vier Entscheidungsoptionen gibt (vgl. Bilder 7-5 und 7-6).

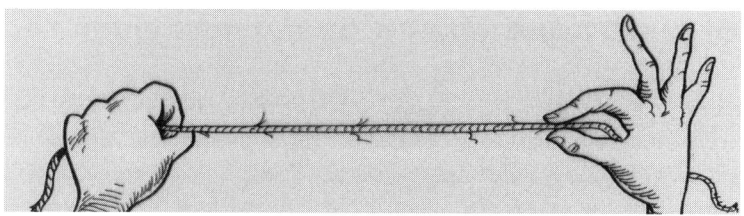

Bild 7-5: Nicht „Entweder-oder" ...

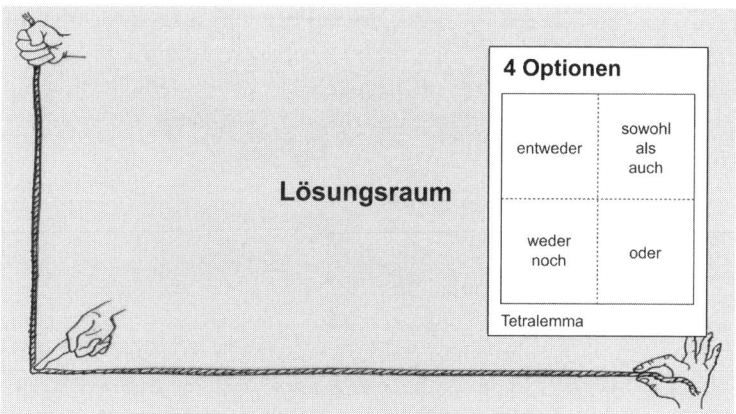

Bild 7-6: ... sondern „Sowohl-als-auch"

Führungskräfte treffen in der Regel ihre Entscheidungen schnell und aufgrund des Zeitdrucks, unter dem sie stehen, häufig auch aus dem Bauch heraus. Nach kurzer Abwägung können sie zwischen „Entweder-oder" beziehungsweise einem „Ja" oder „Nein" entscheiden. Manche ziehen es vor, Entscheidungen „auszusitzen" oder zu vertagen, indem Sie die „Weder-noch"-Variante wählen. Um Spannungsfelder zu einer für beide Seiten akzeptablen Lösung zu führen, sind Führungswechsler gut beraten, sich in dem von uns präferierten Lösungsraum in der Denkkategorie „Sowohl-als-auch" zu bewegen. In dieser Kategorie haben sie die Möglichkeit, verschiedene Standpunkte, Ziele oder Einstellungen abzuwägen, in Einklang zu bringen und schließlich zu einer für alle zufriedenstellenden „Win-win-Lösung" zu überführen.

7.3 Organisationsbedingte Spannungsfelder

Wir verlassen nun die persönliche Ebene und richten das Augenmerk auf die organisationsbedingten Spannungsfelder. Bei ihrer Betrachtung lohnt ein Perspektivenwechsel, weg von der Sicht des Führungswechslers in seinem neuen Aufgabenbereich hin zu einer Vogelperspektive, die es ermöglicht, aus einer Metaebene heraus systematisch ineinandergreifende Zusammenhänge zwischen den betreffenden Personen und dem Unternehmen zu überblicken. Diese distanzierte Betrachtungsweise erleichtert es, Schwachstellen in der Interaktion zwischen den Ebenen Führungswechsler, Team und Unternehmen zu identifizieren. Übersehene und nicht bearbeitete Schwachstellen sind die häufigsten Ursachen für Konflikte und Widerstände. Auf der organisationsbedingten Ebene stellen vor allem fünf Themenfelder Führungswechsler immer wieder vor Probleme. Es handelt sich dabei um Schwachstellen

- ❑ innerhalb der Organisationsentwicklung,
- ❑ im Projektmanagement,
- ❑ in der Teamleistung,
- ❑ in der Delegation und
- ❑ im Mitarbeiterengagement.

Welche Probleme können in diesen Themenfeldern auftreten und wie lassen sie sich beheben? Grafisch lassen sich diese Themenfelder, ihre Beziehungen zueinander und ihre Zusammenhänge im Unternehmen gut anhand des „KOM-MIT-Modells" (Heinze und Rinck 1997) darstellen: als aneinandergereihte Dreiecke, die jeweils Dimensionen von Kommunikationsanforderungen auf verschiedenen Ebenen auf der Management-, Team- und Mitarbeiterebene beschreiben (vgl. Bild 7-7).

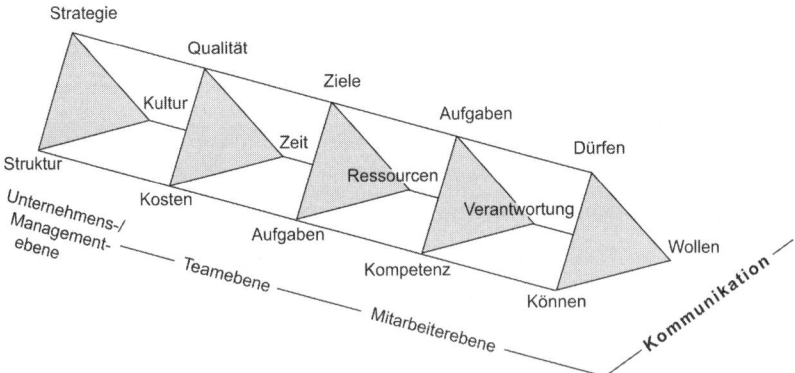

Bild 7-7: Dimensionen der systemischen Themenfelder im KOM-MIT-Modell
(Heinze und Rinck 1997, S. 144)

Erfolgreiche Führungswechsler sind mit Architekten und Brückenbauern vergleichbar: Sie bauen (Kommunikations-)Brücken zwischen den verschiedenen Ebenen der beteiligten Akteure. Sie verbinden und kommunizieren die Wechselwirkung der Einflüsse der Managementebene auf die Team- und Mitarbeiterebene und umgekehrt. Vielen Führungswechslern gelingt es aber nicht oder nur unzulänglich, eine verbindende Brücke zwischen Management-, Team- und Mitarbeiterebene zu bauen.

Wir empfehlen Führungswechslern in solchen Situationen, sich die in Bild 7-7 als Dreiecke dargestellten fünf systembedingten Themenfelder und die dazugehörigen 15 Dimensionen zu vergegenwärtigen. Es geht darum, die jeweilige Dimension auszumachen, die für aktuelle Störungen verantwortlich ist.

Wir beobachten, dass Führungswechsler in der Hektik des Einarbeitens immer wieder den gleichen Fehler machen: Sie optimieren Strukturen und Prozesse, verändern Strategien, ohne die Betroffenen angemessen daran zu beteiligen. Gleichzeitig wundern sie sich aber, dass ihnen die Gefolgschaft verweigert wird. Schlimmer noch: Die Mitarbeiter ziehen sich zurück und das Betriebsklima ist immer mehr von Vorsicht und gegenseitigem Misstrauen gekennzeichnet. Wer beispielsweise als Projektleiter unterwegs ist, hat sich um das Projektmanagement – dargestellt am Dreieck „Qualität – Kosten – Zeit" – zu kümmern und mit seinem Vorgesetzten die Prioritäten der Umsetzung abzustimmen. Geraten die Prioritäten zum Beispiel aufgrund eines hohen Krankenstandes im Verantwortungsbereich dieses Projektleiters in Schieflage, führt dies zu Defiziten bei den Wechselwirkungen zwischen den systemischen Themen Delegation und Mitarbeitermanagement (die beiden rechten Dreiecke in Bild 7-7).

Wir haben zu diesem immer wiederkehrenden Muster viele Teamentwicklungsworkshops in betroffenen Organisationseinheiten durchgeführt. Bezeichnend war: Die Mitarbeiter beklagten, man habe ihnen zwar Aufgaben (Pflichten) und Verantwortung übertragen, nicht aber auch Kompetenzen, also Rechte und Befugnisse. Führungswechsler übersehen häufig die Tragweite eines solchen Versäumnisses und erkennen nicht, dass sie hier den Nährboden für ein Spannungsfeld bereiten. Wenn sie die daraus resultierenden Schieflagen nicht rechtzeitig erkennen und offen ansprechen, können zeitraubende Konflikte zwischen der Führungs- und der Mitarbeiterebene und Widerstände bei den Mitarbeitern entstehen.

Welche Herausforderungen die fünf typischen organisationsbedingten Themen und Spannungsfelder an Führungswechsler stellen und welches die jeweils wichtigsten Schwachstellen sind, wird im Folgenden beschrieben.

7.3.1 Organisationsentwicklung: Strategie – Struktur/Prozesse – Kultur

Die Entwicklung von Organisationseinheiten lässt sich gut in Anlehnung an das St. Galler Dreieck (Bleicher 2004) beschreiben, das dieses systembedingte Thema in den Dimensionen Strategie, Struktur und Kultur beleuchtet (vgl. Bild 7-7). Ziel der Organisationsentwicklung ist es, ein dynamisches Gleichgewicht zwischen diesen drei Dimensionen und eine positive Gestaltung der Zusammenarbeit zwischen dem Führungswechsler, seinem Vorgesetzten und seinen Mitarbeitern herzustellen. Die wichtigsten Schritte bei der Strategiearbeit sind im vierten Kapitel am Beispiel der Entwicklung eines Businessplans bereits beschrieben. Das Augenmerk richtet sich nunmehr auf den Zusammenhang zwischen den beiden anderen Dimensionen Struktur/Prozesse und Kultur/Zusammenarbeit.

Auf der strukturellen Dimension müssen sich Führungswechsler vor allem vor zwei Gefahren in Acht nehmen: Erstens vor der von uns häufig beobachteten Tendenz, in ihrem neuen Verantwortungsbereich genau das mitzumachen, was im neuen Unternehmen aktuell, das heißt „in" ist. Wenn beispielsweise Prozessoptimierung angesagt ist, sind sie schnell dabei, in ihrem Bereich ebenfalls Prozesse zu modellieren, obwohl es weitaus dringender wäre, auf der kulturellen Dimension Hebel anzusetzen, weil die Zusammenarbeit innerhalb des Teams und mit seinem neuen Chef katastrophal ist. Hier erweist sich die falsche Wahl der Maßnahme als entscheidende Schwachstelle. Es fehlt der Scharfblick auf den wirklich erforderlichen Handlungsbedarf.

Die zweite Gefahr lauert in der Vorgehensweise: Führungswechsler neigen häufig dazu, bei Entwicklungsprozessen die einzelnen Elemente isoliert zu bearbeiten, ohne deren Wechselwirkungen und Abhängigkeiten mitzuberücksichtigen, schon gar nicht zu thematisieren und zu klären. Angenommen, ein Führungswechsler hat sich zum Ziel gesetzt, abteilungsübergreifende Prozesse zu verschlanken, obwohl die „Spatzen von den Dächern pfeifen", dass in den entsprechenden Abteilungen ein ausgeprägter Abteilungsegoismus vorherrscht. Gelingt es ihm nicht, diesen Widerspruch (Zusammenarbeit versus Egoismus) aufzulösen, ist das Projekt zum Scheitern verurteilt. Schlimmer noch: Es ist ein großes Durcheinander entstanden. Hier ist die entscheidende Schwachstelle, Wechselwirkungen zwischen den von der Veränderung betroffenen Abteilungen nicht zu erkennen und sie nicht in die Umsetzung einzubeziehen.

Dieses Beispiel leitet zur Dimension der Unternehmenskultur über, wo das dritte Gefahrenpotenzial steckt. Ein Problem bei Kultur generell ist, dass die Ergebnisse der kulturellen Arbeit meistens nicht sichtbar sind. Deshalb messen ihr die meisten Unternehmen keine besondere Dringlichkeit bei. Kulturarbeit findet in der Regel nachgeordnet und nicht gleichzeitig statt. Dies birgt Tücken: Angenommen, die Geschäftsleitung hat sich für vier zentrale Unternehmenswerte entschieden und den Führungswechsler damit beauftragt, diese Werte im Rahmen der Regelkommunikation an einem bestimmten Termin an seine Mitarbeiter zu kommunizieren.

Erfüllt er den Auftrag wie erteilt, wird er bei seinen Mitarbeitern weitaus weniger Betroffenheit und Resonanz auslösen, als wenn er anlassbezogen diese Werte thematisiert. Viel wirkungsvoller und nachhaltiger ist es, wenn er zum Beispiel den Wert „Ordnung" dann thematisiert und vor Augen führt, wenn die Folgen von selbst verursachter Schlampigkeit wieder einmal zu Chaos am Arbeitsplatz führten. Hier liegt die Schwachstelle in der falschen Wahl des Zeitpunktes. Kulturarbeit ist nur dann erfolgreich, wenn sie mit den Betroffenen situativ in einem ausgewogenen Gleichgewicht zur Strategie- und Strukturarbeit erfolgt.

Die Tatsache, dass die kulturellen Stellhebel zur Verbesserung der Zusammenarbeit in der Organisationseinheit meist nicht greifbar und sichtbar sind, soll nicht über den Einfluss der kulturellen Dimension auf die Gesamtleistung des Unternehmens hinwegtäuschen. Das vielfach zitierte Eisbergmodell (Freud nach Ruch und Zimbardo 1974) veranschaulicht diesen Zusammenhang: Nur etwa ein Siebtel des Eisbergs ragt als von der Sachlogik bestimmte Organisationsebene aus dem Wasser. Hier geht es um Richtlinien und Produkte, die greifbar sind, oder Strategien, Prozesse oder Strukturen, die als Dokumente vorliegen. Der größte Teil jedoch, die von der Psychologie geprägte Kulturdimension, befindet sich unterhalb der Oberfläche. Das ist der Teil, bei dem es um das „Zwischenmenschliche" geht. Hier „schlummert" eine Vielzahl an Schwachstellen im Verborgenen (vgl. Bild 7-8).

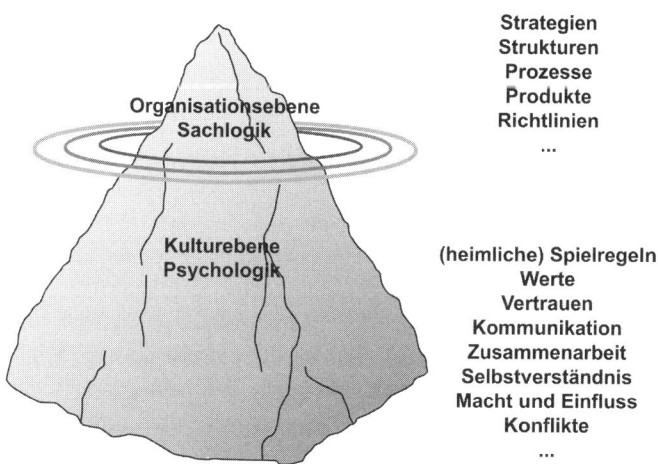

Bild 7-8: Das Eisbergmodell (in Anlehnung an Freud und Ruch/Zimbardo 1974)

Tipp

Führungswechsler können die Wechselwirkungen zwischen den drei Dimensionen der Organisationsentwicklung, das heißt der Entwicklung ihres Bereiches, besser überblicken und die Zusammenarbeit mit ihren Vorgesetzten und Mitarbeitern optimieren, wenn sie folgende Aspekte reflektieren:

Zur *Strategie:*

❑ Ankoppelung an die Unternehmens-/Funktionalstrategie,
❑ Selbstverständnis und Leitbild,
❑ aktuelle Lage der Organisationseinheit,
❑ wünschenswerte Lage in zwei Jahren,
❑ Wege, um dorthin zu kommen.

Zu den *Strukturen und Prozessen:*

❑ eigene Kernprozesse,
❑ Gestaltung der Kern- und Teilprozesse,
❑ wichtigste Schnittstellen,
❑ Aufstellung im Unternehmen,
❑ Festlegung der Aufgaben, der Kompetenzen und der Verantwortung.

Zur *Kultur und Zusammenarbeit:*

❑ Leitwerte und Einstellungen,
❑ Erwartungen,
❑ geltende verbindliche Spielregeln,
❑ Gestaltung der Zusammenarbeit und Kommunikation,
❑ Wahrnehmung von außen.

7.3.2 Projektmanagement: Qualität – Kosten – Zeit

Aufgabe des Projektmanagements ist es, Ergebnisse in der gewünschten Qualität (Ergebnis) zum vereinbarten Termin (Zeit) und zu minimalen Kosten (Aufwand) vorzulegen. Eine Veränderung einer dieser drei Größen wirkt sich automatisch auf die anderen beiden Größen aus. Führungswechsler, die in ihrem neuen Verantwortungsbereich mit Projektleitung beauftragt werden, müssen diese drei Faktoren möglichst schnell „in den Griff bekommen" und in Einklang bringen. Wir beobachten bei Projektleitern häufig Vorlieben oder Abneigungen beim Umgang mit diesen drei Größen.

Ein Führungswechsler, der zum Beispiel aus dem Controlling kommt, wird sein Augenmerk eher auf den Kostenaspekt richten und eventuell der Qualität der Ergebnisse weniger Beachtung schenken. Ein Projektleiter wiederum, der als Entwickler für diese Aufgabe ausgewählt wurde, wird wahrscheinlich mehr auf die Qualität der Erzeugnisse Wert legen, dafür aber den Kostenaspekt vernachlässigen. Es fällt auf, dass diese Vorlieben und Abneigungen bei Projektleitern oft derart ausgeprägt sind, dass sie sich selbst dann, wenn das Projekt aus dem Ruder läuft, weil die gesteckten Meilensteine nicht erreicht werden und der erhoffte Erfolg gefährdet ist, nicht fragen, welche dieser drei Größen im Zweifel Vorrang hat.

Im Gegenteil: Sie leiten das Projekt in (scheinbar) bewährter Manier und glauben, sich auf sicherem Terrain zu bewegen, weil die gewählte Perspektive, unter der sie Projektarbeit betreiben, ihrem bewährten Aufgabengebiet entstammt. Daraus folgernd ist eine typische Schwachstelle bei Führungswechslern im Projektmanagement, dass sie die Rahmenbedingungen, unter denen das Projekt stattfindet, nicht oder zu wenig berücksichtigen. Das Gleiche gilt auch für die Projektmitarbeiter. Sie werden häufig „ins Rennen geschickt", ohne über die Rahmenbedingungen und den konkreten Auftrag hinreichend informiert zu sein.

Empfehlungen

Deshalb empfehlen wir Führungswechslern, die mit Projektleitung beauftragt wurden, im Vorfeld gemeinsam mit dem Auftraggeber und Entscheider abzuklären, welcher Input benötigt wird, welche Kapazitäten erforderlich sind und welche Rahmenbedingungen berücksichtigt werden müssen, um die gewünschten Ergebnisse zu erzielen. Bekanntlich scheitern die meisten Projekte, weil die entscheidenden Fehler am Anfang gemacht wurden: Auftrag, Ziel, Risiken und Ressourcen wurden nicht hinreichend geklärt. Es lohnt sich also, hartnäckig zu bleiben, nachzufassen und sich nicht „abspeisen zu lassen", bis die letzten Unklarheiten ausgeräumt sind. Die Zeit, die vor Beginn des Projektes in die Vorbereitung investiert wird, zahlt sich in der Folgezeit mehr als aus.

 Tipp

Wir empfehlen in diesem Zusammenhang, zu reflektieren:

❑ welcher der Stellhebel „Qualität", „Kosten" und „Zeit" im Zweifel Priorität hat,
❑ welche Aufträge, Ziele und Nichtziele, Risiken und Ressourcen zu Beginn abzuklären sind, um einen erfolgreichen Projektverlauf zu gewährleisten,
❑ die eigene Rolle als Projektleiter im Spannungsfeld mit den Linienanforderungen (siehe Beispiel mit Lösungsansatz unter Kapitel 7.2.6.),
❑ woran sich Erfolge (auch bei Dienstleistungen) messen lassen.

Wenn die Rahmenbedingungen „Welche Qualität ist bis wann mit welchem finanziellen Aufwand abzuliefern?" geklärt sind, liegt die eigentliche Schwachstelle beim Start des Projektes: Hier scheitern die meisten Projektleiter mit ihren Teams. Deshalb unsere Empfehlung: Sich Zeit nehmen und penetrant den Auftrag und die Rahmenbedingungen für seine Umsetzung beim Auftraggeber und Entscheider hinterfragen.

7.3.3 Teamleistung: Ziele – Aufgaben – Ressourcen

Voraussetzungen für eine effiziente Teamleistung sind anspruchsvolle Ziele, klar abgegrenzte und im Team verteilte Aufgaben sowie ausreichende Ressourcen. Die Ziele orientieren sich nach Kunden-, Leistungs- und Qualitätsanforderungen. An ihnen und dem zu erfüllenden Aufgabenspektrum wiederum orientiert sich die Bereitstellung und Verteilung der Ressourcen, die zur Erbringung der Leistungen benötigt werden. Dieser Kausalzusammenhang sollte auch für den Einstieg von Führungswechslern in ihren neuen Verantwortungsbereich gelten. Wir stellen jedoch immer wieder fest, dass die meisten sich von der rein aufgabenorientierten Zielvereinbarung leiten lassen. So werden Entwicklungsziele aufgrund durchgeführter Erwartungsanalysen aus Gesprächen mit Mitarbeitern, Leistungspartnern und Vorgesetzten nur in Ausnahmefällen in die Zielvereinbarungen mit aufgenommen. Die Nichtberücksichtigung solcher eher qualitativer Entwicklungsziele ist eine typische Schwachstelle beim Führungswechsel.

Hinzu kommt, dass in wirtschaftlich schwierigen Zeiten der Druck besteht, den bisherigen Output mit immer weniger Ressourcen zu erreichen. Hier stellt die Knappheit der finanziellen Ressourcen die entscheidende Schwachstelle dar. Wir raten Führungswechslern, sich in solchen Situationen ganz auf die originären Kernaufgaben zu konzentrieren, die ihre Existenzberechtigung legitimieren. Sie tun sich leichter dabei, wenn sie sich zwischendurch, am besten einmal im Jahr, die Zeit nehmen, alle Teamaufgaben genau „in Augenschein" zu nehmen und konsequent alle Tätigkeiten „auszumisten", die nicht zu den Kernaufgaben gehören.

 **Tipp**

Wir empfehlen jedem Führungswechsler, bei der Realisierung der Businessziele nicht die Entwicklungsziele zu vernachlässigen. Er ist gut beraten, sich genügend Zeit zu nehmen, um die in den Erwartungsanalysen ermittelten Anforderungen, die sein Vorgesetzter und seine Mitarbeiter an ihn stellen, zu sichten und gemeinsam mit ihnen Ziele und konkrete Maßnahmen zu vereinbaren.

Dabei hilft es ihm, sich mit folgenden Fragen auseinanderzusetzen:

❑ Welche Zielvorgaben stehen im Raum?
❑ Welche Entwicklungsziele und Maßnahmen lassen sich aus den Erwartungsanalysen für den Führungswechsel ableiten?
❑ Welche Kernaufgaben hat das Team?
❑ Nach welchen Kriterien soll das Controlling erfolgen und wo sollten die „Meilensteine" für das Erreichen der Ziele gesetzt werden?

7.3.4 Delegation: Aufgaben – Kompetenzen – Macht

Führungskräfte haben generell keine Probleme damit, Aufgaben (Pflichten) und Verantwortung zu delegieren. Schwieriger schaut die Sache aus, wenn es darum geht, den Mitarbeitern auch Kompetenzen (Rechte) zu übertragen. Denn hier geht es um die Übertragung von Befugnissen, das heißt von Macht: Mit der Befugnis gibt der Manager auch ein Stück weit Macht ab. Und bei Macht hört der Spaß offenbar auf – wie wir immer wieder bestätigt bekommen.

So berichtete uns ein Führungswechsler aus dem Verkauf, er sei zwar für den gesamten Kundenstamm des Unternehmens zuständig, müsse aber bei Reklamationen oder wegen Kleinigkeiten permanent Rücksprache mit seinem Chef halten. Ein anderer erzählte, er sei für sieben Meister und rund 250 Mitarbeiter verantwortlich, verfüge über ein Jahresbudget in Höhe von rund 2,5 Millionen Euro, sei aber verpflichtet, von seinem Chef die Unterschrift für zwei Pfund Kaffee für eine Gästebewirtung einzuholen.

Wer kennt ihn nicht, den berühmten Satz „Ich trage die gesamte Verantwortung!" In der Praxis jedoch wird bei genauerem Hinsehen Verantwortung häufig dorthin „abgeschoben", wo niemand wirklich zuständig ist oder wo keine Einflussmöglichkeiten bestehen. Nicht selten fühlen sich Führungskräfte, die meinen, für alles verantwortlich sein zu müssen, für die Belange anderer verantwortlich, vernachlässigen dabei aber ihren eigenen Verantwortungsbereich.

 Tipp

Eine Person kann für ein Thema verantwortlich sein, wenn folgende vier Kriterien erfüllt sind:

- ❑ Sie ist für das Thema qualifiziert („können").
- ❑ Sie will sich des Themas annehmen („wollen").
- ❑ Sie hat für das Thema die Erlaubnis/Legitimation bekommen („dürfen").
- ❑ Das Thema ist Bestandteil des Arbeitsauftrags („müssen").

Wir empfehlen Führungswechslern, denen es schwerfällt, Aufgaben, Verantwortung und Macht zu delegieren, ihre Situation auf diese vier Kriterien hin zu überprüfen. Verantwortungskonfusion und fehlende Delegation von Kompetenzen sind die entscheidenden Schwachstellen. Gelingt es ihnen nicht, diese aufzulösen, kann sich das negativ auf die Motivation beziehungsweise das Engagement der Mitarbeiter auswirken, auf die wir im Folgenden eingehen.

7.3.5 Mitarbeiterengagement: Können – Dürfen – Wollen

Viele Führungswechsler klagen über mangelnde Motivation und geringes Engagement ihrer Mitarbeiter. Dabei übersehen sie, dass in den meisten Fällen sie selbst für diese Einstellung und dieses Verhalten verantwortlich sind. Mitarbeiterbefragungen (zum Beispiel Gallup, Hewit, TNS, Infratest) haben bestätigt, dass die Bereitschaft von Mitarbeitern zum Engagement am stärksten vom unmittelbaren Vorgesetzten beeinflusst wird. Von bis zu 80 Prozent ist die Rede.

Es gehört beispielsweise zu den Pflichten von Führungskräften, sich um eine ausreichende Einarbeitung neuer Mitarbeiter zu kümmern und ihr „Können" zu fördern, das heißt, sie an die Leistungsfähigkeit heranzuführen, die sie zur Bewältigung ihrer Aufgaben benötigen. Dafür stehen ihnen klassische Instrumentarien zur Verfügung, zum Beispiel Mitarbeitergespräche, Führen durch Zielvereinbarung und Leistungsbeurteilung, Lob und Kritik oder Erfolgskontrollen. Durch Delegieren von Aufgaben, Kompetenzen und Verantwortung werden die Leistungsmöglichkeiten der Mitarbeiter im Bereich des „Dürfens" gefördert. Hier liegt die Verantwortung ausschließlich bei der Führungskraft (Strecke der Diagonalen in Bild 7-9). Damit wären die beiden wichtigsten Stellhebel für das Engagement beziehungsweise die Motivation der Mitarbeiter aktiviert. Unter diesen Voraussetzungen stellt sich die Leistungsbereitschaft, das „Wollen", in der Regel von selbst ein (vgl. Bild 7-9). Diese wirkt sich unter anderem auch auf die Fähigkeit und Bereitschaft der Mitarbeiter zur Selbstorganisation und Selbststeuerung ab. Sind solche Anzeichen von Demotivation erkennbar, raten wir Führungswechslern, sich einmal Gedanken darüber zu machen, wie sie es geschafft haben, ihre Leute zu demotivieren (Sprenger 2007).

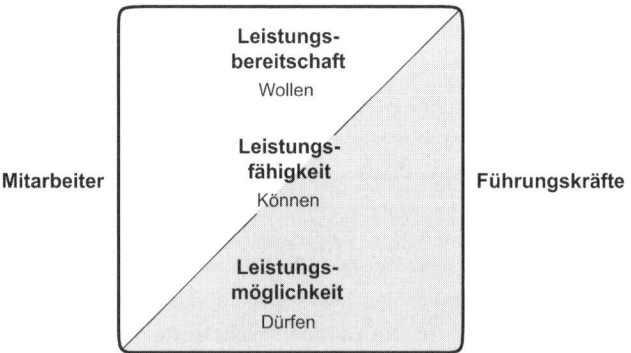

Bild 7-9: Dimensionen der Leistung (in Anlehnung an Sprenger 2007)

Tipp

Führungswechsler fördern die Motivation und die Leistungsbereitschaft ihrer Mitarbeiter, indem sie:

- ❏ ... sich genügend Zeit für ihre Entwicklung nehmen und mit ihnen gezielte Qualifizierungsmaßnahmen erörtern, um die Leistungs- und Einsatzfähigkeit („können") zu steigern.
- ❏ ... systematisch Talente und Potenzialträger auswählen und fördern.
- ❏ ... sie einbinden und befähigen, ihre Leistungsmöglichkeit voll zur Entfaltung zu bringen.
- ❏ ... konsequent Befugnisse delegieren, um die Mitarbeiter zu befähigen, unternehmerisch und eigenverantwortlich zu handeln („dürfen"). Hier liegt die größte Einflussmöglichkeit durch den Vorgesetzten, häufig aber auch die zentrale Schwachstelle vor.
- ❏ ... ihnen Vertrauen entgegenbringen und ausreichend Raum für Eigenverantwortung, Selbstorganisation und Selbststeuerung lassen („wollen").

7.4 Verborgene Themen und Spannungsfelder

Führungswechsler sehen sich in ihrem neuen Umfeld zumeist neuen Normen, Werten und Regeln gegenüber, die diesen neuen Arbeitsbereich und das Verhalten, die Einstellungen und Erwartungen der Mitarbeiter geprägt haben. Gerade diese ungeschriebenen Gesetze und Muster, Rollenerwartungen und Spielarten können Managern das Leben schwer machen. Sie sind die häufigste Ursache für die Entstehung von Spannungsfeldern, zumal sie meist im Verborgenen, unter der Oberfläche, liegen. Zur Veranschaulichung der dabei ablaufenden Mechanismen und Möglichkeiten für den Umgang mit Spannungsfeldern ziehen wir gerne den Vergleich mit einem Trainer, der eine neue Fußballmannschaft übernimmt.

7.4.1 Die neue Situation erfassen

Der neue Trainer findet eine Mannschaft vor, die mehr schlecht als recht im unteren Tabellendrittel „herumdümpelt". Die Vereinsführung erhofft sich von diesem neuen Mann, dass er den drohenden Abstieg abwendet, der Mannschaft neue Impulse gibt und sie mithilfe neuer Sponsoren mittelfristig so aufstellt, dass sogar die Meisterschaft anvisiert werden kann. Bei der zur Präsentation des neuen Trainers obligatorischen Pressekonferenz stellt dieser sein Konzept vor und steht den Journalisten Rede und Antwort: zu seiner Vergangenheit, seinem Urteil über das Potenzial der Mannschaft, seinen Trainingsmethoden, seinem Konzept, wie er diese wieder an die „Spitze" heranführen will, seinen Zukunftsvorstellungen etc. Die Fragen, die er sich anhören muss, lassen sich eins zu eins auf neue Teams von Führungswechslern übertragen:

- ❏ „Wie sehen Sie Ihre Rolle: eher als Trainer, der den Spielern von der Außenbank aus seine Anweisungen gibt, oder als Spielertrainer, der das Spiel aktiv mitgestaltet und aus dem Spiel heraus Impulse setzt?"

❑ „Welchen Tabellenplatz streben Sie in dieser Saison an?"
❑ „Wie beurteilen Sie das Spielermaterial und die Möglichkeiten, bei gegebenen Sponsorengeldern die Mannschaft zu verstärken?"
❑ „Wie wollen Sie die Mannschaft spielen lassen: defensiv im 4-4-2-System oder offensiver mit 4-3-3?"
❑ „Halten Sie an einem System fest oder stellen Sie es taktisch von Spiel zu Spiel auf den jeweiligen Gegner um?"
❑ „In letzter Zeit waren die Fans immer unzufriedener und die Besucherzahlen gingen zurück. Wie wollen Sie die Anhänger wieder ins Stadion locken?"

Fragen wie diese beziehen sich auf den „Strategiefit" des Teams. Es sind Fragen, die sich auch ein Führungswechsler zur Beurteilung seiner Ausgangslage mit der neuen „Mannschaft" stellen sollte. Er hinterfragt die Zusammensetzung und das Potenzial seines neuen Teams, dessen aktuellen Zustand und Loyalität zum Unternehmen, setzt sich aber mit seinem eigenen Führungsverständnis, seiner Strategie und den Beziehungen auseinander, die sein neuer Verein zu seiner Umgebung pflegt.

Nach der Pressekonferenz leitet der Trainer zum ersten Mal das Training mit seiner neuen Truppe. Hier stehen andere Fragen im Vordergrund, Fragen, die sich auf den „Teamfit" beziehen, zum Beispiel:

❑ „Sind alle Spieler anwesend? Welcher Spieler fehlt?"
❑ „Wer macht den Anstoß?"
❑ „Wie reden die Spieler miteinander?"
❑ „Welche Grüppchen bilden sich?"
❑ „Wer sind die Führungsspieler und wer gehört eher zu den Mitläufern?"
❑ „Beherrschen die Spieler die Standardsituationen?"
❑ „Eignet sich die Mannschaft für variable Spielweisen?"
❑ „Welche Fouls wiederholen sich?"
❑ „Wer schießt die Tore?"
❑ „Wer kann die Mannschaft mitreißen? Wer profiliert sich zulasten des anderen?"
❑ „Wie ist der Teamgeist? Gibt es dysfunktionale Muster und Spielregeln?"

Hat sich der Trainer ein Bild über seine Mannschaft gemacht, weiß er, welche Spielzüge er neu einüben und welche Regeln er mit ihr neu vereinbaren muss. Analog kann der Führungswechsler beurteilen, wo die Stärken und Schwächen bei seinem Team liegen und wo er ansetzen muss, um das Leistungspotenzial seiner Mitarbeiter voll auszuschöpfen und das Zusammenspiel optimal zu gestalten.

7.4.2 Neue Spielzüge einüben

Der Trainer muss sich zum Beispiel für eine Vorgehensweise entscheiden: Ist es besser, zuerst die schwächeren Spieler an das Niveau der Mannschaft heranzuführen oder neue Spielzüge einzuüben, das heißt, das Potenzial der Mannschaft insgesamt zu steigern? Wir empfehlen: Wer den Erfolg im Auge hat, sollte sich für letztere, die systemische Variante entscheiden, das heißt neue Spielzüge einstudieren und verkrustete Strukturen durchbrechen. Dabei richtet sich das Augenmerk darauf, was für den Erfolg des Teams förderlich ist und was ihm im Wege steht. Häufig ist dies nicht sofort erkennbar, weil die Ursachen im Verborgenen liegen. Wenn zum Beispiel ein Spieler zu seinem Mitspieler sagt: „Misch dich nicht in meine Angelegenheiten ein!", deutet dies darauf hin, dass die Spielergemeinschaft zerstritten ist und hier dringend gegengesteuert werden muss, um auf die Erfolgsspur zu kommen.

Stellt sich beispielsweise heraus, dass eine völlig neue Spielanlage erforderlich ist und eingefleischte Routinen über Bord geworfen werden müssen, ist es immer von Vorteil, herkömmliche Pfade zu verlassen und auch einmal unkonventionelle Wege zu gehen. Dies wird immer wieder gern am Beispiel des amerikanischen Hochspringers Dick Fosbury veranschaulicht, der bei den Olympischen Spielen 1968 in Mexiko zum Erstaunen des Publikums rückwärts über die Latte sprang. Er erntete dafür zunächst Hohn und Gelächter, das den Zuschauern aber schnell verging: Fosbury kehrte mit einer Goldmedaille heim. Dieser Sportler veränderte das ganze Bewegungsmuster und nahm sozusagen einen Prozessmusterwechsel im bisherigen Ablauf vor. Es geht darum, zu veranschaulichen, dass bei verkrusteten Strukturen und Prozessen bisweilen der Mut, Routinen zu verlassen und sich etwas völlig Neues zuzutrauen, zum Erfolg führt.

Auf unser Trainerbeispiel übertragen bedeutet dies: Alles grundlegend verändern. Er könnte zum Beispiel ein bislang von dieser Mannschaft nicht gespieltes, neues Spielsystem einführen, Spieler, die es nicht umstellen wollen oder können, konsequent aussortieren, neue Spieler, die in das System passen, in die Mannschaft einbauen und/ oder seine Trainingsmethoden völlig umgestalten.

Den stärksten Gegenwind spürt der Trainer, wenn er Spieler herausnimmt, weil sie nicht mehr in sein System passen. Solche unbequemen Entscheidungen bleiben – allen Widerständen zum Trotz – auch manchem Führungswechsler nicht erspart.

7.4.3 Neue Spielregeln aufstellen

Der Erfolg mannschaftlichen Zusammenspiels – ob im Sport oder in Unternehmen – hängt nicht nur von der Zusammensetzung der beteiligten Personen und der Art und Weise, wie die Aufgaben erledigt werden, ab, sondern auch von den geltenden *Spielregeln* (vgl. Bild 7-10).

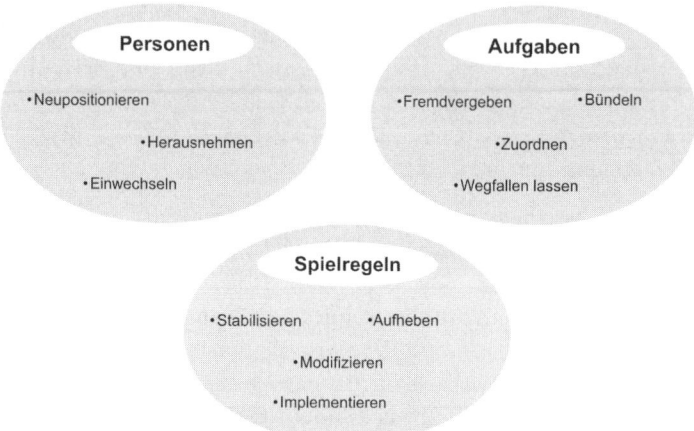

Bild 7-10: Handlungsoptionen zur Beeinflussung des Teamerfolges

Stellt sich beispielsweise heraus, dass eine andere Mannschaftskonstellation schlagkräftiger wäre, kann der Führungswechsler innerhalb des Teams umstellen und/oder schwache Akteure durch neue, kompetentere ersetzen. Erfüllt das Team seine Aufgaben nicht in erforderlichem Maße, kann er einen Teil der Aufgaben outsourcen, ähnliche Aufgabenbereiche bündeln, andere neu zuordnen oder manche Aufgaben komplett einstellen. Analog verhält es sich mit den Spielregeln.

In allen Teams gibt es bewusste und unbewusste Absprachen über den Umgang zwischen Teamleitung und Team sowie unter den Teammitgliedern. Zu den bewussten Absprachen gehört der gemeinsame Verhaltenskodex, dem sich alle verpflichtet fühlen (zum Beispiel Konflikte werden intern gelöst, nicht über die Öffentlichkeit). Dies schafft Sicherheit und Vertrauen. Spielregeln ordnen die Führung und Zusammenarbeit, die Arbeitsabläufe und die Beziehung der Beteiligten zueinander. Um zu gewährleisten, dass sich alle an die getroffenen Absprachen halten, sollte auch vereinbart werden, welche Konsequenzen bei Nichteinhaltung der Absprachen drohen.

In diesem Zusammenhang sei angemerkt, dass Spielregeln nicht „in Stein gemeißelt" sind. Es kann sich durchaus herausstellen, dass die eine oder andere Spielregel überholt ist und den gegebenen Anforderungen nicht mehr gerecht wird. Allerdings ist dies kein Freibrief, sich über eine solche Regel hinwegzusetzen. Vielmehr sollte sich das Team gemeinsam darüber abstimmen und neue Spielregeln aufstellen. Verstöße gegen Spielregeln sind häufig darauf zurückzuführen, dass

❑ die Betroffenen überfordert sind, um immer regelkonform zu handeln,
❑ Veränderungen durchgeführt wurden, ohne die Spielregeln den neuen Anforderungen anzupassen,
❑ die Spielregeln nicht von allen getragen werden.

Wir empfehlen Führungswechslern, Spielregeln, die überfordern, durch andere zu ersetzen. Wenn sich die Strukturen in ihrem Team, die Rahmenbedingungen für die Zusammenarbeit oder das Umfeld ändern, sollten sie die Spielregeln an die neuen Erfordernisse anpassen. Spielregeln, die keine gemeinsame Basis haben, sollten neu oder anders vereinbart werden. Wichtig dabei ist, dass die Spielregeln sich immer an den gesetzten Zielen und dem gemeinsamen Erfolg orientieren. Entscheidend ist nicht, dass die Spielregeln gut oder schlecht sind, sondern dass sie zum Erfolg der Organisationseinheit beitragen. Wir raten insbesondere darauf zu achten, dass die vereinbarten Spielregeln

❑ schriftlich dokumentiert, aktuell und zugänglich sind,
❑ die Ziele und den Erfolg ihrer Organisationseinheit unterstützen und
❑ von allen Beteiligten getragen werden.

7.4.4 Gesetzmäßigkeiten beachten

Die Rolle von Führungswechslern ist auch mit der eines neuen Regisseurs vergleichbar, der mit dem Ensemble des Theaters, in das er berufen wurde, eine neue Aufführung inszeniert. Vor den erwartungsvollen Augen der Zuschauer tritt er seine Arbeit mit dem Ensemble an. Die Rollen und Kontexte der beteiligten Akteure – Regisseur, Ensemble und Zuschauer – spiegeln durchaus die Situation beim Führungswechsel wider. Deshalb empfehlen wir Führungswechslern, ihren beruflichen Alltag auf dieses Szenario zu übertragen und es aus Sicht des Zuschauers zu betrachten. So schauen sie die Interaktionen zwischen Regisseur und Ensemble – analog dem Verhältnis zwischen Führungskraft und Mitarbeitern – von einer neutralen Ebene aus an. Der Vorteil: Sie können die so neu gewonnenen Aspekte und Erkenntnisse in ihr „Drehbuch" für den Führungswechsel mit aufnehmen. Diese distanzierte Betrachtungsweise erleichtert es aber auch, systembedingte Gesetzmäßigkeiten zu erkennen, die mit ursächlich für das Entstehen von Spannungsfeldern sind. Die wichtigsten dieser Gesetzmäßigkeiten stellen wir im Folgenden vor (vgl. Horn und Brick 2001, S. 34; Daimler, Sparrer und Varga von Kibed 2003, S. 210).

Hierarchie und Verantwortungsvorrang

Wir erleben häufig, dass neu zusammengesetzte Teams nach dem Kennenlernen in ihrer ersten Euphorie Gleichwertigkeit von Beziehungen mit Gleichberechtigung verwechseln. Frei nach dem Motto „Wir sind alle gleichberechtigt, wir sind alle gleich wichtig, jeder ist in Entscheidungsprozesse eingebunden." In Extremfällen wird der Vorschlag eines Praktikanten „basisdemokratisch" genauso gewichtet wie der eines erfahrenen Kompetenzträgers. Dabei wird aber übersehen, dass „die Treppe von oben nach unten gekehrt" wird. Wir raten Führungswechslern, dem Motto „Ein Chef muss Chef sein!" zu folgen. Wer diese Notwendigkeit nicht erkennt und die von ihm erwartete Führungsrolle nicht annimmt, sondern neben den Aufgaben weiterhin auch die Verantwortung und die Entscheidung delegiert, sägt an dem Ast, auf dem er sitzt.

 Reflexionsfrage

❑ Nehme ich den Chefsessel ein oder teile ich ihn mit anderen?

Kompetenz hat Vorrang

Wir beobachten immer wieder, dass Führungswechsler fähige und erfahrene Mitarbeiter nicht gebührend anerkennen und unterstützen. Beim Fußball sind es die sogenannten „Wasserträger", die sich unauffällig und fleißig für die Mannschaft abrackern, den Applaus aber die sogenannten „Stars", die „genialen Regisseure" oder „Torkanonen" ernten. Ein guter Trainer weiß genau, was er an einem solchen mannschaftsdienlichen „Malocher" hat. Entsprechend gebührt auch in einem Mitarbeiterteam demjenigen Vorrang, der sich mit seinem Know-how, seiner Erfahrung und seinem Engagement in den Dienst des Teams stellt. Wir empfehlen Führungswechslern, solchen Mitarbeitern die Anerkennung zu zollen, die ihnen gebührt. Tun sie es nicht, laufen sie Gefahr, diese wertvollen Mitstreiter zu demotivieren oder ganz zu verlieren, weil sie sich für eine andere Stelle bewerben.

 Reflexionsfrage

❑ Haben in meinem Team Leistungsträger den Platz, der ihnen gebührt?

Zugehörigkeit und Alter

Junge Führungswechsler stehen regelmäßig vor dem Problem, den „richtigen" Führungsstil für ältere Mitarbeiter zu finden. Ein junger Betriebsingenieur, der befördert und acht gestandenen Meistern vorgesetzt wurde, beklagte sich bei uns, dass diese Meister zu kleinkariert denken und die Kundenperspektive außer Acht lassen würden. Er verglich sie mit Leuten, die von ihrem Schrebergarten aus die „schlampigen" Nachbarn denunzierten, wenn diese mal vergessen würden, ihren Rasen zu mähen oder Unkraut zu jäten. Weil sie seiner Meinung nach nicht das Große und Ganze im Blick hätten, ließ dieser Manager seine Meister verstehen, mit ihm würden nun andere Zeiten anbrechen.

Als junger Betriebsingenieur handelte er zwar in guter Absicht, ließ dabei aber die Zugehörigkeit zum System außer Acht. Folgerichtig bekam er bei der nächsten Mitarbeiterbefragung die Quittung für sein Verhalten: Die Meister stellten ihm ein miserables Zeugnis aus und verfielen zunehmend in eine Art „Null-Bock-Mentalität". Folglich beschwerte er sich in einem Coaching bei uns massiv über diese Situation und ließ sich böse über seine lustlosen und „arbeitsscheuen" Meister aus.

Wir rieten ihm, die Sache mit etwas mehr Vorsicht und Demut anzugehen und sich an seine Lehrzeit in diesem Unternehmen zu erinnern: Damals, als er selbst noch Azubi war, halfen gerade diese Meister, diesen Unternehmensbereich aufzubauen. Wir empfahlen ihm, sich öfters auch mal am Shopfloor zu zeigen und die Meister nach ihren Erfahrungen, Meinungen und Ideen zu fragen. Die Wirkung ließ nicht lange auf sich warten: Beim nächsten Termin einige Wochen später berichtete er uns stolz, wie positiv und einvernehmlich sich sein Verhältnis zu den Meistern verändert habe.

 Reflexionsfragen

❑ Gebe ich meinen erfahrenen und älteren Mitarbeitern die gebührende Anerkennung und Wertschätzung?
❑ Beziehe ich sie in wichtige Themen und Entscheidungen mit ein?

Balance von Geben und Nehmen

Vor allem Führungswechsler aus den eigenen Reihen stehen oft vor dem Problem, dass ihre ehemaligen Kollegen sich plötzlich anders verhalten als früher. Eine Führungswechslerin beklagte sich bei uns über die Situation in ihrem Team: Einige Mitarbeiter seien plötzlich dazu übergegangen, „sich bequem zurückzulehnen", während andere „die Kartoffeln aus dem Feuer holen" müssten. Sie sei doch immer für ihre Mitarbeiter da und helfe ihnen in schwierigen Situationen und bei komplizierten Aufgaben. Wir erklärten ihr, dass sich Engagement und Teamerfolg erst dann einstellen können, wenn sie solche Ungleichgewichte in ihrem Team aufhebt. Denn Fakt ist: Hilfsbereitschaft wird immer von einigen schamlos ausgenutzt. Diejenigen, die sich zulasten der Leistungsträger ausruhen, bringen sich um die Chance, sich selbst „ins Zeug zu legen" und ihr Potenzial zu zeigen. Als sie dazu überging, systemisch auf Ausgleich zu setzen, liefen die „bequemen Zurücklehner" wieder zur „alten Form" auf.

 Reflexionsfrage

❑ Sind die Aufgabenverteilung, die Initiative und Arbeitsbelastung in meinem Team ausgewogen?

Mit der Beschreibung der Spannungsfelder haben wir Führungswechslern die letzten Fallstricke vorgestellt, die ihnen das Leben schwer machen können, und ihnen Möglichkeiten zum Umgang mit Krisensituationen und zu deren Auflösung aufgezeigt. Damit haben wir die wichtigsten Instrumente des Transition Coachings vorgestellt: beginnend mit der Risikoanalyse und dem Erstellen des Businessplans zur Steigerung der Leistung, der Einbindung des Vorgesetzten und der wichtigsten Leistungspartner zur Erhöhung des Vernetzungsgrades und der Formierung der Mannschaft zur Festigung des Führungsanspruchs gegenüber den Mitarbeitern. Dieses Instrumentarium befähigt Führungswechsler, den Einstieg in ihr neues Geschäft erfolgreich zu gestalten. Dafür wünschen wir gutes Gelingen.

Das Wichtigste in Kürze

Ursache für die Entstehung von Spannungsfeldern sind in der Regel Diskrepanzen in den Vorstellungen und Wertesystemen, im Rollen- und Führungsverständnis und in den Einstellungen des Führungswechslers und seines neuen Umfelds. In den meisten Fällen sind sich die Betroffenen nicht bewusst, dass sie sich in einem Spannungsfeld befinden. Die Gründe für ihr Gefühl aus Anspannung, Unzufriedenheit, Verunsicherung bis hin zur Angst können sie nicht benennen.

Man unterscheidet zwischen persönlichen, systembedingten und verborgenen Spannungsfeldern. Für persönliche Spannungsfelder ist die bipolare Struktur kennzeichnend, bei der sich immer zwei schwer beziehungsweise nicht vereinbare Eigenschaften gegenüberstehen. Dies ist zum Beispiel dann der Fall, wenn der Führungswechsler Themen vorgeben muss, gleichzeitig aber Partizipation der Mitarbeiter will. Hier müssen verschiedene Alternativen beleuchtet und die unterschiedlichen Einstellungen, Ziele und Standpunkte in Einklang gebracht werden.

Organisationsbedingte Spannungsfelder hingegen weisen eine triadische Struktur auf. Das Spannungsverhältnis besteht hier zwischen drei Größen. Dies ist zum Beispiel dann der Fall, wenn der Führungswechsler neben seiner Einarbeitung ein Topprojekt managen soll, unter Berücksichtigung des klassischen Dreiecks „Qualität – Kosten – Zeit". Hier ergibt sich das Spannungsverhältnis daraus, dass von ihm erwartet wird, Ergebnisse in der gewünschten Qualität zum vereinbarten Termin und zu minimalen Kosten zu liefern.

Im Verborgenen liegende Spannungsfelder resultieren aus dem Normen- und Wertesystem, den Spielregeln, ungeschriebenen Gesetzen, Mustern und Rollenerwartungen, die den neuen Arbeitsbereich des Führungswechslers und das Verhalten, die Einstellungen und Erwartungen der Mitarbeiter geprägt haben.

Die typischen Spannungsfelder im persönlichen Bereich resultieren aus Diskrepanzen wie Zeitdruck versus qualitativ hochwertige Arbeit, Vertrauen versus Angst vor Kontrollverlust, Work-Life-Balance, Macht und Einfluss versus Einbindung sowie Linien- versus Projektanforderungen. Am häufigsten sind die Ursachen für die Entstehung organisationsbedingter Spannungsfelder in der Organisationsentwicklung, im Projektmanagement, in der Teamleistung, der (Un-)Fähigkeit zu delegieren und im Mitarbeitermanagement begründet.

Um ein persönliches Spannungsfeld auflösen zu können, muss der Führungswechsler es zunächst einmal erkennen. Deshalb ist es wichtig, dass er beim Eintreten von Spannungen die Ausgangslage genau beleuchtet und hinterfragt. Im nächsten Schritt sollte er die Konfliktursachen für das identifizierte Spannungsfeld eingrenzen, um festzustellen, welche Art von Konflikt vorliegt. Ist diese erkannt, empfiehlt es sich, das Spannungsfeld präzise zu beschreiben, um nach geeigneten Lösungsoptionen zu suchen. Dabei sind „Sowohl-als-auch"-Optionen den bipolaren „Entweder-oder"-Lösungsvarianten vorzuziehen, weil die Lösungsmöglichkeiten erstgenannter Optionen Kompromisse vorsehen, die zu „Win-win-Lösungen" führen.

Der Schlüssel zur Lösung organisationsbedingter Spannungsfelder ist die Einbeziehung der Betroffenen, am besten bereits generell in die Planung und Entwicklung von Maßnahmen, um Spannungen den Nährboden zu entziehen. Ein immer wiederkehrendes Muster ist, dass Mitarbeiter sich darüber beklagen, der neue Chef hätte ihnen zwar Aufgaben und Pflichten übertragen, nicht aber auch Kompetenzen, also Rechte und Befugnisse. Führungswechsler sind gut beraten, hier auf ein angemessenes Gleichgewicht zu achten. Wenn sie Schieflagen rechtzeitig erkennen und offen ansprechen, können sie zeitraubenden Konflikten mit den Mitarbeitern und aufkeimenden Widerständen wirksam begegnen.

Ursachen für versteckte Spannungsfelder lassen sich „entschärfen", idem Führungswechsler die Stärken und Schwächen ihres Teams analysieren, um sein Leistungspotenzial voll ausschöpfen und die Zusammenarbeit optimal gestalten zu können. Hierfür müssen sie aber auch neue Spielzüge einüben, neue Spielregeln aufstellen und gewisse Gesetzmäßigkeiten berücksichtigen. Erfolgreiche Führungswechsler beispielsweise üben ihre Chefrolle konsequent aus, zollen auch den eher unauffälligen fleißigen Teamplayern die nötige Anerkennung und finden den richtigen Ton im Umgang mit älteren Mitarbeitern. Solche Faktoren zusammen genommen tragen zu einem positiven Betriebsklima und zu einer vertrauensvollen und guten Zusammenarbeit bei, die kaum Raum dafür lässt, dass sich Spannungen über lange Zeit aufbauen und verfestigen können.

Anhang

Transition Coaching im Unternehmen verankern: Tipps für Personalentwickler und Entscheider

DIESES KAPITEL wendet sich in erster Linie an Personalentwickler und Entscheider in Unternehmen. Nach der Beschreibung der Vorteile von Transition Coaching für Führungswechsler wären abschließend die Voraussetzungen für eine erfolgreiche Implementierung dieses Konzeptes in Unternehmen zu nennen. Dazu gehört auch die Beantwortung der Frage, welche Kriterien für die Suche nach dem geeigneten Coach für die Führungswechsler maßgeblich sind. Dieses Kapitel beschreibt

- ❑ die Erfolgsfaktoren und Rahmenbedingungen für die Etablierung des Transition Coachings in Unternehmen,
- ❑ ein Best-Practice-Beispiel aus der Automobilindustrie,
- ❑ ein Best-Practice-Beispiel aus dem Maschinenbau,
- ❑ worauf bei der Implementierung des Transition-Coaching-Konzeptes und der Auswahl des „richtigen" Coachs zu achten ist.

Etablierung des Transition Coachings im Unternehmen

Einleitend wollen wir Personalentwicklern und Entscheidern einige Orientierungs-
hilfen bieten, worauf es entscheidend ankommt, um Transition Coaching (TC) erfolgreich im Unternehmen zu etablieren. Wir beschreiben zielorientiert, welche Rahmenbedingungen vorliegen sollten, was bei der Verankerung dieses Konzeptes im
Vergleich zu klassischen Coachingansätzen zu beachten ist und wie es sich von diesen
hinsichtlich der Umsetzung und der daran beteiligten Personen in mittelständischen
und Großunternehmen unterscheidet.

Erfolgsfaktoren für die Etablierung im Unternehmen

Für eine erfolgreiche Etablierung von Transition Coaching im Unternehmen sind vor
allem folgende Kriterien maßgebend (vgl. Bild A-1):

❑ Die Geschäftsleitung hat das Konzept verabschiedet und die Führungsmannschaft
   steht dahinter,
❑ es ist in die Aus- und Fortbildung der Führungskräfte eingebettet und
❑ wirkt sich positiv auf die Organisationsentwicklung aus.

Verabschiedung durch die Geschäftsleitung und Akzeptanz beim Team

Die Geschäftsleitung hat das Konzept verabschiedet und steht hinter ihm. Sie ist von
den Zielen, dem Prozess und der Methodik von Transition Coaching überzeugt, sieht
seine Vorteile für Führungswechsler und akzeptiert die Spielregeln. Das ist sehr wichtig, denn dieses Konzept bezieht den Vorgesetzten des Führungswechslers, die Mitarbeiter und die wichtigen Leistungspartner mit ein.

Einbettung in die Aus- und Fortbildung der Führungskräfte

Wir empfehlen, Transition Coaching in die Aus- und Fortbildung der Führungskräfte
im Unternehmen einzubetten. Auf diese Weise erhalten sie ein maßgeschneidertes
Sparringsangebot für ihre persönlichen, systembedingten und Businessthemen auf
der neuen Managementebene. Dieses Angebot sieht unter anderem eine situationsbe-
zogene Qualifizierung vor, und nicht „auf Vorrat", wie dies zum Beispiel bei vorgegebenen Seminarthemen der Fall ist. So können auch die *Leadershipkompetenzen* der
Führungswechsler („Leading yourself", „Leading the others", „Leading the business")
gezielt und bedarfsorientiert gefördert und entwickelt werden.

Positiver Einfluss auf die Organisationsentwicklung

Transition Coaching hat auch einen positiven Einfluss auf die Organisationsentwicklung des Unternehmens, weil es die spezifische Businesssituation des Führungswechslers berücksichtigt und „krisentauglich" macht. Es stellt ihm Instrumente zur Diagnose von businessbezogenen, systembedingten und in seiner Person begründeten Eng-

pässen bereit und zeigt ihm Lösungsalternativen auf. Es liefert ihm darüber hinaus wichtige Impulse für die Erstellung einer Risikoanalyse und eines individuellen Businessplans für die Entwicklung seines Teams und seiner Abteilung. Auf diese Weise kann sich seine Organisationseinheit durch strategisches Vorgehen schneller auf die Zukunft ausrichten.

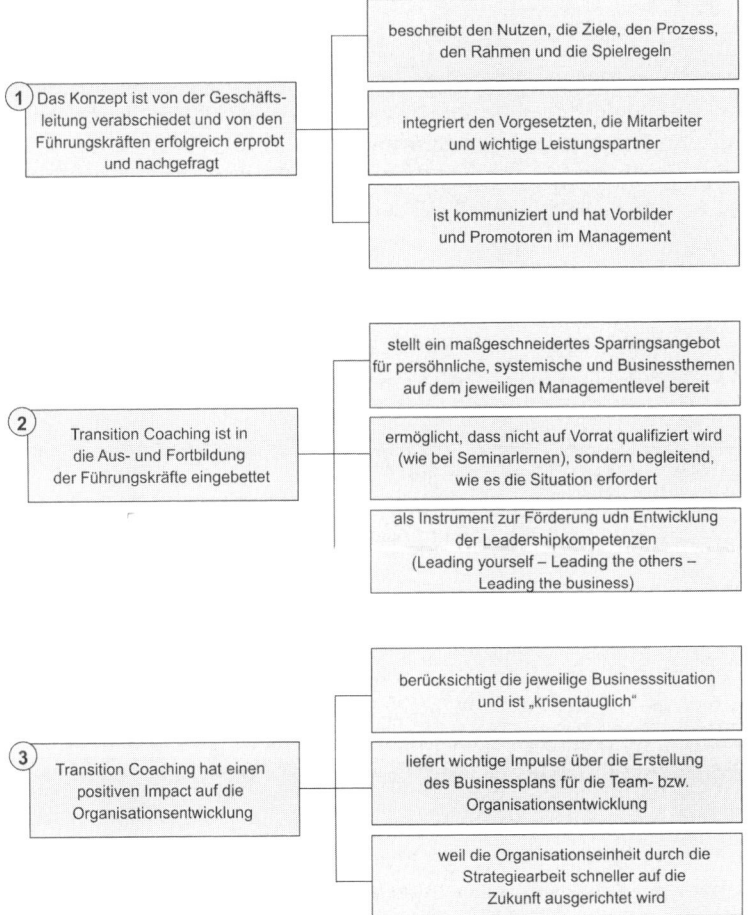

Bild A-1: Rahmenbedingungen für die Implementierung von Transition Coaching in Unternehmen und Organisationen

Besonderheiten des Transition Coachings gegenüber klassischen Coachingansätzen

Warum gerade diese Erfolgskriterien bei der Verankerung von Transition Coaching maßgeblich sind, verdeutlicht ein Vergleich mit klassischen Coachingansätzen. Aus Sicht des Betroffenen trägt dieses Konzept folgenden Aspekten Rechnung:

❑ Um den Führungswechsel erfolgreich zu gestalten, muss der Manager alle infrage kommenden Akteure (Vorgesetzte, Mitarbeiter, Leistungspartner) einbeziehen und die Rahmenbedingungen des Unternehmens (Organisationseinheit, Managementlevel und Bereichssituation) zwingend berücksichtigen. Er sieht sich also sehr komplexen Herausforderungen gegenüber.

❑ Diese steigende Komplexität der zu bewältigenden Aufgaben (neues Umfeld, neue Ausgangslage, anderes Team) führt dazu, dass die bisherigen Erfolgsstrategien des Führungswechslers nicht mehr greifen. Hinzu kommt, dass die Akteure von ihm neue, dem neuen Führungslevel entsprechende Strategien und Taktiken erwarten.

❑ Ihr Erfolgsdruck ist gerade in der Anfangsphase deutlich höher als im „normalen" Führungsalltag.

❑ Der Schwerpunkt des klassischen Coachs liegt im Bereich „Mensch und Beziehungen". Transition Coaching stellt demgegenüber weiter reichende Anforderungen an die fachliche und strategische Kompetenz des Führungswechslers, befähigt ihn aber auch, die Kenntnisse über seine Funktion im neuen Business zu vertiefen, konkreten Handlungsbedarf zu diagnostizieren und strategische Konzepte zu entwickeln. So kann er sein Geschäft schneller durchdringen als ohne TC-Begleitung.

❑ Sein Konzept beschränkt sich nicht auf die Optimierung einzelner „Spielzüge", das heißt, es ist nicht auf Einzelmaßnahmen fokussiert, sondern auf die Veränderung der gesamten Spielanlage beziehungsweise -strategie in seinem neuen Geschäft ausgelegt.

❑ Diese neue Spielstrategie erfordert von allen beteiligten Akteuren, gemeinsam neue Spielregeln zu vereinbaren, die für alle verbindlich sind.

Wie diese Voraussetzungen geschaffen werden können, um das Konzept des Transition Coachings in Unternehmen und Organisationen zu implementieren, werden wir anhand von zwei Beispielen aus der Praxis veranschaulichen. Davor aber wollen wir noch einer Frage nachgehen: Worin unterscheidet sich die Etablierung dieses Konzeptes in mittelständischen Unternehmen und in Konzernen?

Etablierung von Transition Coaching im Konzern und mittelständischen Unternehmen

Die Etablierung dieses Konzeptes in mittelständischen Unternehmen und in Konzernen ist nicht miteinander vergleichbar. Angefangen bei den Entscheidungsträgern über die organisationale Zuordnung und die Verantwortlichkeiten bei der Umsetzung bis hin zur internen Kommunikation, um die Verankerung des Transition Coachings voranzutreiben und allen beteiligten Akteuren seine Vorteile beim Führungswechsel vor Augen zu führen, ergeben sich erhebliche Unterschiede. Die wichtigsten wollen wir kurz vorstellen (vgl. auch Bild A-2).

Im Konzern ist die Personalentwicklung – das heißt in der Regel eine Organisationseinheit – der entscheidende Treiber für die Einführung des Transition Coachings. Beim Mittelständler hingegen kommt dem Geschäftsführer die Rolle des sogenannten „Erlaubers" zu, der Personalchef kommt bestenfalls als „Unterstützer" in Betracht. Im Konzern ist die organisatorische Zuordnung des Konzeptes eingebettet in die Führungskräfte- und Organisationsentwicklung, im mittelständischen Betrieb hingegen mehr oder weniger der Personalabteilung zugeordnet. Hier hängt es sehr vom Wohlwollen des Geschäftsführers und der Überzeugungskraft des Personalchefs ab. Ganz im Gegensatz zum Konzern, wo es die Akzeptanz des oberen Managements benötigt.

Auch bei der Umsetzung sind deutliche Unterschiede zu verzeichnen. Im Konzern ist sie ein ausgefeilter Prozess, eingebettet in ein stringentes Projektmanagement. Der Mittelständler geht eher pragmatisch vor, bisweilen subversiv, das heißt ohne ein zugrunde liegendes Konzept, „handgestrickt", eher ungesteuert und unkonventionell. Abschließend werfen wir einen Blick auf das interne Marketing: Der Konzern kommuniziert die Umsetzung des Konzeptes intern sehr ausführlich und intensiv, der Mittelständler folgt hier – wenn überhaupt – dem Zufallsprinzip. Seine interne Kommunikation ist nur selten strategisch ausgerichtet.

	Konzern	**Mittelständler**
Entscheider	Personalentwickler als Treiber	Geschäftsführer als „Erlauber", Personalchef als „Unterstützer"
Organisationale Zuordnung	Einbettung in die Führungskräfte- und Organisationsentwicklung	Zuordnung bestenfalls zur Personalabteilung, in der Regel dem Personalchef unterstellt
Umsetzung	ausgefeilter Prozess mit stringentem Projektmanagement	pragmatisch, gegebenenfalls subversiv
Unterstützung	Akzeptanz des oberen Managements	Abhängigkeit vom Wohlwollen des Geschäftsführers
Internes Marketing	Einbettung in die interne Kommunikation	selten, zufällig

Bild A-2: Unterschiede bei der Etablierung von Transition Coaching im Konzern und mittelständischen Unternehmen

Im Folgenden stellen wir die angekündigten Praxisbeispiele für eine erfolgreiche Implementierung dieses Konzeptes in beiden Unternehmensformen vor, beginnend im Konzern.

Best-Practice-Beispiel:
Global Logistics Center bei Mercedes-Benz

Das erste Beispiel beschreibt die Implementierung von Transition Coaching im Global Logistics Center von Mercedes-Benz der Daimler AG in Germersheim mit einer einleitenden Darstellung der Ausgangslage.

Ausgangssituation

Im Jahr 2005 hat der Daimler-Konzern für das Themenfeld Coaching ein zentral koordiniertes Netzwerk zur Schaffung einheitlicher Qualitätsstandards eingerichtet, die dann vor Ort umgesetzt wurden. Als beauftragte und verantwortliche Coaches für das Global Logistics Center (GLC) in Germersheim hat uns die Leitung des GLC mit der Integration strategie- und businessrelevanter Themen der Organisationsentwicklung (OE) in die Personalentwicklungs- (PE) und Coachingarbeit mit Führungskräften vor Ort beauftragt. Wie alle Bereiche des Daimler-Konzerns musste auch das Global Logistics Center sein Management grundsätzlich umstrukturieren, um Kosten zu senken.

Aufgrund seiner Businesssituation hatte das Unternehmen für seine Manager ein neues Führungs- und Vergütungssystem eingeführt, das an ein einheitliches Zielvereinbarungs- und Beurteilungssystem gekoppelt war. Die Anforderungen an das Führungshandeln wurden durch sieben Leadershipkompetenzen in den drei Kategorien „Leading yourself", „Leading others" und „Leading the business" beschrieben, die fortan die Grundlage für die Performanceeinschätzung und -entwicklung der Führungskräfte im Unternehmen bilden sollten. Im Rahmen eines konzernweiten Potenzialvalidierungs-Assessment-Centers wurden die Potenzialträger mit diesen Leadershipkompetenzen konfrontiert. Damit stieg bei den Führungskräften die Nachfrage nach „maßgeschneiderten" Coachingangeboten enorm, um die gestiegenen Anforderungen erfüllen zu können. Unsere Aufgabe war, ein Coachingkonzept zu entwickeln und zu präsentieren, das genau diese Bedürfnisse „maßgeschneidert" erfüllte.

Anforderungen an das Coachingkonzept und Auswahlkriterien für Coaches

In der Konzeptphase mussten wir etliche Abstimmungsschleifen durchlaufen und mit zahlreichen Hindernissen kämpfen. Bei unserer Befragung der Führungskräfte kristallisierten sich drei Kernbotschaften für die Weiterentwicklung unseres Coachingkonzeptes heraus:

❑ Die Führungskräfte bemängelten, dass der herkömmliche Coachingansatz nicht auf die Herausforderungen des Führungswechsels zugeschnitten war.

❑ Sie kritisierten, dass dieser Ansatz nicht nur an bereichsspezifische Strategien und Projekten, sondern auch in Bezug auf die Auswirkungen auf den eigenen Verantwortungsbereich unzureichend angekoppelt war. Um diese Ankoppelung zu verbessern, müsse das Profil des internen Coachs geschärft und um betriebswirt-schaftliche- und Strategiekompetenzen ergänzt werden. Aufgrund dieser Forde-rung wurden später externe Berater und Coaches, die diese Anforderungen nicht erfüllten, durch neue ersetzt.

❑ Drittens schließlich forderten sie, besser über Transition Coaching informiert zu werden: „Bietet das Transition Coaching offensiv und öffentlich und nicht unter vorgehaltener Hand an."

Hilfreich ist, wenn die Topmanager, die letztlich über die Etablierung von Transition Coaching entscheiden, selbst positive Erfahrung mit Coaching gemacht haben und diese kommunizieren. So war es hier der Bereichsvorstand selbst, der uns in Kaminge-sprächen von seinen positiven Erlebnissen mit einem Coach berichtete. Er war bereit, uns über diese Erfahrungen ein Interview zu geben und diese in einem Artikel zusam-menzufassen, der an alle Führungskräfte im Global Logistics Center verteilt wurde. Coaching war somit gewollt und angesagt. Wir bekamen den Auftrag, ein Konzept für Transition Coaching für das Global Logistics Center zu entwickeln und dessen Ge-schäftsleitung zu präsentieren.

Zunächst arbeiteten wir die Prämissen heraus, die für die Anpassung des Transition Coachings an die neuen Bedingungen zu berücksichtigen waren. Zu diesen gehörten insbesondere:

❑ Führungswechselcoaching sollte situativ auf die Herausforderungen des Führungs-wechslers und den aktuellen Unternehmenskontext zugeschnitten werden.

❑ Daher wurde ein Konzept priorisiert, das klassisches Coaching mit Business-Con-sulting-Ansätzen kombiniert.

❑ Das neue Konzept sollte demnach unter anderem das Profil der internen Coaches auf dieses Thema hin schärfen, vor allem auf den Ausbau der betriebswirtschaftli-chen und Strategiekompetenz der Führungswechsler.

❑ Des Weiteren sollte in Betracht gezogen werden, entsprechend qualifizierte exter-ne Berater zu beauftragen, um bei Bedarf die internen Coaches bei der Umsetzung dieses Konzeptes zu unterstützen.

Wir haben nach Maßgabe dieser Kriterien das Transition-Coaching-Konzept entwi-ckelt und mit der Geschäftsleitung des Global Logistics Centers abgestimmt. Anschlie-ßend wurde es in Form einer Qualifizierungsbroschüre für alle Führungskräfte des Standorts veröffentlicht. Die wichtigste und zugleich aufwendigste Arbeit kam jetzt den internen Personalentwicklern zu: Sie mussten den Führungskräften nicht nur das Konzept, seine Ziele und die Spielregeln für die Umsetzung erklären, sondern auch auf Detailfragen eingehen und nach Möglichkeit Vorbehalte ausräumen. Eine erste Orien-tierungshilfe für die Kommunikation und Einbettung des Transition Coachings diente die Coachinglandkarte des Unternehmens (vgl. Bild A-3).

Coaching Feld	Fokus	Ziel
Leadership Coaching	Der Fokus liegt auf den täglichen Herausforderungen einer Führungskraft im Kontext von Management und Führung ("Leading the business", "Leading others")	Erfolgreiches Managen und Umsetzen von Unternehmenszielen und die Verbesserung von Leistung
Personal Coaching	Der Fokus liegt auf der Person und ihren Verhaltensmustern ("Leading yourself", "Leading others")	Erfolgreiches Gestalten persönlicher Herausforderungen
Führungswechsel Coaching	Der Fokus liegt auf der neuen Managementfunktion	Effektive Orientierung und Handlungsfähigkeit bei der Übernahme einer neuen Führungsposition
Internationales Führungswechsel Coaching	Der Fokus liegt auf der neuen internationalen Managementfunktion sowie dem Beginn bzw. Abschluss des internationalen Einsatzes	Effektive Orientierung und Handlungsfähigkeit bei der Übernahme einer Führungsposition in einem internationalen Umfeld

Bild A-3: Die Coachinglandkarte für die Daimler AG

Die Verzahnung von Transition Coaching mit dem Führungskräftecoaching des Unternehmens stellte kein Problem dar; es spiegelt sich in der Praxis folgendermaßen wider: Unmittelbar nach Beauftragung oder Ernennung nimmt der Führungswechsler an einem Pflichtprogramm für neu ernannte Führungskräfte teil, das in zwei Blöcken von jeweils vier Tagen stattfindet. Daneben erhält er optional das Angebot, ein individuelles, sechs- bis neunmonatiges Transition Coaching zu durchlaufen. Zur Umsetzung dieser Maßnahmen stehen vier interne, entsprechend ausgebildete und zertifizierte Coaches am Standort Germersheim zur Verfügung. Bei Bedarf wurden zwei bis drei weitere zertifizierte und in das Konzept eingewiesene externe Coaches hinzugezogen.

Das Praxishandbuch auf CD-ROM

Begleitend stellen wir den Coachees ein Praxishandbuch in Form einer CD-ROM zur Verfügung, in dem die Instrumente für einen erfolgreichen Führungswechsel beschrieben sind, mit Reflexionsfragen und zahlreichen Checklisten, Arbeitsbögen und Formularen zu den einzelnen Themen (vgl. Bild A-4). Die Führungswechsler verfügen somit über einen Leitfaden für den gesamten Coachingprozess, den sie für Gespräche mit Vorgesetzten oder Mitarbeitern und zur Erarbeitung spezifischer Themen zwischen Coachingsitzungen nutzen können. Diese ideale Navigationshilfe für den gesamten Coachingprozess ermöglicht es Führungswechslern, in jeder Phase die wichtigsten Themen zu identifizieren und zu bearbeiten. Neben Business-, Führungs-/Organisationsthemen und persönlichen Coachingthemen liefert das Handbuch wichtige Hinweise auf die jeweilige Businesssituation, auf die Ebenen der Übergänge (Managementlevels) und auf den Ablauf der Umsetzung der neuen Führungsaufgaben.

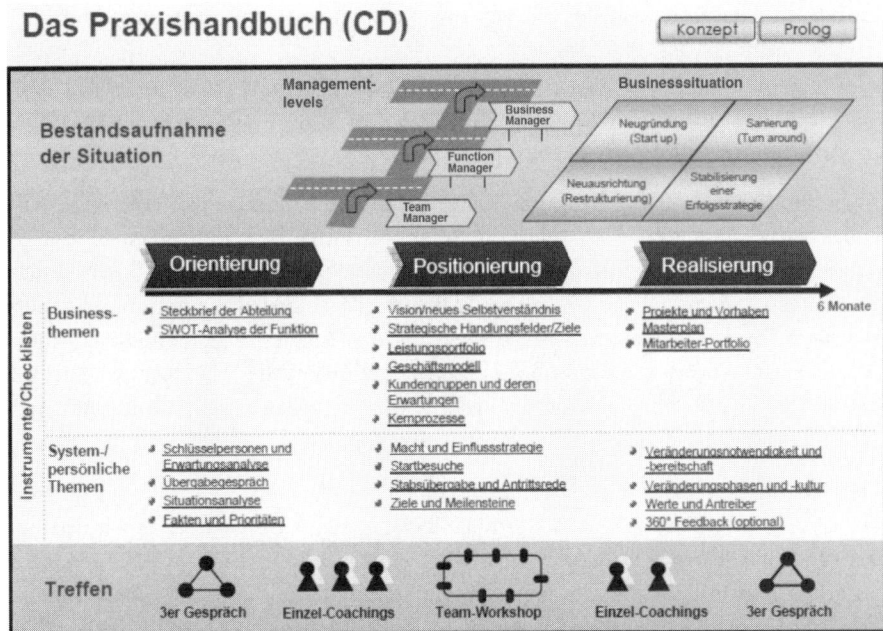

Bild A-4: Aufbau des CD-Praxishandbuches

Und natürlich ist es ein willkommener Orientierungsrahmen für die Erstellung des Businessplans.

Erfahrungen und Erkenntnisse

Vier Jahre nach der Einführung des Transition Coachings und der begleitenden Standards im Global Logistics Center von Mercedes-Benz der Daimler AG in Germersheim nehmen Führungswechsler das Coachingangebot rege und freiwillig an. Mittlerweile konnte an der Universität Trier im Rahmen einer Diplomarbeit die positive Wirkung von Transition Coaching sowohl auf die Person als auch die Organisation nachgewiesen werden (Bickerich 2008). Die Untersuchung der Diplom-Psychologin Katrin Bickerich ergab, dass Transition Coaching

❑ die Anlaufkurve bei der Übernahme einer neuen Führungsposition optimiert, sodass Führungskräfte früher in ihre Rolle finden und schneller in ihrer Funktion wirksam werden,

❑ dem Führungswechsler anlassspezifisch einen umfangreichen Methoden- und Instrumentenkoffer bietet, sodass er sich erstmals in seinem neuen Geschäft ganzheitlich orientieren und der vielfältigen Aspekte und Anforderungen in der neuen Rolle bewusst werden kann,

❑ die simultane Weiterentwicklung der drei Leadershipkompetenzen („Leading yourself", „Leading the others", „Leading the business") unterstützt,

❑ eine situative und schnelle Ankoppelung an das Team, das Management und wichtige Leistungspartner ermöglicht,

❑ durch die Analyse der Businesssituation und der persönlichen Themen das Hauptaugenmerk auf die individuellen Anforderungen des Führungswechslers richtet und ihn praxisorientiert unterstützt.

Es bestätigte sich zudem, dass der Businessplan beim Wechseln in eine neue Führungsposition eine herausragende Rolle spielt. Er führt jedem Führungswechsler vor Augen, mit welchen Vorhaben er sich als Führungskraft positionieren kann, welche Ressourcen er benötigt und wie er sein Team am effektivsten einsetzen kann. Es zeigte sich auch, dass die Erstellung und Umsetzung des Businessplans häufig dazu führt, dass sich „en passant" die persönlichen Führungsprobleme des Managers „in Luft auflösen", weil er als Führungskraft an Profil gewinnt, indem er seinen unternehmerischen Gestaltungswillen unter Beweis stellen kann.

Die schriftliche Fixierung der Businessthemen erweist sich für die Führungswechsler als ein schöpferischer Akt, um Klarheit über das neue Geschäft zu gewinnen und den Blick auf das Wesentliche zu richten. Damit bietet der Businessplan genau die Orientierungshilfe, die in Übergangsphasen so häufig vermisst wird. Diese Klarheit des Führungswechslers wirkt sich vor allem auf die Mitarbeiter positiv aus: Sie verstehen endlich, was ihr (neuer) Chef plant und wie sie zielgerichteter arbeiten können, weil sie an der Konkretisierung und Umsetzung der (Veränderungs-)Maßnahmen beteiligt wurden. Symptomatisch dafür war ein Feedbackzitat aus einem abgeschlossenen Transition Coaching: „Endlich haben wir einen Chef, der weiß, was er will!"

Für dieses für das Global Logistics Center der Daimler AG in Germersheim entwickelte Coachingkonzept erhielten wir 2008 vom Berufsverband für Trainer, Berater und Coaches e. V. (BDVT) den internationalen Deutschen Trainingspreis in Gold. Wir durften es im Rahmen der Bildungsfachmesse DIDACTA im März 2008 einem breiten Publikum vorstellen und mit ihm diskutieren. Im Oktober 2008 wurde dieses Coachingprodukt beim Deutschen Coachingkongress des Deutschen Bundesverbandes Coaching e. V. (DBVC) in Potsdam in der Finalrunde ausgezeichnet.

Best-Practice-Beispiel: Mittelständisches Maschinenbauunternehmen

Ausgangssituation

Ein inhabergeführtes, mittelständisches Maschinenbauunternehmen mit rund 500 Mitarbeitern hatte sich im Jahre 2005 zum Ziel gesetzt, bis 2012 seinen Umsatz zu verdoppeln. Der Personalbereich sollte mit umfangreichen Weiterbildungs- und Qualifizierungsprogrammen dazu beitragen, dieses Ziel so effektiv wie möglich zu erreichen.

Ein zentrales Anliegen der Geschäftsleitung war dabei die Kompetenzentwicklung und Leistungssteigerung der Führungskräfte. Zunächst wurde eine umfassende Basisführungsqualifizierung durchgeführt. Zur Evaluierung und Steuerung wurden jährliche 360-Grad-Feedbacks eingeführt. Mit der Zeit wurde aber deutlich, dass die bis dahin durchgeführten Basistrainings nicht ausreichen, um die ehrgeizige Zielvorgabe zu erreichen. Deshalb entschloss man sich, die Führungskräfte individuell zu coachen, insbesondere diejenigen, die eine neue Aufgabe übernahmen. Denn rund 80 Prozent der Führungsprobleme dieser Manager resultierten aus individuellen Leistungsproblemen. Das Coaching sollte sie daher in die Lage versetzen, die Ziele ihres Verantwortungsbereiches schneller und besser zu erreichen. Hinzu kam, dass es in den letzten Jahren immer wieder vorgekommen war, dass hochkarätige Experten und Projektleiter, die zum Abteilungsleiter befördert worden waren, die an sie gestellten Anforderungen nicht erfüllten und wieder zurückgestuft werden mussten.

Anforderungen an Coaching und Auswahlkriterien für Anbieter

Im Fokus des Coachings sollten daher primär die Performance als Manager stehen und das Verhalten im Sinne der Führungsleitlinien. Damit war klar, dass sowohl die Businessthemen als auch die persönlichen Themen des Managers bearbeitet werden mussten. Entsprechend schwierig gestaltete sich für das Unternehmen die Suche nach einem geeigneten Coachinganbieter. Denn für die betriebswirtschaftlichen Themen benötigte der Coach sehr viel Know-how in Führung und Organisationsentwicklung – idealerweise aus eigener Erfahrung: Die Führungswechsler sollten lernen, wie sie als „Intrapreneure" die strategischen Vorhaben des Unternehmens in ihrem neuen Verantwortungsbereich umsetzen können. Außerdem sollte das Coaching zum einen mit dazu beitragen, die vorhandene High-Performance-Kultur im Unternehmen weiter zu verstärken. Andererseits aber sollte es auch sicherstellen, dass die Führungskräfte dabei nicht „ausbrennen". Dadurch erweiterte sich das Anforderungsspektrum an den Coach. Des Weiteren sollte er auch über systemisches und psychologisches Wissen verfügen und zusätzlich Interventionsmethoden und -techniken zur Optimierung der Führungspersönlichkeit perfekt beherrschen.

Im Gegensatz zu den Präsentationen anderer Anbieter überzeugte unser Konzept, denn es war speziell auf Führungswechsel angelegt, das genau den Vorstellungen des Unternehmens entsprach. Es überzeugte zudem aus zwei weiteren Gründen: Es war praxiserprobt, bewährt und stellte den Nutzen für das Unternehmen in den Mittelpunkt, was einem Paradigmenwechsel beim Coaching gleichkommt. Es zeigte aber auch, dass die Führungswechsler ihre Coaches sehr schnell als ernst zu nehmende Sparringspartner anerkannten, da diese sich bestens in Strategie-, Change- und betriebswirtschaftlichen Fragen auskannten. Für die Akzeptanz in einem coachingaversiven Unternehmen, wie es für viele Mittelständler typisch ist, spielte dies bei der Entscheidung eine ganz zentrale Rolle.

Das Umsetzungskonzept

Hauptziel des Transition Coachings ist es, Führungskräfte darin zu unterstützen, die Anlaufkurve im neuen Job zu optimieren, typische „Anfängerfehler" zu vermeiden und persönliche Themen durch eine systematische Begleitung wirkungsvoll zu bearbeiten. Dadurch sollen sich Stellenneubesetzungen schnell auszahlen. Bei dem mittelständischen Maschinenbauunternehmen hatten seit 2005 bislang 21 Führungskräfte von diesem Coachingansatz profitiert. Durch Mundpropaganda steigt die Nachfrage stetig.

Als Erstes haben wir mit den Führungswechslern eine Risikoanalyse durchgeführt, um die Chancen und Risiken ihrer neuen Funktionen mit ihren individuellen Stärken und Schwächen abzugleichen. Dabei wurde ermittelt, auf welchem Managementlevel (Team, Function oder Business Management) sich ihre Führungsfunktion befindet und welche Businesssituation (Gründung, Wachstum, nachhaltiger Erfolg, strategische Neuausrichtung und Sanierung) für ihre neue Organisationseinheit vorliegt. Ein weiterer Schwerpunkt war die Identifikation sonstiger Risiken, etwa die Einbindung wichtiger Leistungspartner, die politische Bedeutung des Themas etc.

Obligatorisch mussten die Führungswechsler einen Businessplan für ihren neuen Bereich mit genauer Beschreibung ihrer strategischen Ziele und Handlungsfelder entwickeln. Aus dem erstellten Kapazitätsportfolio wurde deutlich, welche Ressourcen im Team in welchen Tätigkeiten steckten und wie sie strategisch noch besser eingesetzt werden konnten. Dadurch lösen sich meist vorhandene Akzeptanz- und Führungsprobleme. Die Erstellung des Businessplans bewirkte, dass die Führungswechsler an Profil gewannen: Sie führten sich und ihre Mitarbeiter besser und setzten die notwendigen Akzente, um ihr Business im Sinne der Unternehmensstrategie zu entwickeln.

Die intensive Auseinandersetzung mit dem Geschäftsmodell, den Schlüsselkunden, dem Leistungsportfolio, der Prozessbeschreibung ihrer eigenen Bereiche sowie mit Change-Fragestellungen und betriebswirtschaftlichen Themen (zum Beispiel Ressourcenzuordnung, Aufwands- und Nutzenüberlegungen) führt immer zu mehr Transparenz und Handlungsfähigkeit bei den Führungswechslern (Bild A-5). Die schriftliche Fixierung half ihnen, ihre Vorhaben anschließend leicht an Vorgesetzte und Mitarbeiter zu vermitteln. Dadurch bekamen die Führungswechsler die notwendige Orientierung über ihre Mitarbeiter und das erforderliche Standing, um in ihrer neuen Funktion anerkannt und erfolgreich sein zu können. Um sicherzustellen, dass die Coachingresultate das Arbeitsumfeld erreichen und an den unternehmensrelevanten Themen gearbeitet wird, wurden die Vorgesetzten und Teams der Führungswechsler systematisch in den Prozess einbezogen.

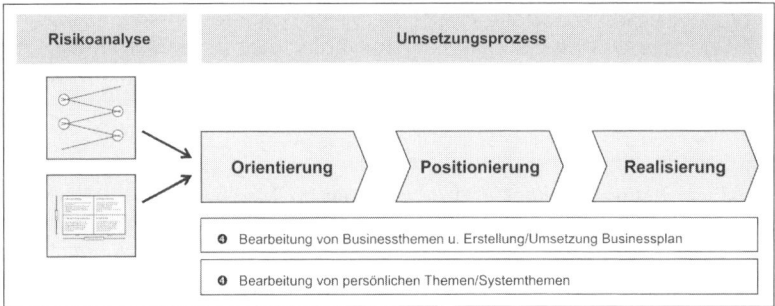

Bild A-5: Das Konzept des Transition Coachings beim mittelständischen Maschinenbauunternehmen im Überblick

Erfahrungen und Erkenntnisse

Aufgrund des schlechten Rufes, das Coaching am Anfang bei diesem Unternehmen hatte, haben wir uns für einen sehr behutsamen Einstieg entschieden und es drei Managern im persönlichen Gespräch angeboten. Wir nahmen an, dass begeisterte Führungskräfte ihre Erfahrungen an Kollegen weiterberichten und damit ein Schneeballeffekt entstehen würde. Wir sind Mitte 2005 damit gestartet. Die ersten 16 Monate hatte sich sehr wenig Nachfrage gezeigt. 2007 war die Nachfrage dann explodiert, weil immer mehr Manager, die das Transition Coaching selbst erlebt hatten, es ihren Kollegen weiterempfahlen oder ihren Mitarbeitern sogar „verordneten".

Manche Führungskräfte haben das Coaching zweimal durchlaufen, dann allerdings in verkürzter Form. Bis Mai 2008 haben wir insgesamt 21 Coachings durchgeführt. Die Auswertungen am Ende der Maßnahmen zeigten, dass die inhaltlichen Ziele der Coachings immer erreicht und die Businessziele in nahezu allen Fällen übertroffen werden konnten.

Wir machten weiterhin die Erfahrung, dass auch andere Zielgruppen, zum Beispiel Projektleiter oder Produktmanager, die ursprünglich nicht zur Zielgruppe gehörten, dieses Konzept aufgriffen und ein Transition Coaching nachfragten. Ebenso interessierten sich Führungskräfte, die sich in keiner Wechselsituation befanden, aber ihre Führungsfunktion und ihre Leistung optimieren wollten, für unser Konzept. Durch die nachweisbaren Erfolge ist es auch bei der Unternehmensleitung akzeptiert und wurde als wirkungsvoller Ansatz in der Personalstrategie verankert.

Empfehlungen für die Etablierung des Transition Coachings

Die Einführung eines neuen Produktes im Unternehmen resultiert aus einer Idee. Voraussetzung für die Verwirklichung dieser Idee sind

❑ ein gemeinsam getragenes Konzept und
❑ die Einbindung aller Akteure, damit jeder weiß, was er wie wann zu tun hat.

Ein Verantwortlicher, der von der Idee des Produktes Transition Coaching überzeugt ist und es im Unternehmen etablieren möchte, braucht als Erstes Verbündete, die sein Verständnis von Coaching teilen und mit ihm ein Konzept zur Umsetzung dieser Idee entwickeln.

Ausschlaggebend für die erfolgreiche Einführung einer solchen Personalentwicklungsmaßnahme sind *Vorbilder* und *Promotoren* im Management, vor allem solche, die diesen Coachingansatz bereits kennen. Denn bekanntlich kann man Erfahrungen nicht herbeireden, man muss sie machen. So war zum Beispiel der Schlüsselerfolgsfaktor bei der Etablierung unseres Konzeptes im Global Logistics Center von Mercedes-Benz in Germersheim der Bereichsleiter, der seine Coachingerfahrungen „am eigenen Leib" gemacht hatte. Führungskräfte mit solchen „Piloterfahrungen" können ein „trockenes", theoretisch vorgetragenes Konzept emotional viel besser verankern. Weil sie seinen Nährwert kennen, sind sie die entscheidenden „Treiber" für dessen langfristige Etablierung im Unternehmen.

Entsprechend war die emotionale Verankerung bei diesem Bereichsleiter der „Türöffner", der es uns ermöglichte, dieses damals noch relativ unbekannte Transition-Coaching-Konzept in Germersheim allen Führungskräften vorzustellen und sie für dieses zu gewinnen. In der Folgezeit ließen wir nicht nach, das Konzept verstärkt zu vermarkten, die Führungskräfte weiter zu informieren, aufzuklären und immer wieder nachzujustieren, um Hindernisse aus dem Weg zu räumen. Denn gerade bei präventiven Personalentwicklungsprodukten kann mangelnde Information und Einbindung der Entscheidungsträger zu großen Widerständen führen.

Gestaltung von Konzept und Prozess

Deshalb ist bei der Einführung von Transition Coaching im Unternehmen darauf zu achten, dass

❑ alle beteiligten Akteure und Entscheidungsträger auf ein gemeinsam getragenes Coachingverständnis eingeschworen werden und
❑ das Management dieses mit seinen Eckpunkten akzeptiert.

Die Eckpunkte sind dem Konzept wie in einer Präambel vorangestellt. Sie beschreiben klar und präzise das Coachingverständnis und definieren dessen Prinzipien. Zur Anregung zu einem Abgleich mit dem eigenen Coachingverständnis stellen wir unsere Coachingprinzipien vor.

Coachingprinzipien

❑ Das Transition-Coaching-Konzept integriert

● persönliche, systembedingte und Businessthemen,
● Vorgesetzte, Mitarbeiter und wichtige Leistungspartner,
● *Führungskompetenzen* (Selbstführung, personale und strategische Führung).

❑ Das Coachingangebot ist für den Coachee grundsätzlich freiwillig.

❑ Vertraulichkeit ist oberstes Gebot, Informationen gelangen nicht an Dritte (ausgenommen: anonymisierte Inhalte des Businessplans).

❑ Voraussetzung für die Umsetzung des Coachings ist eine formale und inhaltliche Auftragsklärung.

❑ Zur Einsteuerung findet ein Vorabgespräch zwischen dem Personalentwickler und dem Coachee statt.

❑ Transition Coaching ist ergebnisorientiert und steigert als nachhaltige Form der Führungskräfteentwicklung die Anlauf- und Anwachskurve in eine neue Funktion.

❑ Es ist ressourcenorientiert und aktiviert die Ressourcen des Coachees.

❑ Der Coachingprozess ist zeitlich begrenzt (in der Regel fünf bis sieben rund dreistündige Sitzungen im Zeitraum von ungefähr sechs Monaten).

❑ Zur Qualitätssicherung des Coachings werden die Inhalte, der Prozess und die Ergebnisse evaluiert.

Wir empfehlen den Entscheidungsträgern in Unternehmen, ihr Coachingverständnis mit unserem auf Übereinstimmungen und Abweichungen hin abzugleichen, um entsprechende Anpassungen vornehmen zu können.

Inhalte und Prozess

Auf Grundlage dieser Prinzipien wird das Transition-Coaching-Konzept für eine systematische Begleitung von Führungswechslern im Unternehmen entwickelt, das Antworten über den Rahmen, die Inhalte und den Ablauf des Coachings gibt. An den Beispielen des Global Logistics Centers von Mercedes-Benz in Germersheim und des mittelständischen Maschinenbauunternehmens wurde deutlich, dass es nicht nur von „oben", das heißt vom verantwortlichen Personalentwickler im Konzern beziehungsweise der Geschäftsleitung des Mittelständlers, sondern von betroffenen Führungskräften mitgetragen und unterstützt werden muss. Es geht hier also um Überzeugungsarbeit. Sie hat gute Aussichten auf Erfolg, wenn

❑ das Konzept den Nutzen, die Ziele, den Prozess, den Rahmen und die Spielregeln von Transition Coaching beschreibt,

❑ es von der Geschäftsleitung verabschiedet und mit Führungskräften erprobt ist,

❑ es in die Führungskräfte-Entwicklungslandschaft des Unternehmens eingebunden ist,

❑ die thematischen Schwerpunkte (Businessplan, Einbeziehung des Teams, Risikoanalyse, Leitfaden für den Führungswechsler etc.) gesetzt sind,

❑ die Infrastruktur für die Umsetzung des Konzeptes geregelt ist (Ansprechpartner, Ablauf, Budget, beschriebener Coachingprozess) und

❑ passende Coaches für die Begleitung des Führungswechsels zur Verfügung stehen.

Weil nicht jeder Coach für diese Aufgabe geeignet ist, beginnt nun die Suche nach dem „richtigen" Coach.

Suche nach dem „richtigen" Coach

Dabei gleichen die Entscheider ihre Coachingvorstellungen mit dem Konzept des vorstelligen Kandidaten ab. Ihre Einschätzung wird dabei immer auch sehr stark von seiner Persönlichkeit beeinflusst. Denn das „Konzept", das seiner Beratungstätigkeit zugrunde liegt, lässt sich nicht mit einer nachvollziehbaren, durch Zahlen und Fakten gestützten Unterlage vergleichen, die beispielsweise einem Einkäufer zum Vergleich vorliegen würde. Ganz im Gegenteil: Hier sind entscheidende Kriterien wie methodisches Vorgehen, inhaltliche Tiefe und nachvollziehbares Zusammenwirken aller Elemente des Konzeptes zwischen den Zeilen verborgen. Hinzu kommt, dass es für einen individuellen Beratungsansatz kein allgemeingültiges „Patentkonzept" gibt. Dennoch gibt es grundsätzliche Standards und Fragestellungen, die einen Orientierungsrahmen dafür bieten, woran sich ein gutes Coachingkonzept erkennen lässt.

Unserer Erfahrung nach erfolgt die Suche nach dem passenden Coach für die Begleitung von Führungswechslern häufig nach nicht standardisierten Kriterien, sondern vielmehr nach bestimmten Routinen. Dabei sind bei der Auswahl des Coachs vor allem zwei Kriterien maßgeblich:

❑ *Die persönliche Passung:* Hierzu gehören die persönlichen Kompetenzen, die Haltung und das Menschenbild des Coachs, die sein Coachingverständnis prägen.
❑ *Die Businesserfahrung:* Sie umfasst das Anforderungs- und Kompetenzprofil des Coachs hinsichtlich seiner professionellen und methodischen Kompetenzen sowie seiner Qualifikation.

Des Weiteren können Besonderheiten wie zum Beispiel „gleiche Wellenlänge" die Entscheidung mit beeinflussen. Die im Folgenden aufgeführten Ausprägungen dieser beiden Kriterien stellen ein Kompetenzprofil zum Abgleich mit den eigenen Vorstellungen über den „richtigen" Coach dar.

Persönliche Passung

Zur persönlichen Passung des Coachs gehören neben seinen *persönlichen Kompetenzen* die Haltung und das Menschenbild, auf welchen sein Coachingverständnis aufgebaut ist. Die nachstehende Übersicht hilft, das Anforderungsprofil zu schärfen und mit dem *Kompetenzprofil* des Bewerbers abzugleichen.

Persönliche Kompetenzen

❑ *Auftreten*
  Der Coach hat eine authentische, reife und gestandene Persönlichkeit.
❑ *Kenntnis der eigenen Stärken, Schwächen und Grenzen*
  Er kann seine eigenen Stärken und Schwächen benennen und die Grenzen der eigenen Coachingkompetenz klar definieren (zum Beispiel Businesskontext, Expertise).

❏ *Kompatibilität mit dem Unternehmen*
   Er ist mit dem Unternehmen, der spezifischen Managementebene und der Zielgruppe kompatibel.
❏ *Ethisch-demokratische Grundhaltung und Standards*
   Er ist beispielsweise kein Mitglied einer Sekte.
❏ *Diagnosefähigkeit und Beobachtungsgabe*
   Er ist in der Lage, Schwachstellen zu erkennen und Entwicklungen genau zu beobachten.
❏ *Vertraulichkeit, emotionale Stabilität, Klarheit und Zielgerichtetheit*
   Er ist vertrauenswürdig und verschwiegen, emotional gefestigt, klar strukturiert im Denken und weiß, was er will und worauf es ankommt.

Weil alle diese Eigenschaften nicht messbar sind, hängt die Entscheidung stark vom „Gesamteindruck" des Bewerbers ab und wird häufig „aus dem Bauch" heraus getroffen. Bauchentscheidungen fallen meist dann zugunsten des Coachs aus, wenn sich im Vorgespräch gezeigt hat, dass „die Chemie stimmt" zwischen ihm und den Entscheidungsträgern. Bei solchen emotional beeinflussten Entscheidungen ist aber zu berücksichtigen, dass sich kein Coach für jeden Anlass und jede Aufgabe eignet. So raten wir dringend ab, jemanden zu engagieren, der von sich behauptet, alle Probleme in den Griff zu bekommen und lösen zu können. Gute Coaches kennen ihre Grenzen und verweisen auf Kollegen, wenn sie feststellen, dass die Passung nicht stimmt. Und sie lehnen Aufträge ab, wenn sie glauben, diese nicht hinreichend erfüllen zu können. Seriöse Coaches informieren nicht nur offen über ihre Erfolge, sondern auch über Misserfolge und ihre Grenzen. Transition Coaching ist keine Psychotherapie. Deshalb raten wir, den Coach nach seinen Grenzen zu fragen. Ein professioneller Coach ist mit der Problematik vertraut und wird offen darüber Auskunft geben. Transition Coaching ist auch keine Fachberatung in Sachen Spezialwissen, also eine Art „Nachhilfeinstanz" bei mangelnder Expertise des Führungswechslers in seinem neuen Business. Vom Transition Coach kann man verlangen, dass er den zugrunde liegenden Coachingbegriff erklärt, das Transition-Coaching-Konzept maßgeschneidert auf die jeweilige Organisationseinheit anpasst und seine Methoden spezifisch gestaltet.

Businesserfahrung

Dieses Kriterium bezieht sich auf die professionellen und methodischen Fähigkeiten des Bewerbers und auf seine Qualifikation.

Professionelle Kompetenzen

Er sollte auf jeden Fall folgende professionellen Kompetenzen und Voraussetzungen erfüllen:

❏ mindestens fünf Jahre Führungs- und Steuerungserfahrung im wirtschaftlichen Umfeld oder eine vergleichbare Berufserfahrung,
❏ eine fundierte Coachingausbildung,

❑ Erfahrung bei der Erstellung und Implementierung von Businessplänen,
❑ Strategieentwicklungs- und Umsetzungskompetenz sowie betriebswirtschaftliche Kenntnisse,
❑ fundierte Erfahrung im Coachen von Managern,
❑ Erkennen von Mikropolitik und Umgang mit dieser,
❑ eine klare Definition der eigenen, spezifischen Expertise (zum Beispiel Konfliktmanagement, Kommunikation, Veränderungsprozesse etc.),
❑ akademischer Abschluss in Sozial-, Geistes- oder Wirtschaftswissenschaften beziehungsweise vergleichbarer Erfahrungshintergrund (zum Beispiel in Personalentwicklung),
❑ psychologisches Grundwissen (zum Beispiel Zusatzausbildung, Zertifikate für Tests, diagnostische Qualifizierung, unterschiedliche Beratungsansätze),
❑ Nachweis regelmäßiger Supervision,
❑ Nachweis von Referenzen.

Methodische Kompetenzen

Neben den professionellen Kompetenzen sollte der Bewerber auch folgende *methodische Kompetenzen* nachweisen können:

❑ klare Definition seiner Coachingmethode und -rolle sowie der Grenzen von Coaching als Methode,
❑ ein Repertoire an professionellen Interventionsmethoden (zum Beispiel konstruktives Feedback, Konfrontation, systemische Fragetechniken, Rollenspiele),
❑ Interventionsvariabilität (kontextabhängige variable Intervention),
❑ ein Repertoire von professionellen Business- und Strategieentwicklungsmethoden (zum Beispiel Risikoanalyse, Portfolioanalyse).

Häufig werden Coaches nach den Methoden, die sie einsetzen, gefragt. Dabei wird meist übersehen, dass es nicht darauf ankommt, wie viele Methoden sie beherrschen und einsetzen, sondern auf ihre Wirkung. Es geht um die Frage, ob der Coach in der Lage ist, seine Methoden situationsbedingt und mit angemessener Haltung einzusetzen beziehungsweise zu variieren. Seine Haltung wiederum hängt von seinem Menschenbild ab und kommt zum Beispiel dadurch zum Ausdruck, ob er eher direktiv oder nicht direktiv, eher lösungs- oder eher problemorientiert vorgeht. Sein Menschenbild und seine Einstellung beeinflussen zudem maßgeblich, mit welchen Klienten er zusammenarbeiten kann und will.

Qualifikation

Für die Begleitung von Führungswechslern eignen sich vor allem Coaches, die neben ihrer persönlichen und professionellen Qualifikation eine fundierte Coachingqualifikation im Gepäck haben, die die Tastatur des Business kennen und unterschiedliche Klaviaturen beherrschen. Deshalb sind Entscheider gut beraten, sich über die Qualifikation des Coachs zu informieren und genau zu prüfen, welche Referenzen er nachweisen kann und welche Ausbildung ihn zum Coaching von Führungswechslern in ihrem Unternehmen befähigt.

Angebotsspektrum und Besonderheiten

Personalentwickler in Unternehmen arbeiten meist mit einem festen Pool von „hand-verlesenen" Coaches zusammen. Im Topmanagement wird der Coach fast ausschließ-lich über Empfehlungen ausgewählt. Diese gehören ohnehin mit zu den besten Quellen: Wir raten Entscheidungsträgern immer dazu, Leute in ihrem Umfeld (Perso-naler, Vorgesetzte, Kollegen, Bekannte), die bereits Coachingerfahrungen haben, zu befragen. Für eine erste Sichtung ist diese Vorgehensweise richtig und wichtig. Für die Verpflichtung von Transition Coaches jedoch sollte folgende Fragestellung maßgeb-lich sein: Stimmt die Passung für die jeweilige Businesssituation, das jeweilige Level und die betreffende Person?

Auswahlkriterien

Ausschlaggebend für die Auswahl des „richtigen" Coachs sind in erster Linie Referen-zen, persönliche Gespräche sowie Ausbildungs- und Qualifikationsnachweise, vor al-lem aber die Berufserfahrung. Die meisten Coaches verfügen über durchschnittlich fünf bis zehn Jahre Berufserfahrung. Branchenerfahrungen sind von Vorteil. Unter den persönlichen Eigenschaften wünschen sich Kunden von ihrem Coach unter ande-rem Vertrauenswürdigkeit, Integrität sowie Persönlichkeit und Ausstrahlung.

Alle professionellen Coaches greifen auf einen Supervisor zurück, um schwierige Fälle aufzuarbeiten und sich vor Fallen und eigenen sogenannten *blinden Flecken* zu schüt-zen. Deshalb raten wir, den Kandidaten zu fragen, ob er sich regelmäßig supervidieren lässt. Hinzu kommt ein weiteres entscheidendes Kriterium: Der meistgenannte Er-folgsfaktor im Coaching ist, dass die „Chemie" oder die persönliche Beziehung zwi-schen Coach und Coachee stimmt. Deshalb sollte auch das Auswahlprinzip gelten: Keinen Coach engagieren, wenn er „eine andere Wellenlänge" hat oder die Beziehung zu ihm nicht stimmt!

Angebotsvergleich

Auch wenn die schriftlichen Bewerbungen und Konzepte überzeugend wirken, raten wir: Niemals den erstbesten Coach engagieren! Es lohnt sich, mehrere Personen und Angebote zu vergleichen. Es lohnt sich auch, dafür unverbindliche Vorgespräche mit mehreren Bewerbern zu vereinbaren. Ein Akquisegespräch von durchschnittlich circa zwei Stunden Dauer sollte kostenlos sein. In diesem Gespräch können die Vorstellun-gen und die Rahmenbedingungen für den Einstieg und den Verlauf des Transition Coachings abgestimmt werden. Aber auch die Frage nach Ausstiegsklauseln sollte ge-nau geklärt werden, zum Beispiel für den Fall, dass Bedingungen eintreten, die eine weitere Begleitung sinnlos machen.

Solche Vorgespräche bieten Entscheidern zudem die Chance, am Beispiel seines eigenen spezifischen Anforderungsprofils mit dem Bewerber einen maßgeschneiderten Ablauf für die Begleitung der Führungswechsler durchzuexerzieren. Hier kann dieser beispielsweise am Flipchart anhand konkreter Beispiele den Verlauf des Coachings und fiktive Interventionssituationen aufzeigen. So lässt sich feststellen, ob er sich prozessorientiert auf Personen und Situationen einstellen kann. Das im diesem Buch vorgestellte Transition-Coaching-Konzept bietet Coaches die Chance, Alleinstellungsmerkmale vorzuweisen, die sie von anderen deutlich unterscheiden.

 Reflexionsfragen

❑ Entspricht das Kompetenzprofil des Coachs unseren Anforderungen und situationsbedingten Besonderheiten?
❑ Ist der Coach in der Lage, wirkungsvoll und prozessorientiert auf der personenbezogenen, systembedingten und Businessebene zu arbeiten?
❑ Ist das „Konzept" des Coachs mit seinem Grundverständnis über Coaching kompatibel?
❑ Passen seine Methoden zum Vorgehen und zu den Zielen des Transition Coachings?
❑ Stimmt die „Chemie" zwischen uns und ihm auf der Beziehungsebene?

Das Coaching von morgen:
Interview mit Dr. Jürgen Weisheit

Dr. Jürgen Weisheit ist Diplom-Soziologe und promovierte an der Fakultät für Wirtschaftswissenschaften der Universität Karlsruhe. Er ist seit über zehn Jahren Berater und Coach für Führungskräfte und Mitarbeiter. Seit 2001 ist er Mitglied der Beratergruppe PALATINA und dort zuständig für Research und Development.

Wie lässt sich die heutige Coachinglandschaft charakterisieren?

Hauptcharakteristikum für die Situation von Führungskräften heutzutage ist, dass ihre Verweildauer in der ihnen übertragenen Position immer kürzer wird und der Wechsel in neue Führungsaufgaben in immer schnelleren Intervallen stattfindet. Dabei wird von den Managern erwartet, dass sie in kurzer Zeit ihren Aufgaben- und Verantwortungsbereich durchdringen, einen schnellen Antritt haben und die nötige Performance leisten. Gleichzeitig aber vernachlässigen Unternehmen, ihren Führungskräften wirksame Hilfestellungen von Coachingexperten anzubieten. Auf der Organisationsseite entsteht daher ein Bedarf, Führungswechsel weiter zu professionalisieren und durch entsprechende Maßnahmen effektiver zu machen. Hinzu kommt, dass herkömmliche Trainingsmaßnahmen eher nach dem Gießkannnenprinzip organisiert sind und die Trefferquote zur individuellen Leistungsanhebung daher bestenfalls mittelmäßig ausfällt.

Auf der Anbieterseite finden sich viele hervorragend psychologisch ausgebildete Coaches. Sie verfügen aber in der Regel über keine oder bestenfalls nur über unzulängliche Business- und Managementerfahrung, die jedoch unabdingbar ist, um Führungswechslern einen schnellen Erfolg in ihrer neuen Funktion zu gewährleisten. Die Performance jedes neuen Managers wird daran gemessen, wie schnell sich sein Wechsel für das Unternehmen auszahlt. Mit anderen Worten: Wie schnell er sich in seinem neuen Business zurechtfindet und dieses zum Nutzen des ganzen Unternehmens beherrscht. Überwiegend psychologisch geschulte Coaches können hier kaum fundierte und wirksame Impulse geben. Dieser Umstand verdeutlicht die Brisanz und gleichzeitig die Wichtigkeit von Transition Coaching, das den Businesserfolg in den Blickpunkt seiner Betrachtung stellt und deshalb zunehmend nachgefragt wird.

Die zunehmende Nachfrage nach businessorientiertem Coaching lässt sich am Beispiel eines Automobilherstellers sehr gut beschreiben: Im Gegensatz zu anderen Coachingsparten, die eher rückläufig waren oder nur leicht anstiegen, erlebte Transition Coaching im Zeitraum von 2008 bis 2009 einen regelrechten Boom. Leadership-Coaching beispielsweise wurde zurückgefahren, personenbezogenes Coaching stieg lediglich um 25 Prozent. Die Nachfrage nach Transition Coaching hingegen ist in der gleichen Zeit um 140 Prozent gestiegen!

Sind neue Trends beim Coaching erkennbar?

Generell geht der Trend dahin, zukünftigen Führungskräften zusätzlich zu schon vorhandenen gruppenorientierten Qualifizierungsmaßnahmen ein individualisiertes Entwicklungsinstrumentarium bereitzustellen, das ihnen eine passende, maßgeschneiderte Qualifikation ermöglicht, die ergänzend zu anderen Qualifikationsformen – zum Beispiel standardisiertem Führungskräfteentwicklungstraining – herangezogen wird. Damit steigt die Wirksamkeit von Führungskräften stark an.

Hinzu kommt ein weiterer wichtiger Aspekt: Schon heute steigt angesichts der immer kürzeren Verweildauer in den Führungspositionen und der immer schnelleren Wechselintervalle die Nachfrage der Manager nach Transition-Coaching-Angeboten enorm. Es stellt sich also Frage, wie Unternehmen diese steigende Nachfrage ökonomisch und sinnvoll befriedigen können. Meiner Meinung nach wird die Entwicklung dahin gehen, im Transition Coaching Produktfamilien zu schaffen, wodurch es möglich wird, dem Manager zur Lösung seiner spezifischen Schwachstellen wirksame Module anzubieten. Dies können zum Beispiel der Businessplan sein oder andere Tools wie etwa Teamentwicklung oder Risikoanalyse.

Das bedeutet für die Praxis: Nach eingehender engpassorientierter Analyse wird ein Coaching nach Baukastenprinzip aufgebaut, sodass dem Führungswechsler diejenigen Module an die Hand gegeben werden, mit deren Hilfe er sich selbst weiterentwickeln kann. Der Coach übernimmt dabei die Rolle des Businessimpuls-Ratgebers, der in der Lage ist, die Führungskraft bedarfsbezogen zu betreuen. Voraussetzung dafür ist, dass er die dafür erforderlichen Soft Skills beherrscht, über Branchenkenntnisse und betriebswirtschaftliches Know-how verfügt und die Kompetenzen miteinander nach Maßgabe der Anforderungen des Managers integrieren kann.

Dann wäre noch auf eine weitere Entwicklung hinzuweisen, die im Zuge der Befriedigung der steigenden Nachfrage nach Coachings zwangsläufig einsetzen wird: die steigende virtuelle Zusammenarbeit zwischen Manager und Coach. Beide Parteien werden verstärkt über moderne Kommunikationsmittel zusammenarbeiten und kommunizieren, zum Beispiel via Internet, Video- und/oder Telefonkonferenzen oder in Kombination solcher Möglichkeiten. Daraus werden auch neue Anforderungen an die Form des Coachings resultieren, etwa in Bezug auf die Präsenz des Coaches oder neue Coachingformen, die den fehlenden Präsenzteil des Coaches ergänzen können. Hier ist eine Kombination von virtuellem und Präsenzcoaching in Bezug auf den Ablauf und die Module des Coachings denkbar.

In jedem Fall liegt die Herausforderung darin, ein Arrangement zu finden, das zu einem guten Mix von Ablauf und Modulen sowie einer hohen Produktivität und damit möglichst steilen Anlaufkurve durch das Coaching führt. Entscheidend dabei ist, dass dieser Mix Unternehmen die Inanspruchnahme von kostengünstigeren und mit weniger Aufwand verbundenen Coachingangeboten ermöglicht. Die Kombination von virtuellem und Präsenzcoaching ließe sich beispielsweise so organisieren, dass weniger Anreisen des Coaches, der Manager oder beider zum Veranstaltungsort anfallen. Dies allerdings setzt ein Umdenken bei den Coaches voraus, die in den meisten Fällen Coaching in Form von „Nahkampf unter vier Augen" gewohnt sind.

Was sind die Schwerpunkte des Coachings von morgen?

In Zukunft wird die Businessperspektive ein stärkeres Gewicht haben und die resultatorientierte Sichtweise in Hinblick auf die Erreichung von Businesszielen zunehmend an Bedeutung gewinnen. Entsprechend müssen die Erfolge des Coachings stärker sichtbar, nachweisbar und transparent werden.

Des Weiteren wird in Zukunft die Engpassbetrachtung sehr stark in den Vordergrund rücken, vor allem mit Blick darauf, wo die Performance des Führungswechsels krankt, um Probleme bei der Wahrnehmung der neuen Funktion und ihre Ursachen zu erkennen und Lösungsansätze zu finden: Sind sie im Businessbereich, in der Organisation oder in der Person des Führungswechslers begründet? Neben der Problem- und Ursachenfindung wird Coaching zunehmend darauf ausgerichtet sein, effektive Hilfe zur Selbsthilfe zu gewährleisten. Es muss dem Manager Führungsinstrumente an die Hand geben, die es ihm ermöglichen, schnellstmöglich sein Geschäft zu durchdringen, den neuen Aufgabenbereich zu beherrschen, die Mitarbeiter „in die Spur zu bringen" und mit seiner Organisationseinheit einen positiven Beitrag zu Erreichung der Unternehmensziele zu leisten.

Welche Aufgaben werden beim Coaching in Zukunft in den Vordergrund rücken?

In Zukunft werden Coaches einen Perspektivenwechsel vollziehen müssen: weg vom Führungswechsler allein hin zur Passung mit dem organisationalen und kulturellen Umfeld, in das er hineinkommt. Dabei wird die Berücksichtigung des „organisationalen Immunsystems" an Bedeutung gewinnen. Wie Organismen reagieren auch Unternehmen und ihre Organisationseinheiten auf „Fremdkörper" von außen. Somit steht der frischgebackene Manager unter scharfer Beobachtung und es kommt darauf an, gut an das ihn umgebende System anzudocken.

Wird diesem Bereich zu wenig Aufmerksamkeit geschenkt, kann es passieren, dass eine Integration in die neue Abteilung oder Organisationseinheit nicht gelingt und manageriale Leistungen wirkungslos verpuffen und keinen Grip entfalten können, wie bei Autos auf zu glatter Straße. Das kann beispielsweise dann auftreten, wenn der neue Manager einen anderen als bisher praktizierten oder üblichen Führungsstil an den Tag legt oder einer anderen Unternehmenskultur, die mit der neuen kaum vereinbar ist, entstammt. Das organisationale Immunsystem kann sich für den Führungswechsler aber auch von Vornherein als schwierig zu überwindende Barriere herausstellen, zum Beispiel weil sein Werte- und Normensystem mit den an ihn gestellten Anforderungen nicht beziehungsweise nur schwer vereinbar ist oder ihm die Rahmenbedingungen vorenthalten werden, um seine neue Funktion wirksam ausüben zu können. Das ist vergleichbar mit einem gesunden Baum, der in schlechte Erde umgepflanzt wird: Es ist es nur eine Frage der Zeit, bis er verdorrt.

Die Berücksichtigung des organisationalen Umfelds stellt neue Anforderungen an das Coaching vom morgen, vor allem in Hinblick auf die Optimierung der Passung von Führungswechsler und der neuen Organisation: Es wird ein Wechselspiel der Betrachtung von Führungskraft und organisationalem System aufweisen.

Eine der wichtigsten Herausforderungen an das Coaching von morgen ist, schlanke Diagnosetools anbieten, um diese Passung abbildbar zu machen. Nur so ist es möglich, im Vorfeld zu erkennen, wo die Passung Schwachstellen aufweist und welche Coachingmaßnahmen geeignet sind, Lösungsmöglichkeiten aufzuzeigen.

Empirische Untersuchung zum Führungswechsel: Interview mit Michael Seipel

Michael Seipel, Geschäftsführer der Firma 100 Consulting, hat eine bemerkenswerte Studie zum Thema „Führungswechsel erfolgreich gestalten" durchgeführt, an der sich 310 Führungskräfte aus verschiedenen Unternehmen und Branchen beteiligt haben. Wir haben ein Interview mit ihm geführt.

Was war der Beweggrund für Sie, diese Studie zu erstellen?

Der Zeitraum rund um einen Führungswechsel („die ersten 100 Tage") fasziniert mich. Es findet ein immenser Lernprozess statt. Und es ist ein entscheidender Zeitraum, in dem der Grundstein für erfolgreiche Veränderungen gelegt wird. Denn beim Führungswechsel werden in sehr kurzer Zeit alle wichtigen Führungs- und Managementthemen im Unternehmen berührt. Es geht um Unternehmenskultur und Strategie, um Ziele und Prozesse, um Führung und Team. Je besser und schneller die neue Führungskraft sich in ihrem neuen Umfeld orientieren kann, desto rascher kann sie ihre Energien fokussieren und erfolgreich Ziele erreichen.

Führungswechsel ist somit ein sehr komplexes Thema. Es birgt ein realistisches Scheiterrisiko und hat große Auswirkungen auf Führungswechsler und Unternehmen.

Warum ist aus Ihrer Sicht das Thema zurzeit so wichtig/interessant?

Das Thema Führungswechsel hat eine hohe persönliche Relevanz. Jede Führungskraft kann sich noch an die ersten 100 Tage erinnern. Denn der Eintritt in eine neue Führungsposition ist immer auch ein von Unsicherheit und Krisen begleitetes Erlebnis. Gleichzeitig übt der Wechsel in eine neue (und höhere) Position eine besondere Anziehung aus, da Gestaltungsraum und die Einflussmöglichkeiten steigen.

Die Beschäftigung mit dem Thema Führungswechsel hat auch eine hohe betriebswirtschaftliche Relevanz für die Unternehmen. Je mehr Führungswechsel in einem Unternehmen stattfinden und je kürzer die Verweildauer in den Führungspositionen ist, desto größer wird diese betriebswirtschaftliche Relevanz.

Die neue Führungskraft steht unter dem Druck, schnell wirksam zu werden und dies auch anhand von Kennzahlen und qualitativen Kriterien zu belegen. Der Anspruch an Transparenz und Messbarkeit von Managementleistung nimmt zu. Hierzu werden passende Instrumente entwickelt: Zielvereinbarungen, Key Performance Indicators, Managementaudits und 360-Grad-Feedbacks schaffen „gläserne" Manager.

Somit liegt in der Optimierung von Führungswechseln ein starker Hebel für die Unternehmen. Das schlägt sich auch in der Medienresonanz nieder. So erfreut sich das Thema „Führungswechsel", „neu in der Führungsposition", „die ersten 100 Tage" eines großen Medieninteresses. Alleine in den letzten beiden Jahren sind mehr als ein Dutzend neuer Bücher auf den Markt gekommen, weitere Bücher wurden aktualisiert oder neu aufgelegt.

Zu welchen Erkenntnissen wollten Sie mit dieser Studie gelangen? Was waren Ihre Leitfragen beziehungsweise Leithypothesen?

Der Studie liegt die Hypothese zugrunde, dass in der Gestaltung von Führungswechseln ein beträchtliches Optimierungspotenzial für die Unternehmen liegt, das zurzeit noch nicht realisiert wird.

Ziel der vorliegenden Befragung ist es herauszufinden, mit welchen Ansätzen und Maßnahmen sich der Führungswechsel optimieren lässt. Wie kann die neue Führungskraft ihre Wirksamkeit schneller entfalten?

In der Studie wurden dazu die folgenden Fragestellungen untersucht:

❑ Welche Themen beschäftigen den Führungswechsler in den ersten 100 Tagen, wo sieht er (oder sie) die Erfolgsfaktoren und mit welchen konkreten Maßnahmen lässt sich der Führungswechsel optimieren?
❑ Wie wird die jetzige Wirksamkeit von neuen Führungskräften eingeschätzt? Wo sind mögliche Hebel, damit neue Führungskräfte schneller wirksam werden?

Wie sah die konkrete Vorgehensweise aus?

Für die Befragung wurden 533 Personen per Mail und 1.370 Personen per Zufallsauswahl über das Businessforum Xing persönlich angesprochen und eingeladen, an einer Online-Befragung zum Thema „Führungswechsel" teilzunehmen. In der Mail war dann jeweils ein Link enthalten, der auf die Online-Befragung zeigte (vgl. Bild A-6). Die Befragung verlief insgesamt über einen Zeitraum von zweieinhalb Monaten: 27. Mai bis 12. August 2009.

Jeder Fragebogen wurde auf Plausibilität und Vollständigkeit überprüft. Fragebögen, die offensichtlich falsche Angaben enthielten oder nicht vollständig waren, wurden nicht berücksichtigt. Für die Auswertung wurden schließlich 310 komplett ausgefüllte Fragebögen mit einbezogen.

Mit welcher unternehmerischen Ausgangslage sind die Führungswechsler konfrontiert? Was sind die wichtigsten Herausforderungen, vor denen die neue Führungskraft in den ersten 100 Tagen steht?

Auf die Frage „Mit welcher unternehmerischen Ausgangslage wurden Sie in Ihrer jetzigen Führungsposition zu Beginn konfrontiert?" antworten 42,9 Prozent mit „Restrukturierung und Umorganisation". Somit ist diese Form der Veränderung die von den Befragten am häufigsten genannte Ausgangslage (vgl. Bild A-7).

Führungswechsel - die ersten 100 Tage

100 Consulting

Liebe Führungskraft,

schön, dass Sie sich ca. 5 Minuten Zeit nehmen, um an dieser Online-Befragung teilzunehmen.

Sicherlich können Sie sich noch an Ihre ersten 100 Tage als Führungskraft erinnern. Vielleicht haben Sie diese Zeit sogar schon mehrfach erlebt.

Ziel dieser Befragung ist es herauszufinden, mit welchen Ansätzen und Maßnahmen sich der Führungswechsel optimieren lässt, so dass die neue Führungskraft schneller wirksam wird.

Was kann das Unternehmen tun, was kann die Führungskraft tun, um die Weichen von Anfang an auf Erfolg zu stellen?

Selbstverständlich werden alle Antworten völlig vertraulich behandelt und für die Auswertungen anonymisiert.

Bild A-6: Begrüßungsseite der Online-Befragung

Auf Platz zwei und drei liegen die Themen „Stabilisierung beziehungsweise Ausbau des Erfolges" (26,8 Prozent) und Start-up/interne Neugründung (18,4 Prozent). Auf Platz vier liegt das Thema „Sanierung/Turnaround". Anlass für den Führungswechsel ist somit in drei von vier Fällen der unternehmerische Ausnahmezustand: Reorganisation/Umstrukturierung, interne Neugründung/Start-up oder sogar ein Turnaround/Sanierung.

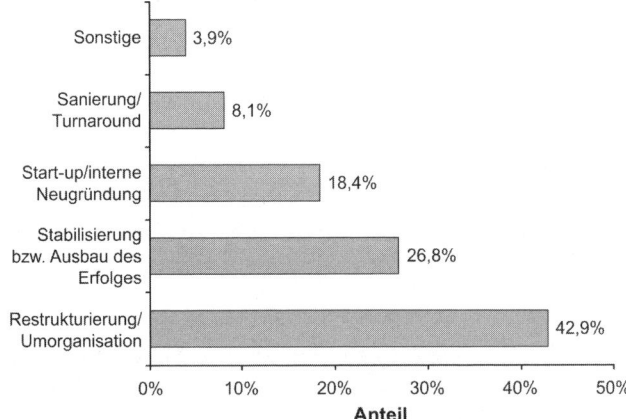

Bild A-7: Unternehmerische Ausgangslage (© 100 Consulting)

Als Antwort auf die Frage „Was sind die wichtigsten Herausforderungen, vor denen die neue Führungskraft in den ersten 100 Tagen steht?" wurde das Thema „Veränderungsvorhaben im eigenen Bereich" am häufigsten genannt. In 58,1 Prozent der Fälle beschäftigt sich die neue Führungskraft mit diesem Thema. An zweiter Stelle steht der

„Aufbau von internen Netzwerken" (47,1 Prozent) und an dritter Stelle sind „Führungsthemen" (46,8 Prozent). Allerdings werden „fachliche Herausforderungen" fast genauso hoch bewertet (45,8 Prozent).

Die zentralen Herausforderungen in den ersten 100 Tagen sind somit:

❑ Veränderungsvorhaben im eigenen Bereich,
❑ Aufbau von internen Netzwerken,
❑ Führungsthemen und fachliche Herausforderungen.

Welche Erfolgsfaktoren sehen die befragten Führungskräfte, um schnell einsteigen zu können?

An allererster Stelle steht das Thema „das eigene Team aufbauen und stärken". Dieses Thema wurde von 79,4 Prozent der Befragten genannt. An zweiter und dritter Stelle stehen die Themen „Schlüsselthemen identifizieren" (72,9 Prozent) und „Schlüsselpersonen kontaktieren" (71,3 Prozent). Als zentrale Erfolgsfaktoren beim Führungswechsel sind somit benannt:

❑ Das eigene Team aufbauen und stärken.
❑ Die richtigen Themen (Schlüsselthemen) identifizieren.
❑ Die richtigen Personen (Schlüsselpersonen) kontaktieren.

Was sind nach Meinung der befragten Führungskräfte in den ersten 100 Tagen besonders effektive Maßnahmen, um den Einstieg zu fördern?

Die befragten Führungskräfte sehen das persönliche und individuelle Kennenlernen und das Treffen von Vereinbarungen mit den unmittelbaren (vertikalen) Kontaktpersonen an erster Stelle. 76,1 Prozent halten die „Erwartungsklärung und Zielvereinbarung mit dem Vorgesetzten" und die „Einzelgespräche mit allen Mitarbeitern" für die effektivsten Maßnahmen. An dritter Stelle steht der horizontale „Erfahrungsaustausch mit anderen Führungskräften" (62,2 Prozent) im Unternehmen (vgl. Bild A-8). Somit steht die vertikale Klärung mit dem Vorgesetzten und den Mitarbeitern an erster Stelle und der horizontale Erfahrungsaustausch mit anderen Führungskräften an dritter Stelle.

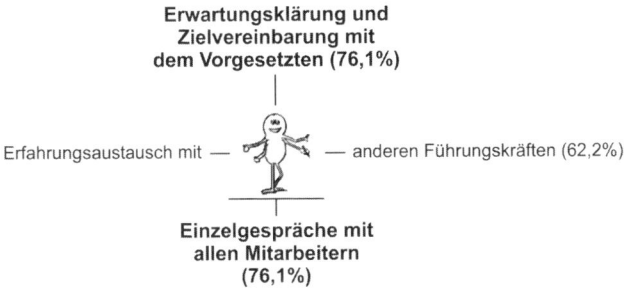

Bild A-8: Vertikale Klärung und horizontaler Erfahrungsaustausch als zentrale Maßnahmen in den ersten 100 Tagen (© 100 Consulting)

Haben Sie in Ihrer Studie auch die Anlauf- beziehungsweise Wirksamkeitskurve berücksichtigt? Wie ist der Standardverlauf der Wirksamkeitskurve bei Führungswechslern?

Die Wirksamkeit der neuen Führungskraft startet im Durchschnitt im ersten Monat bei 20,5 Prozent und endet bei 91 Prozent im neunten Monat. Für die ersten neun Monate bedeutet das eine mittlere Wirksamkeit von 59,9 Prozent (vgl. Bild A-9).

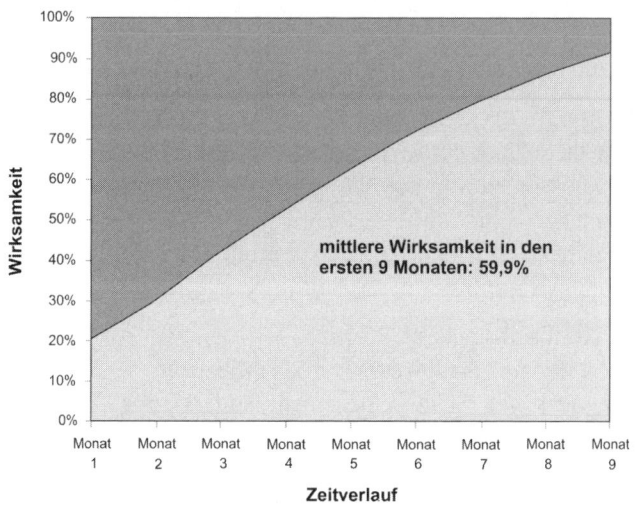

Bild A-9: Wirksamkeit in den ersten neun Monaten (© 100 Consulting)

Was konnten Sie feststellen? Wo liegen die wichtigsten Unterschiede zwischen den High Performern und den Low Performern?

In der Studie wurde untersucht, wie die Befragten den Verlauf der Wirksamkeitskurve bei Führungswechslern einschätzen.

Hier ergab sich ein sehr differenziertes Bild. Wenn man davon ausgeht, dass die unterschiedlichen Bewertungen das tatsächliche Spektrum der Wirksamkeiten widerspiegeln, so bleiben viele Führungskräfte in den ersten 100 Tagen weit hinter ihren Möglichkeiten zurück (vgl. Bild A-10).

Im nächsten Schritt wurde nun die Kurve der oberen 20 Prozent mit der Kurve der unteren 20 Prozent verglichen (Bild A-11).

Wenn man die beiden Kurven miteinander vergleicht, so stellt man fest, dass die Top-Performer-Wirksamkeitskurve auf einem höheren Niveau startet (über 40 Prozent) und dann insbesondere in den ersten drei bis vier Monaten erheblich steiler verläuft. Daraus ergibt sich die klare Notwendigkeit, mit dem Führungswechsel schon möglichst früh zu beginnen – idealerweise schon weit vor dem ersten Arbeitstag –, damit die neue Führungskraft auf einem hohen Niveau einsteigen kann. Je nach Führungs-

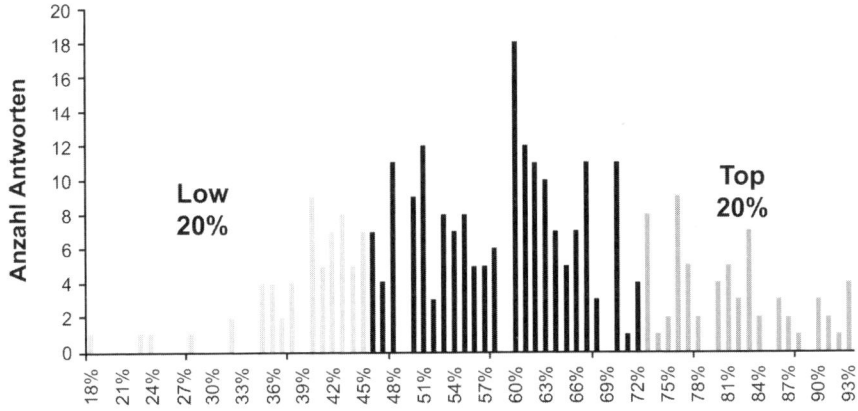

mittlere Wirksamkeit in den ersten 9 Monaten

Bild A-10: Verteilung der mittleren Wirksamkeit (© 100 Consulting)

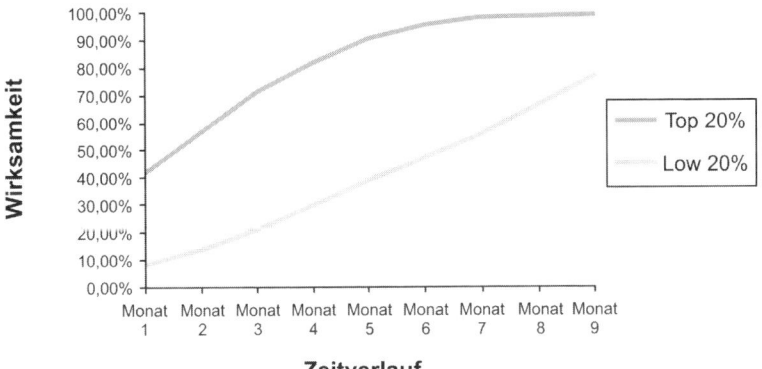

Zeitverlauf

Bild A-11: Verlauf der Wirksamkeitskurve: Top-Performer-Kurve (obere 20 Prozent) versus Low-Performer-Kurve (untere 20 Prozent) (© 100 Consulting)

spanne und Führungsebene kann die neue Führungskraft eine beträchtliche Hebelwirkung – im positiven wie im negativen Sinne – entfalten. Somit potenzieren sich hier die Effekte (vgl. Bild A-11).

Was unterscheidet darüber hinaus die oberen 20 Prozent, die von einer besonders hohen mittleren Wirksamkeit ausgehen, von den unteren 20 Prozent, die von einer besonders niedrigen mittleren Wirksamkeit ausgehen?

❑ *Beobachtung 1:* Die oberen 20 Prozent haben mehr Führungswechselerfahrung als die unteren 20 Prozent. 79,1 Prozent der Befragten hatten bereits drei oder mehr Führungspositionen inne. Bei den unteren 20 Prozent sind es hier nur 44,2 Prozent.
Interpretation: Führungswechselerfahrung erhöht die Führungswechselkompetenz und damit auch die Wirksamkeit.

- ❏ *Beobachtung 2:* Die oberen 20 Prozent haben in den ersten 100 Tagen häufiger überprüfbare qualitative und quantitative Ziele.
  Interpretation: Je klarer die Ziele und Erwartungen sind, desto wirksamer ist die Führungskraft.
- ❏ *Beobachtung 3:* Die oberen 20 Prozent sind in den ersten 100 Tagen häufiger mit Führungsherausforderungen und seltener mit fachlichen Herausforderungen beschäftigt und sehen hier die besondere Herausforderung. Die unteren 20 Prozent sind in den ersten 100 Tagen häufiger mit fachlichen Herausforderungen und seltener mit Führungsherausforderungen beschäftigt.
  Interpretation: Wer sich auf die Führung seines Teams konzentriert, ist schneller erfolgreich.
- ❏ *Beobachtung 4:* Die oberen 20 Prozent sind häufiger mit dem Thema „Unternehmensdaten/Geschäftsmodell" als die unteren 20 Prozent beschäftigt.
  Interpretation: Wer das Geschäftsmodell gut versteht, kann auch besser zur Wertschöpfung beitragen und ist somit wirksamer.

Was können Personaler beziehungsweise Unternehmen aus Ihrer Studie lernen? Wie wird die Wirksamkeitskurve steiler?

Fast 50 Prozent der befragten Führungskräfte wissen beim Führungswechsel nicht genau, was von ihnen erwartet wird. Knapp 44 Prozent der befragten Führungskräfte bewerten die Unterstützung beim Führungswechsel mit der Schulnote Vier oder sogar schlechter. Die mittlere Wirksamkeit von Führungswechslern sehen die Befragten in den ersten neun Monaten bei gerade 60 Prozent. Umso dringender ist es, dass die Unternehmen ihre neuen Führungskräfte systematisch dabei unterstützen, schnell wirksam zu werden.

Hier sind ein paar Empfehlungen, die helfen sollen, die Wirksamkeit in den ersten Monaten systematisch und von Anfang an zu steigern.

- ❏ *So früh wie möglich anfangen*
  Der Führungswechsel beginnt, sobald die verbindliche Einstellungsvereinbarung getroffen ist – und das ist meist lange vor dem ersten Arbeitstag. Diese Zeit vor dem ersten Arbeitstag lässt sich gut zur Einarbeitung und für Klärungsgespräche nutzen. Die Wirksamkeit kann schon zum ersten Arbeitstag hin verbessert werden.
- ❏ *Den geschäftlichen Rahmen verdeutlichen*
  Der Erfolg einer Führungskraft ist sehr stark vom Kontext abhängig. Je früher eine Führungskraft das Geschäftsmodell und die spezifischen Wertschöpfungsprozesse im Unternehmen versteht, desto leichter ist es, einen eigenen Beitrag zu leisten und diesen Beitrag in einen Gesamtkontext einzuordnen.
- ❏ *Von Anfang an für klare Zielvorgaben sorgen*
  Je klarer die Zielvorgaben für die neue Führungskraft sind, desto leichter fällt der Führungswechsel. Die neue Führungskraft kann die Vielzahl der Eindrücke und

Informationen mithilfe der Ziele besser filtern. Das ist eine entscheidende Hilfe, um Komplexität zu meistern.

❑ *Feedbackkultur zwischen neuer Führungskraft und Vorgesetztem fördern und ritualisieren*
Wichtigster Ansprechpartner für die neue Führungskraft ist der direkte Vorgesetzte oder – zum Beispiel bei Vorständen – das entsprechende Kontrollgremium. Neben den formulierten Zielen haben die Vorgesetzten oft auch unausgesprochene Erwartungen. Wichtig ist es, diese Erwartungshaltungen so transparent wie möglich zu machen. Hierbei können Feedbackinstrumente, die fest in der Unternehmenskultur verankert sind, einen entscheidenden Beitrag leisten.

❑ *Die Stärkung und den Aufbau des Teams durch passende Teamentwicklungsmaßnahmen und den Einsatz von Führungsinstrumenten fördern*
Die Interaktion zwischen neuer Führungskraft und seinem Team ist von besonderer Bedeutung für den Erfolg der neuen Führungskraft. Nur wenn diese Beziehung klar definiert ist und gut funktioniert, kann die Führungskraft ihre Wirksamkeit entfalten.

❑ *Den Austausch unter den Führungskräften fördern und neue Führungskräfte schnell einbinden*
Eine neue Führungskraft versucht immer auch die gelebte Führungskultur zu verstehen. Ein gezielter und organisierter Erfahrungsaustausch kann diesen Prozess sehr beschleunigen.

❑ *Coaching- und Mentoringangebote machen, um die Führungskraft bei der Identifikation von Schlüsselthemen und Schlüsselpersonen zu unterstützen*
Neuen Führungskräften fällt es oft schwer, wichtige und dringende Themen zu erkennen. Nur wer aber die richtigen Themen identifiziert, kann wirklich erfolgreich etwas bewegen. Gleichzeitig ist es für die neue Führungskraft wichtig, frühzeitig die informellen Machtstrukturen zu verstehen und Schlüsselpersonen zu identifizieren. Hier kann ein externer Blick sehr hilfreich sein.

❑ *Den Mangel an Erfahrung bei Führungswechslern durch Vermittlung von Erfahrungswissen kompensieren*
Ein Schlüssel für erfolgreiche Führungswechsel ist die Führungswechselkompetenz. Sie lässt sich entweder durch praktische Erfahrung oder durch die Vermittlung von Erfahrungswissen aufbauen.

Welche zentralen Punkte muss ein Führungswechsler berücksichtigen, um in seiner neuen Funktion schnell wirksam zu werden?

Unabhängig davon, ob das Unternehmen günstige Rahmenbedingungen für Führungswechsel schafft, kann auch der Führungswechsler viel tun, um für sich einen besseren Start zu organisieren. Aus der Befragung kann man eine Reihe von grundsätzlichen Empfehlungen zur Vorgehensweise ableiten:

❑ *Nicht jede Führungsposition annehmen, die angeboten wird*
Führungswechsler können nicht in jeder Führungsposition erfolgreich werden. Von daher sollte die Passung auch aus Sicht des Führungswechslers sorgfältig bedacht werden. Beachten Sie dabei auch die fachlichen Herausforderungen.

❑ *Vor der Unterschrift Verinbarungen treffen*
Schon bevor der Führungswechsler einen neuen Vertrag unterschreibt, kann er klare Vereinbarungen hinsichtlich der strategischen Zielrichtung seines Bereiches und der operativen Erfolgskriterien treffen. Außerdem kann er einen detaillierten Einarbeitungsplan vereinbaren.

❑ *Sich um klare Ziele kümmern*
Der Führungswechsler fordert von Anfang an von seinem Vorgesetzten ein, an welchen Zielen er gemessen wird. Er definiert gemeinsam seine persönlichen Erfolgskriterien. Ziele und Erfolgskriterien werden immer schriftlich fixiert.

❑ *Sich von Anfang an um den persönlichen Beitrag zur Wertschöpfung des Unternehmens kümmern*
Je besser der Führungswechsler das Geschäftsmodell versteht und je eher er zur Wertschöpfung beiträgt und das auch begründen kann, desto schneller ist er erfolgreich.

❑ *Sich von Anfang an um eine funktionierende Beziehung mit dem direkten Vorgesetzten kümmern*
Die Beziehung zwischen seinem Vorgesetzten und ihm ist die Basis für eine funktionierende Kommunikation. Und nur wenn die Kommunikation funktioniert, wird er die Erwartungshaltung seines Vorgesetzten wirklich verstehen.

❑ *Sich von Anfang an um Führungsthemen kümmern*
Gerade wenn er vor fachlichen Herausforderungen steht, muss sich der Führungswechsler um Führungsthemen kümmern. Er sollte nicht den Fehler machen, in der Einarbeitungszeit Führungsthemen zu vernachlässigen.

❑ *Ein schlagkräftiges Team aufbauen*
Nur so schafft er das Fundament für eine wirksame Erledigung seiner Aufgaben und für das Erreichen seiner Ziele. Je früher und besser sein Team funktioniert, desto leichter wird es für ihn.

❑ *Unterstützungssysteme organisieren*
Der Führungswechsler sollte alle Unterstützungssysteme nutzen, die ihm das Unternehmen bietet oder die er sich organisieren kann. Das kann ein Mentor oder Coach sein oder ein Ansprechpartner in der HR-Abteilung. Auch der direkte Vorgesetzte kann Coachingaufgaben übernehmen.

❑ *Kontakt zu anderen Führungskräften aufnehmen*
Das hilft, die Führungskultur in Unternehmen besser zu verstehen. So lassen sich Fettnäpfchen vermeiden. Der Führungswechsler versteht die Führungskultur schneller und baut sich wertvolle interne Netzwerke auf.

❑ *Den größten Wert darauf legen, die richtigen Themen zu bearbeiten*
Er sollte dringende und wichtige Themen identifizieren und sich insbesondere auch um die Themen kümmern, bei denen er erfolgreich etwas gestalten und bewegen kann.

❑ *Schlüsselpersonen identifizieren*
Der Führungswechsler sollte sich darum bemühen, das soziale System zu verstehen. Auch sollte er die Personen identifizieren, die ihn bei seinem Erfolg unterstützen oder die behindern können. Er ist gut beraten, von Anfang an eigene Netzwerke aufzubauen.

❑ *Sich frühzeitig den Veränderungsvorhaben im eigenen Bereich widmen*
58,1 Prozent der Befragten sind schon in den ersten 100 Tagen mit Veränderungsvorhaben im eigenen Bereich beschäftigt. Hier kommt es darauf an, frühzeitig die Situation zu verstehen, um Veränderungen mit dem richtigen Timing zu initiieren. Aber Vorsicht vor Aktionismus!

Wie geht es mit dem Thema bei Ihnen weiter?

Das Thema „Führungswechsel" ist sehr vielschichtig und komplex. Im Rahmen meiner Beratungstätigkeit und auch im Rahmen von weiteren Untersuchungen beschäftige ich mich mit dem Thema Führungswechsel auf drei Ebenen:

1. Die individuelle Ebene
Hier geht es um die einzelne Führungskraft, um das Individuum. Auf der individuellen Ebene beschäftige ich mich mit den folgenden Fragenkomplexen:

❑ Führungswechselkompetenz
  ● Wie lässt sich Führungswechselkompetenz erwerben oder weitergeben?
  ● Wie lässt sich Führungswechselkompetenz messen?

❑ Wirksamkeitsmessung
  ● Wie lässt sich auf einer individuellen Ebene die Wirksamkeit einer Führungskraft messbar machen?
  ● Welche qualitativen und quantitativen Modelle können hierzu (weiter-)entwickelt werden?
  ● Welche (neuen) Kennzahlen ergeben sich daraus?

❑ Online-Coaching bei Führungswechseln
  ● Wie lassen sich Online-Coaching-Ansätze bei Führungswechseln sinnvoll integrieren?

2. Die prozessuale Ebene
Hier werden auf der Ebene des Unternehmens klare Vorgehensweisen etabliert, um die Führungskraft systematisch beim Ankommen im Unternehmen zu unterstützen.

In diesem Bereich gibt es im Rahmen der Auseinandersetzung mit Onboardingprozessen (Onboarding = Integration neuer Mitarbeiter in das Unternehmen) schon einiges an Vorarbeit.

Auf der prozessualen Ebene beschäftige ich mich mit den folgenden Fragenkomplexen:

❑ Modellierung, Optimierung und Controlling von Onboardingprozessen

  ● Wie lassen sich Onboardingprozesse für neue Führungskräfte modellieren, op-
    timieren und mit IT unterstützen?
  ● Welche Prozesskennzahlen können hier entwickelt werden?

❑ Reifegradmodelle

  ● Wie lässt sich der Reifegrad einer Organisation in Bezug auf Führungswechsel
    beschreiben?

❑ IT-gestützte Verfahrensweisen

  ● Welche IT-gestützten Verfahren gibt es beziehungsweise lassen sich entwickeln,
    um Onboardingprozesse für Führungswechsler zu unterstützen?

3. Die kulturelle Ebene

Denkweisen wie „eine gute Führungskraft muss da durch, ich musste da auch durch"
haben in einer Zeit, in der die Führungskräfte immer kürzer in einer Position bleiben,
keinen Raum mehr. Daher muss die Integration neuer Führungskräfte auf der kulturellen Ebene – und damit auch im Leitbild, den Führungsleitlinien, in Personal-
entwicklungs- und Kommunikationskonzepten – verankert werden. Hierfür sind die
Instrumente vorhanden, die Inhalte aber noch nicht systematisch verankert.

Auf der kulturellen Ebene beschäftige ich mich mit folgendem Fragenkomplex:

❑ Kulturelle Rahmenbedingungen

  ● Welche kulturellen Rahmenbedingungen fördern erfolgreiche Führungswech-
    sel? Welches hilfreiche Mindset sollte hierfür in der Organisation verankert
    werden?

Literatur

Bernecker, Michael; Gierke, Christiane; Hahn, Thorsten: *Akquise für Trainer, Berater, Coachs. Verkaufstechniken, Marketing und PR für mehr Geschäftserfolg in der Weiterbildung.* Gabal: Offenbach 2006.

Bernecker, Michael: *Akquise für Trainer und Berater.* Gabal: Offenbach 2006.

Bickerich, Katrin: *Transition Coaching: Evaluation eines Coachingkonzeptes zur Leistungsoptimierung von Nachwuchskräften und Führungswechslern.* Diplomarbeit. Universität Trier: Tier 2008.

Bleicher, Knut: *Das Konzept integriertes Management: Visionen – Missionen – Programme.* Campus: Frankfurt a. M., New York 2004.

Buren, Mark E. van; Safferstone, Todd: „The Quick Wins Paradox". In: *Harvard Business Review* 3 2009.

Charan, Ram: *The Leadership Pipeline.* Jossey-Bass: San Franisco 2001.

Daimler, Renate; Sparrer, Insa; Varga von Kibed, Matthias: *Das unsichtbare Netz. Erfolg im Beruf durch systemisches Wissen. Aufstellungsgeschichten.* Kösel: München 2003.

Francis, Dave; Young, Don: *Mehr Erfolg im Team. Ein Trainingsprogramm mit 46 Übungen zur Verbesserung der Leistungsfähigkeit in Arbeitsgruppen.* Windmühle: Hamburg 2007.

Heinemann, Jobst: „Erfolgreiches Projektmanagement in Change-Management-Projekten". Download unter: http://www.jobst-heinemann.de/2008/12/erfolgreiches-projektmanagement-in-change-management-projekten (letzter Zugriff am 1.12.2009).

Heinze, Roderich; Rinck, Elmar: *Der Aufschwung beginnt bei mir. Führungskompetenz durch Selbstcoaching.* Orell Füssli: Zürich 1997.

Hinweise zur Erstellung einer SWOT-Analyse: Download unter: http://www.4managers.de/themen/swot-analyse (letzter Zugriff am 14.09.09)

Horn, Klaus-Peter; Brick, Regine: *Das verborgene Netzwerk der Macht. Systemische Aufstellung in Unternehmen und Organisationen.* Gabal: Offenbach 2001.

Kreyenberg, Jutta: *Handbuch Konflikt-Management.* Cornelsen: Berlin 2004.

Kunde 2009: „Definition Kunde". Dowload unter: http://www.labourcom.uni-bremen.de/wewei/glossar/k.htm (letzte Zugriff am 1.12.2009).

Looss, Wolfgang: *Coachingskript.*

Ludolph, Fred; Lichtenberg, Sabine: *Der Businessplan: Professioneller Aufbau und erfolgreiche Präsentation.* Econ: Berlin 2002.

Luthans, Fred; Hodgetts, Richard M.; Rosenkrantz, Stuart A.: *Real Managers.* Ballinger: Cambridge, Mass. 2004.

Meiswinkel, Heiner: „TRIAT-Modell". Seminarkonzept. 2001.

Malik, Fredmund: *Führen, Leisten, Leben. Wirksames Management für eine neue Zeit.* Campus: Frankfurt a. M., New York 2007.

Neuberger, Oswald: *Mikropolitik.* Enke: Stuttgart 1994.

Petzold, Hilarion: *Integrative Therapie.* Junfermann: Paderborn 2004.

Petzold, Hilarion: *Fünf Säulen der Identität.* Junfermann: Paderborn 2003.

Portfolio 2009: „Portfolioanalyse". Download unter: http://www.3a-strategy.de/about/glossary/portfolioanalysis/document_view (letzter Zugriff am 03.09.2009).

Projektmanagement 2009: „Projektplanung von Veränderungsprojekten". Download unter: http://www.umsetzungsberatung.de/projekt-management/projektplanung.php (letzter Zugriff am 1.12.2009).

Renz Consulting: „Kundensegmentierung als Erfolgsfaktor". In: *Management Brief* 11 2006.

Ruch, Floyd L.; Zimbardo, Philip G.: *Lehrbuch der Psychologie*. Springer: Berlin, Heidelberg, New York 1974.

Runtz, Thomas: *SWOT-Analyse für Dienstleistungsunternehmen*. Grin: München 2002.

Schmidt-Lellek, Christoph J.: „Dialog mit dem Fremden". In: Heimannsberg, Barbara; Schmidt-Lellek, Christoph J. (Hrsg.): *Interkulturelle Beratung und Mediation*. Edition Humanistische Psychologie: Köln 2000.

Schwetje, Gerald; Vaseghi, Sam: *Der Businessplan: Wie Sie Kapitalgeber überzeugen*. Springer: Heidelberg, Berlin 2004.

Seipel, Michael; Hemmelskamp, Jörg: „Führungswechsel erfolgreich gestalten: Ergebnisse einer Befragung". Download unter: http://www.100-consulting.de/index.php/Ergebnisse.pdf (letzter Zugriff am 1.12.2009).

Senge, Peter M.: *Die fünfte Disziplin. Kunst und Praxis der lernenden Organisation*. Klett-Cotta: Stuttgart 2006.

Simon, Hermann; Gathen, Andreas von der: *Das große Handbuch der Strategie-Instrumente. Werkzeuge für eine erfolgreiche Unternehmensführung*. Campus: Frankfurt a. M., New York 2002.

Sprenger, Reinhard K.: *Mythos Motivation. Wege aus einer Sackgasse*. Campus: Frankfurt a. M., New York 2007.

Sprenger, Reinhard K.: *Vertrauen führt. Worauf es im Unternehmen wirklich ankommt*. Campus: Frankfurt a. M., New York 2004.

Stähler, Patrick: *Geschäftsmodelle in der digitalen Ökonomie – Merkmale, Strategien und Auswirkungen*. Eul: Köln-Lohmar 2001.

Strohhecker Jürgen; Gerberich, Claus: *Geschäftsprozesse optimieren*. RKW-Verlag: Eschborn 2002.

SWOT-Analyse 2009: „BMWi-Gründerportal: Checkliste". Download unter: http://www.existenzgruender.de/imperia/md/content/pdf/publikationen/uebersichten/vorbereitung_beratung/04_check.pdf (letzter Zugriff am 1.12.2009).

Thonemann, Ulrich: *Operations Management Konzepte, Methoden und Anwendungen*. Pearson Studium: München 2005.

Venzin, Markus; Rasner, Carsten; Mahnke, Volker: *Der Strategieprozess: Praxishandbuch zur Umsetzung im Unternehmen*. Campus: Frankfurt a. M., New York 2003.

Vision (1) 2009: „Definition Unternehmensvision". Download unter: http://www.siamoa.net/erfolgsfaktoren/vision-mission/definition-unternehmensvision/ (letzter Zugriff am 1.12.2009).

Vision (2) 2009: „Anforderungen an die Unternehmensvision". Download unter: http://www.ebz-beratungszentrum.de/Organisastionsseiten/tqmbeitr2.htm (letzter Zugriff am 1.12.2009).

Watkins, Michael: *Die entscheidenden 90 Tage. So meistern Sie jede neue Managementaufgabe*. Campus: Frankfurt a. M., New York 2007.

Wikipedia (1): „Grundlagen der SWOT-Analyse". Download unter http://de.wikipedia.org/wiki/SWOT-Analyse (letzter Zugriff am 1.12.2009).

Wikipedia (2): „Grundverständnis von Kunden". Download unter: http://de.wikipedia.org/wiki/Kunden (letzter Zugriff am 1.12.2009).

Wikipedia (3): „Geschäftsprozesse". Download unter: http://de.wikipedia.org/wiki/Gesch%C3%A4ftsprozess (letzter Zugriff am 1.12.2009).

Glossar

ABC-Analyse
Verfahren zur Differenzierung von Kunden nach A-, B- und C-Kunden. A-Kunden werden als Schlüsselkunden (▶ Schlüsselkunden) bezeichnet.

Ad-hoc-Kommunikation
Der Führungswechsler befragt seinen Chef schnell „zwischen Tür und Angel" zur Sache oder stimmt mit ihm die Entscheidung ab.

Anlaufkurve
Zeigt, wie schnell der Führungswechsler in seine neue Performance kommt beziehungsweise sein neues Aufgabengebiet durchdringt.

Anwachskurve
Setzt sich nach Erreichen des Break-even-Points (▶ Break-even-Point) fort und verharrt über der „Normalkurve" des Managers ohne Coaching.

Arbeitsprinzip
Zentrales Element des Anwachsens beim Transition Coaching: Führungswechsler bekommen zur Lösung der erkannten Schwachstellen fünf Kerninstrumente an die Hand, die in einer vorgegebenen Reihenfolge systematisch abzuarbeiten sind.

Architektur der Wertschöpfung
Wesentliche Komponente des Geschäftsmodells (▶ Geschäftsmodell): Bezieht sich darauf, wie der Nutzen für die Kunden erzeugt wird, und beschreibt die verschiedenen Stufen der Wertschöpfung und die Rollen aller Beteiligten.

Auftaktgespräch
In diesem ersten Gespräch mit seinem Vorgesetzten bespricht der Führungswechsler die Ausgangslage und bringt dessen Erwartungen und Ziele an den Führungswechsel in Erfahrung.

Befähiger
Unterstützen einen erfolgreichen Einstieg des Führungswechslers in den neuen Aufgabenbereich. Gespräche mit Schlüsselkunden oder der konsequente Abbau von administrativen Barrieren beispielsweise sind solche Befähiger.

Bestandsaufnahme und inhaltliche Ausrichtung
Für den Führungswechsel relevanter Aspekt: Beinhaltet zum Beispiel den Steckbrief (▶ Steckbrief), die SWOT-Analyse (▶ SWOT-Analyse), die Vision (▶ Vision), die strategischen Handlungsfelder (▶ Strategische Handlungsfelder) und anderes.

Betrachtungsweisen
Zentrales Element des Anwachsens beim Transition Coaching: Das Hauptaugenmerk richtet sich beim Transition Coaching nicht mehr überwiegend auf die Person des Führungswechslers, sondern bezieht die Businessperspektive (▶ Businessperspektive) mit ein.

Beziehungsnetzwerke
Vernetzung mit Verbündeten und Mitstreitern, die den Führungswechsler bei der Umsetzung seiner Maßnahmen unterstützen oder ihm dabei förderlich sein könnten.

Beziehungspflege
Pflege der Verbündeten und Mitstreiter, die den Führungswechsler bei der Umsetzung seiner Maßnahmen unterstützen oder ihm dabei förderlich sein könnten.

Bilanzierungsgespräch
Gespräch zur Bewertung, inwieweit der Führungswechsler die seinerzeit beim Einstiegsgespräch genannten Ziele und Erwartungen seines Vorgesetzten erfüllt hat.

Break-even-Point
Von diesem Punkt an zahlt sich die Neubesetzung für das Unternehmen aus.

Business Manager
Manager einer Geschäftseinheit; führt sein Geschäft (Business) so, dass die verschiedenen Funktionen im Verbund effektiv arbeiten und nachhaltig erfolgreich sind.

Businessperspektive
Befähigt den Führungswechsler, aus Sicht des Unternehmens zu ermitteln, wie er sein Geschäft erfolgreich zu machen hat. Richtet sich auf die erfolgreiche Wahrnehmung des Geschäfts und die angestrebten Perspektiven.

Businessplan
„Bauplan" zur Entwicklung des neuen Verantwortungsbereiches, befähigt den Führungswechsler, seine Ideen systematisch zu durchdenken und in einer leicht verständlichen Art und Weise schriftlich darzulegen (auch: Geschäftsplan, Geschäftsentwicklungsplan).

Businessplan, klassischer
Wird vor allem bei Existenzgründungen verwendet, beginnend mit der Geschäftsidee bis hin zu seinen weiteren thematischen Bestandteilen.

Businesssituation
Situation des neuen Geschäfts, das der Führungswechsler abhängig vom jeweiligen Reifegrad und den aktuellen Anforderungen des internen oder externen Marktes vorfindet. Man unterscheidet vier Phasen: Neugründung und Aufbau, nachhaltige Erfolgsphase, strategische Neuausrichtung beziehungsweise Konsolidierung und Sanierungsphase.

Businessthemen
Themen, die das neue Geschäft des Führungswechslers betreffen.

Change-Fragestellungen
Für den Führungswechsel relevanter Aspekt: Beinhaltet zum Beispiel Projekte und Vorhaben, Umgang mit Widerstand, Zeitpläne und anderes.

Diversity
(▶ Unterschiedlichkeit)

Einstellungen
(▶ Werte)

Einzelgespräche
Helfen dem Führungswechsler, ein Gefühl für „Unausgesprochenes" von Vorgesetzten, Kollegen und Mitarbeitern zu bekommen, um die Geheimnisse der neuen Umgebung zu ergründen.

Engpasskategorien
Denken in Engpasskategorien ist beim Transition Coaching Voraussetzung für eine systematische und gezielte Identifizierung der relevanten Defizite beim Führungswechsler. Erschweren die Einarbeitung in die neue Führungsaufgabe. Sie resultieren aus der Businesssituation, sind system- beziehungsweise organisationsbedingt oder in der Person des Managers begründet.

Engpassmodell
Ist die theoretische Grundlage für das Denken in Engpasskategorien. Wurde von dem deutschen Physiker Justus von Liebig entwickelt.

Enterprise Manager
Manager eines Unternehmens; führt sein Unternehmen so, dass unterschiedliche Geschäfte im Verbund wirtschaftlich arbeiten und nachhaltig erfolgreich sind.

Entwicklungsgespräch
Der Führungswechsler bekommt von seinem Chef Hinweise, welche Fähigkeiten er weiterentwickeln sollte.

Erfolgskritische Bezugspartner
Bezugspartner mit einem maßgeblichen Einfluss auf den Erfolg oder Misserfolg eines Führungswechsels, im Innenverhältnis zum Beispiel der Betriebsrat mit einer nicht zu unterschätzenden Machtinstanz.

Erwartungsanalyse
Verfahren zur Ermittlung der Erwartungen aller infrage kommenden Akteure an den Führungswechsler und zur Ableitung von Zielen und Maßnahmen auf Grundlage der ermittelten Befunde.

Experte
Hat in einem Sachgebiet (individuelle) Leistung zu erbringen.

Fachführung
Hier geht es um die fachliche Kompetenz und das Know-how, das Führungswechsler mitbringen und den Erfordernissen anpassen müssen.

Fehlpassung
zwischen Person und Funktion: Die Schwächen des Managers korrelieren mit den Risiken seiner neuen Stelle. Er hat ausgerechnet im Umgang mit diesen Defizite. Ist ein zentraler Webfehler beim Transition Coaching.

Führungsperspektive
Befähigt den Führungswechsler, aus Sicht des Unternehmens zu ermitteln, wie gut seine Führung der Mitarbeiter ist.

Führungsperspektive
Richtet sich auf die Qualität der Führung.

Function Manager
Manager einer Funktionseinheit; trägt dafür Sorge, dass seine Funktionseinheit optimale Leistung erbringt und strategisch gut aufgestellt ist.

Geschäftsentwicklungsplan
(▶ Businessplan)

Geschäftsmodell
Wesentlicher Inhalt des Businessplans (▶ Businessplan): Modellhafte Beschreibung des Geschäfts einer Abteilung im Zusammenspiel mit den anderen Unternehmensbereichen mit den wesentlichen Komponenten Nutzenversprechen (▶ Nutzenversprechen), Architektur der Wertschöpfung (▶ Architektur der Wertschöpfung) und Wirtschaftlichkeitsmodell (▶ Wirtschaftlichkeitsmodell).

Geschäftsplan
(▶ Businessplan)

Geschäftsprozess
Wesentlicher Inhalt des Businessplans (▶ Businessplan): Beschreibt eine Folge von Einzeltätigkeiten, die nacheinander ausgeführt werden, um ein bestimmtes geschäftliches Ergebnis zu erreichen, das für den Leistungsempfänger beziehungsweise den Kunden des Prozesses nützlich ist.

Geschwindigkeit
Im Sinne von Transition Coaching: Der Führungswechsler erreicht das erforderliche Leistungsniveau schneller als ohne Coaching, das heißt, die Anlaufkurve (▶ Anlaufkurve) im neuen Job wird beschleunigt.

Geschwindigkeit
Der Führungswechsler erreicht das erforderliche Leistungsniveau schneller als ohne Coaching, sodass die Anlaufkurve im neuen Job beschleunigt wird.

Graue Eminenzen
Spinnen im Hintergrund ihre Fäden und können für den Erfolg oder Misserfolg des Führungswechslers ausschlaggebend sein.

Integrationsphase
Phase der Teamentwicklung: Das Team hat sich gefunden und arbeitet erfolgreich und effizient zusammen. Es ist gefestigt genug, um sich flexibel auf Änderungen oder neue Herausforderungen einzustellen.

Intensität
Das erreichte Leistungsniveau bleibt auf einem höheren Level, die Anwachskurve verharrt somit über der eines Jobwechslers ohne Coachbegleitung.

Intensität

Im Sinne von Transition Coaching: Das erreichte Leistungsniveau bleibt auf einem höheren Level, das heißt, die Anwachskurve (▶ Anwachskurve) verharrt über der eines Jobwechslers ohne Coachbegleitung.

Irrtümer

(▶ Zentrale Webfehler)

Kennzahlen

Relevante Zahlen, anhand derer sich der neue Verantwortungsbereich für Außenstehende darstellen lässt.

Kernaufgabe

Auftrag mit der höchsten Priorität für die nächste überschaubare Zeit. Wesentliche Aufgabe, die das Team beziehungsweise die Abteilung erfüllen muss.

Kernleistungen

Wesentliche Leistungen, die das Team beziehungsweise die Abteilung für interne und/oder externe Kunden erbringen müssen.

Kernprozesse

Die für die Erzeugung der Leistungen notwendigen Abläufe.

Key People

Schlüsselpersonen im Unternehmen, die in der Regel ohne Führungsverantwortung sind, für den Unternehmenserfolg aber eine große Bedeutung haben (Projektleiter, Key Accounter, Senior Developer etc.).

Kollektive Quick Wins

Dienen zur Motivation der Mitarbeiter und bestärken den Vorgesetzten des Führungswechslers darin, mit seiner Besetzung der Position die richtige Entscheidung getroffen zu haben.

KOM-MIT-Modell

Stellt organisationsbedingte Spannungsfelder, ihre Beziehungen zueinander und ihre Zusammenhänge im Unternehmen grafisch dar als aneinandergereihte Dreiecke, die jeweils Dimensionen von Kommunikationsanforderungen auf verschiedenen Ebenen auf der Management-, Team- und Mitarbeiterebene beschreiben.

Konfliktphase

Phase der Teamentwicklung: Die unterschiedlichen Typen der Teammitglieder kristallisieren sich heraus, es bilden sich Cliquen und Machtkämpfe um die „Hackordnung" untereinander.

Kooperationsphase

Phase der Teamentwicklung: Die Rollen sind geklärt, größtenteils akzeptiert und jeder kennt seine Aufgaben. Die Grundhaltung ist konstruktiv und vorwärtsorientiert.

Kraftfeldanalyse

Stellt eher kritisch distanzierte oder hinderliche Beziehungen eher zugewandten und förderlichen Beziehungen zu allen für den Führungswechsler relevanten Akteuren gegenüber.

Krisenkommunikation
Bei unvorhergesehenen Ereignissen oder Gefährdung wichtiger Vorhaben stimmt der Führungswechsler mit seinem Vorgesetzte in einem kurzfristig anberaumten Gespräch geeignete Gegenmaßnahmen ab.

Kritische Erfolgsfaktoren
Sind ausschlaggebend für den Erfolg des Führungswechslers, seines Teams und seiner Abteilung.

Kundenportfolio
Gibt an, wie sich die (internen) Kundengruppen zusammensetzen und welche Kunden verstärkt entwickelt werden sollten.

Leistungsportfolio
Gibt an, welche Leistungen welche Kapazitäten binden und wo gegebenenfalls Optimierungsbedarf besteht.

Leistungstransparenz
Wesentlicher Inhalt des Businessplans (▶ Businessplan): Gibt an, wer welche Leistungen erbringt und welcher Aufwand in den einzelnen Aktivitäten steckt.

Managementaudit
Jährliche Überprüfung und systematische Bewertung aller Führungskräfte anhand eines standardisierten Prozesses, inwiefern sie die Leistungs- und Verhaltensanforderungen des Unternehmens erfüllen.

Managementlevel
Entwicklungs- und Anforderungsebenen (Levels) im Management mit jeweils spezifischen und sehr unterschiedlichen Anforderungen an die Manager.

Masterplan
Dient zur Planung aller Vorhaben sowie zu ihrer Außendarstellung, Kommunikation und Kontrolle der Durchführung. Er ist eine Kombination von Projektplan (▶ Projektplan) und Veränderungsplan (▶ Veränderungsplan).

Middle Manager
Sind in der mittleren Hierarchieebene von größeren Unternehmen angesiedelt.

Minimumgesetz
Geht auf den deutschen Physiker Justus von Liebig zurück. Er fand heraus, dass eine Pflanze verschiedene Faktoren benötigt, um wachsen zu können. Steht ein Faktor nicht in ausreichendem Maße zur Verfügung, stoppt das Wachstum der Pflanze.

Mitarbeiterportfolio
Eignet sich zur Positionierung der Mitarbeiter untereinander und bietet dem Führungswechsler Orientierung für gezielte Personalentwicklungsmaßnahmen.

Nachhaltigkeit
(▶ Intensität)

Nutzenversprechen

Wesentliche Komponente des Geschäftsmodells (▶ Geschäftsmodell): Beschreibt, welchen Nutzen der interne Kunde der Abteilung von ihr ziehen kann.

Optimierungsansätze

Für den Führungswechsel relevanter Aspekt: Beinhaltet zum Beispiel das Geschäftsmodell (▶ Geschäftsmodell), das Leistungsportfolio (▶ Leistungsportfolio), Geschäftsprozess (▶ Geschäftsprozess) und anderes.

Organisationsanalyse

Betrachtet insbesondere die Strukturen, die eingesetzten Ressourcen, die Wirtschaftlichkeit und den Output.

Organisationsbedingte Spannungsfelder

Weisen eine triadische Struktur auf. Das Spannungsverhältnis besteht zwischen drei Größen, zum Beispiel dem klassischen Dreieck „Qualität – Kosten – Zeit".

Orientierung

Teil des Businessplans: Dient zur Standortbestimmung und sachlichen Bestandsaufnahme der neuen Funktion.

Orientierungsphase

Phase der Teamentwicklung: Die Teammitglieder lernen sich kennen und tarieren die Grenzen, wie weit sie gehen können, und die Spielregeln aus.

Personale Führung

Sie betrifft den Bereich der Personalentwicklung anhand von Führungsinstrumenten.

Persönliche Perspektive

Richtet sich auf die persönliche Entlastung der Führungskraft und auf ihre berufliche Effizienz.

Persönliche Spannungsfelder

Weisen eine bipolare Struktur auf, bei der sich immer zwei schwer beziehungsweise nicht vereinbare Eigenschaften gegenüberstehen.

Persönliche Stärken-Schwächen-Analyse

Abgleich der Chancen und Risiken der Funktion mit den Stärken und Schwächen des Führungswechslers (stets bezogen auf den Übergang).

Portfoliotechnik

Methode zur Bewertung von Produkt-, Dienstleistungs- oder Projektalternativen.

Positionierung

Teil des Businessplans: Enthält den Zukunftsentwurf und die Konkretisierung des (Übergangs-)Vorhabens aus Sicht des Managers.

Projektmanagement

Ein ideales Instrument für Führungswechsler, um alle größeren und kleineren Vorhaben seiner neuen Abteilung in einer strukturierten Form zu bearbeiten.

Projektplan
Dient zur übersichtlichen Darstellung von Projekten und Vorhaben.

Projektplanung
Teil des Projektmanagements von Change-Projekten, betrachtet neben den Prozessen auch die Vision beziehungsweise Strategie sowie die Teamkultur und deren Entwicklungsbedarfe.

Rahmenbedingungen
Zentrales Element des Anwachsens beim Transition Coaching: Die Rahmenbedingungen, die das Unternehmen dem Führungswechsler zur Verfügung stellt, werden bewusst mit einbezogen.

Realisierung
Teil des Businessplans: Beschreibt die praktische Umsetzung des gesamten Vorhabens in Form von Maßnahmen und Projekten, die in einem Masterplan (▶ Masterplan) übersichtlich dargestellt und chronologisch geordnet sind.

Regelkommunikation
Gehört zum Standardrepertoire der Führungskräfte aller Führungsebenen. Hier werden turnusmäßig (an festgelegten Tagen und Uhrzeiten) aktuelle Themen besprochen, Maßnahmen abgestimmt und Entscheidungen getroffen (auch als Jour fixe bezeichnet).

Risikoanalyse
Abgleich der Chancen und Risiken der neuen Funktion mit den Stärken und Schwächen des Managers (mit Hauptaugenmerk auf einen möglichst erfolgreichen Übergang).

Rückkehrgespräch
Gespräch mit einem nach längerer Zeit aufgrund von Erkrankung, Unfall etc. wieder ins Arbeitsleben zurückgekehrten Mitarbeiter.

Sachbearbeiter
(▶ Experte)

Schlüsselauftrag
Der zentrale Auftrag, zu dessen Durchführung der Führungswechsler in die neue Funktion befördert wurde.

Schlüsselbeziehungen
Alle wichtigen Beziehungen, die bei Führungswechslern für eine reibungslose und erfolgreiche Übernahme einer neuen Funktion von entscheidender Bedeutung sind.

Schlüsselkunden
Wichtige Kunden, für die Leistungen erbracht werden.

Selbstführung
Der Führungswechsler arbeitet an sich, seinen persönlichen Eigenschaften und seiner Führungsrolle weiter und steckt die Ziele für sich ab.

Spannungsfelder
Können beim Führungswechsel entstehen, wenn bei der Wahrnehmung der neuen Aufgaben Diskrepanzen auftreten. Entstehen, wenn zwei oder mehrere Ziele oder Themen sich (scheinbar) widersprechen.

Startgespräche

Führt der Führungswechsler mit seinem Chef in der Anfangsphase. Er versucht herausfinden, welche Positionen sein Vorgesetzter vertritt und welche Informationen für den Start unabdingbar wichtig sind.

Steckbrief

Kurzbeschreibung der wesentlichen Aspekte und des aktuellen Zustands einer Organisationseinheit (genaue Bezeichnung der Organisationseinheit, der Kernaufgaben (▶ Kernaufgaben) und Kernleistungen (▶ Kernleistungen), der wichtigen Kennzahlen (▶ Kennzahlen) und Leistungsindikatoren sowie ihrer Merkmale und Besonderheiten).

Strategische Führung

Meint die Entwicklung des gesamten Bereiches beziehungsweise Unternehmens.

Strategische Handlungsfelder

Beschreiben die Initiativen und Aktivitäten, die notwendig sind, um die Lücke zwischen der in der Bestandsaufnahme beschriebenen Ist-Situation und der in der Vision formulierten Zukunftsvorstellung zu schließen. Sie gehen auf die wesentlichen Vorhaben der nächsten zwei bis drei Jahre ein und fassen diese für die Mitarbeiter übersichtlich und leicht verständlich zusammen.

Strategische Kommunikation

Gespräche mit dem Chef und/oder den Kollegen außerhalb der Regelkommunikation zur Vereinbarung neuer Ziele oder der strategischen Ausrichtung.

SWOT-Analyse

Abgleich der internen Stärken und Schwächen (Strengths versus Weaknesses) des neuen Verantwortungsbereiches mit den externen Chancen und Risiken (Opportunities versus Threats).

Team Manager

Befähigt sein Team dazu, gemeinsam Leistung zu erbringen und diese kontinuierlich zu steigern.

Teamausrichtung

Wesentlicher Inhalt des Businessplans (▶ Businessplan): Beschreibt, wohin sich das Team entwickeln soll und was angepasst, geändert oder beibehalten werden muss.

Teamführung

Sie geht über die individuelle Betrachtung hinaus und hat die Entwicklung des gesamten Teams zum Ziel.

Teamworkshop

Dient dem Führungswechsler, Ereignisse der Vergangenheit vor seinem Eintritt in Erfahrung zu bringen, mit seiner gesamten „Mannschaft" eine Zwischenbilanz der ersten 100 Tage zu ziehen und von allen Feedback zu seinen Anliegen zu erhalten. Umgekehrt kann er ihre Fragen beantworten und ihnen die Zukunftsperspektiven vor Augen führen.

TRIAT-Methodik

Zeigt drei unterschiedliche idealtypische Ausgangslagen (Konsens, Diskrepanz und Konflikt) für die Gestaltung der Beziehungen zueinander.

Unterschiedlichkeit

Vielfalt von Unterschieden und Ähnlichkeiten bei Individuen, Gruppen, Teams, Organisationen und in der Gesellschaft.

Veränderungsplan

Stellt neben den Projekten auch die Reorganisations- und Qualifizierungsvorhaben dar.

Verborgene Spannungsfelder

Resultieren aus dem Normen- und Wertesystem, den Spielregeln, ungeschriebenen Gesetzen, Mustern und Rollenerwartungen, mit denen der Führungswechsler in seinem neuen Arbeitsbereich konfrontiert ist.

Verdrängen

Sich nicht eingestehen wollen, dass eine akute Diskrepanz, das heißt, eine offensichtliche Abweichung des Ist-Zustands vom Soll-Zustand der Beziehung vorliegt.

Vieraugengespräche

(▶ Einzelgespräche)

Vision

Kommt aus der Strategieentwicklung und bezeichnet ein lebendiges Bild, eine wünschenswerte Vorstellung von der Zukunft.

Werte

Persönliche Überzeugungen davon, was jeder als besonders wichtig erachtet (▶ Einstellungen).

Wirtschaftlichkeitsmodell

Wesentliche Komponente des Geschäftsmodells (▶ Geschäftsmodell): Beschreibt, welcher Aufwand für die Erstellung der Leistungen notwendig ist und wie die Effizienz der Leistungserstellung gesteigert werden kann.

Zentrale Webfehler

Sind die häufigste Ursache dafür, dass Manager und die neue Stelle, auf die sie befördert wurden, nicht zusammenpassen.

Zielsetzung

Zentrales Element des Anwachsens beim Transition Coaching: Der Führungswechsler durchdringt seinen neuen Aufgabenbereich nicht nur schnellstmöglich, sondern auch nachhaltig.

Register

Autoren

 Franz Metz ist Gründer und Geschäftsführer der Beratergruppe PA-LATINA GmbH, die sich auf die Entwicklung und Beratung von Führungskräften spezialisiert hat. Ihm geht es in erster Linie darum, wie die Wirksamkeit von Managern auf unterschiedlichen Führungs-ebenen und in unterschiedlichen Businesssituationen ermittelt und gesteigert werden kann und wie sich dieses Bewusstsein im Unterneh-men verankern lässt.

Als Trainer und Berater mit technischem Background ist er von der Idee fasziniert, die fachlichen und persönlichen Fragestellungen der Manager in einer Kombination von Fach- und Prozessberatung zu lösen. Damit werden Führungskräfte in ihrer Arbeit schneller wirksam.

Nach einer gewerblichen Lehre bei der Daimler AG studierte er Maschinenbau an der Universität Karlsruhe. Danach arbeitete er 15 Jahre als Projektleiter und Führungskraft in internationalen Unternehmen in den Bereichen Engineering, Produktion, Controlling, Personal und interne Beratung. Dadurch kennt er die Fragestellungen und Herausforde-rungen des Managements auf den unterschiedlichen Managementebenen sehr gut. Er hat fundierte Erfahrung als Berater von Veränderungsprozessen und als Coach von Führungs-kräften im mittleren und oberen Management.

Kontakt: f.metz@bg-palatina.de | www.TransitionCoaching.com

 Elmar Rinck ist seit 1999 Leiter Prozessberatung und Training im Glo-bal Logistics Center (GLC) der Daimler AG. Daneben ist er Lehrtrai-ner NLP beim Deutschen Verband für Neurolinguistisches Program-mieren sowie systemisch qualifizierter Managementberater und Coach. Zu seinen Arbeitsschwerpunkten gehören die Konzeption und Durchführung von Förderprogrammen, Trainings und Beratung für Nachwuchs- und Führungskräfte, Projektbegleitungen u. a. bei Ein-führungsprozessen von Gruppenarbeit und Leanproduction in verschie-denen Unternehmen, Begleitung von Team- und Bereichsentwick-lungsprozessen, Strategie- und Change-Managementberatung sowie die Begleitung von Führungskräften bei ihrem Führungswechsel.

Nach seiner betriebswirtschaftlichen Aus- und Weiterbildung war er Sachbearbeiter im Verkauf Export, Leiter der Kaufmännischen Berufsausbildung, Fachreferent in der Fort- und Weiterbildung sowie Teamleiter im Bereich Werksentwicklung und Training.

Er ist mehrfacher Gewinner des internationalen Deutschen Trainingspreises für innova-tive Qualifizierungsmaßnahmen.

Kontakt: elmar.e.rinck@daimler.com | elmarrinck@web.de